THE
UNIVERSE
SPEAKS
IN
NUMBERS

物理世界的数学奇迹

HOW
MODERN
MATHS
REVEALS
NATURE'S
DEEPEST
SECRETS

［英］格雷厄姆·法梅洛 著
王乔琦 译

Graham Farmelo

中信出版集团 | 北京

图书在版编目（CIP）数据

物理世界的数学奇迹 /（英）格雷厄姆·法梅洛著；王乔琦译. -- 北京：中信出版社，2020.7（2024.7 重印）

书名原文：The Universe Speaks in Numbers: How Modern Maths Reveals Nature's Deepest Secrets

ISBN 978-7-5217-1924-6

I. ①物… II. ①格… ②王… III. ①数学物理方法－普及读物 IV. ① O411.1-49

中国版本图书馆 CIP 数据核字（2020）第 093120 号

物理世界的数学奇迹
著者： ［英］格雷厄姆·法梅洛
译者： 王乔琦
出版发行：中信出版集团股份有限公司
（北京市朝阳区东三环北路 27 号嘉铭中心 邮编 100020）
承印者： 北京盛通印刷股份有限公司

开本：880mm×1230mm 1/32 插页：4
印张：9.75 字数：208 千字
版次：2020 年 7 月第 1 版 印次：2024 年 7 月第 7 次印刷
京权图字：01-2019-4394 书号：ISBN 978-7-5217-1924-6
定价：59.00 元

服务热线：400-600-8099
投稿邮箱：author@citicpub.com

献给克莱尔、西蒙和亚当

形态与数字体现了世界的和谐，

数学之美则展示了自然哲学的灵魂与诗意。

——达西 · 汤普森（D’Arcy Thompson），

《生长和形态》（*On Growth and Form*，1917）

目录

前言

倾听宇宙的声音

> 古人曾梦想通过纯粹的思考掌握现实的本质，我觉得这完全正确。
>
> ——阿尔伯特·爱因斯坦，《论理论物理学的方法》，1933

“爱因斯坦是个彻头彻尾的疯子。”年轻、高傲的罗伯特·奥本海默于1935年年初造访当时身处普林斯顿的爱因斯坦后，对这位全世界最著名的科学家做出了此番描述。[1]当时，爱因斯坦已经为建立一个雄心勃勃的新理论努力了10年，而这在奥本海默等人看来，只能说明这位普林斯顿的圣人已经误入歧途。爱因斯坦几乎无视了量子理论在最小尺度上解释物质性质的物理学新进展，而是专心致志地寻找一种宏大的新理论。这个理论的目的并不是解释令人困惑的实验发现，它其实是一种智力上的探索——爱因斯坦试图仅通过数学计算，凭自己的想象就开发出一种理论。虽然这种方法在他的同行中并不流行，但在他开了先河之后，他的一些知名后辈如今已成功将之应用在前沿研究中。

奥本海默和当时的许多其他物理学家都觉得爱因斯坦的数学方法注定会失败。这也难怪：毕竟，他的方法似乎违背了过去250年来科学研究始终遵循的一条原则——做自然研究应该避免柏拉图等思想家曾坚信的纯思维的方式。当时，大多数人的看法是：物理学家应该通过在现实世界中所做的观测和实验得到的结果，验证他们关于宇宙的理论。这样一来，理论学家就可以避免自欺欺人地夸大自己对自然的认识。

爱因斯坦当然知道自己在干什么。从20世纪20年代初开始，他就经常提到：经验告诉他，为达到他的主要目标（也就是发现大自然的基础定律），数学策略是最有希望取得进展的方法。他在1925年对年轻的学生埃丝特·萨拉曼（Esther Salaman）说："我想知道上帝是怎么创造这个世界的。单纯的某个现象或某个元素（的性质）都不能提起我的兴趣。我感兴趣的是上帝的总体构思，其余的都只是细节。"[2]在他看来，"物理学家的最终任务"就是理解潜藏在整个宇宙运作机制之下的内在秩序——从原子内部微粒的急速振动到外太空星系的剧烈活动。[3]爱因斯坦认为，在如此多样、复杂的宇宙之下潜藏着一种相对简单的秩序，这个事实本身就是"一个奇迹，或者一个永恒的谜团"。[4]

数学为表达这种潜藏的秩序提供了一个十分精确的方式。物理学家和他们的前辈已经掌握了从数学语言出发发现普适定律的能力。这些定律不仅适用于地球上的事物，也适用于宇宙各处的所有事物，从时间的开始一直到最遥远的未来。在这个领域耕耘的理论学家，包括爱因斯坦在内，可能会被认为过分自大（这也在情理之中），但一定不会被认为缺少雄心壮志。

借助数学的潜力发现大自然的新定律成了爱因斯坦的执念。1933年春天，爱因斯坦在牛津大学向公众做特别演讲时首次公开提出了把数学方法应用到物理研究中去的想法。他的声音不大，却充满自信，他敦促理论学家们不要再通过解释新的实验发现的途径来发现基本定律（传统方法），而要多从数学中汲取灵感。这个方法实在太偏激了，很可能吓到了听众中的物理学家，但如我们所想，当时没人敢站起来公开反对他。爱因斯坦还告诉听众，他已经把刚才说的方法付诸实践了：他正运用数学方法把引力理论和电磁理论结合起来。爱因斯坦相信，他可以通过预测新理论的数学结构来实现这个目标——这两个理论涉及的数学内容可以把它们统一起来。

爱因斯坦很清楚，这种通过数学方法解决问题的策略在很多科学学科中是行不通的，因为那些学科的理论框架通常不是通过数学搭建的。例如，查尔斯·达尔文在用自然选择阐述他的进化论时，根本就没用到数学。同样，当阿尔弗雷德·魏格纳首次描述板块漂移理论时也只是用语言表述的。这类理论的一大潜在缺陷是：语言并不太牢靠——它们的含义模糊不清且容易被误解，而数学概念定义清晰、含义准确，适合用来做逻辑推演和创造性演绎。爱因斯坦认为，数学具有的这些性质是理论物理学家的福音，他们应该充分加以利用。然而，当时他的同僚中鲜有人认可这个观点，哪怕是爱因斯坦最狂热的崇拜者也对此嗤之以鼻。他的毒舌朋友沃尔夫冈·泡利甚至指责他抛弃了物理学：“我应该恭喜你（或者应该表达哀悼？）成功转向了纯数学领域……为了能让你（现在的）这个理论准时步入坟墓，我就不再刺激你，并让你浪费时间来反驳了。”[5]对于这类评论，爱因斯坦一概置之不理，他只是沿着自己的小径孤独前行，他也没能拿出什么成果来证明这番努力有所收获：他成了现代物理学的堂吉诃德。[6]爱因斯坦于1955年逝世后，顶尖物理学家们达成了一个共识：爱因斯坦的这个方法彻底失败了，这表明大家对他的批评并没有错。然而，后来理论物理学的发展证明，这个结论下得太早了。

虽然爱因斯坦不应该忽略亚原子层面物质理论的进展，但在某一方面，他还是要比许多批评者更有远见。20世纪70年代中期，也就是爱因斯坦逝世20年后，几位杰出的物理学家追随着他的脚步，试图运用纯思想——以数学为基础——构建扎实但不免有瑕疵的理论。当时，我还是一名刚入行的研究生，对这种纯粹在脑海中展开研究的策略相当警惕，并且相当确信这条路走不通，最终必将一无所获。对我来说，理论物理学家显然应该让实验发现指引他们前行的道路。这是正统的方法，并且的确在理论物理学家发展亚原子层面的现代理论时立下了汗马功劳。这套理论后来成为粒子物理学的标准模型，那简直就是一个奇迹：标准模型以寥寥数条简单的原理为基础，很快就取代了此前所有想要描述亚原子粒子行为的尝试。这个模型漂亮地解释了每个原子的内在运作机制。当时我还没完全意识到自己有多幸运：我就端坐在大教室的后排，观看这部史诗般的当代物理学戏剧上演。

我记得自己在那些年里参加过几十场以新奇理论为主要内容的研讨会。那些理论看上去的确令人印象深刻，但只是大致与实验结果相符。然而，这些理论的拥护者显然颇为自信，觉得他们发现了某种重要的东西。这种自信部分来自这些理论运用了有意思的新数学工具。对我来说，这种做物理研究的方式看上去比较奇怪。我觉得更好（而且是好得多）的方式是去倾听大自然告诉了我们什么，一大理由是大自然从不说谎。

我感觉到一股新风已吹来，但据我所知，风向朝着我不怎么喜欢的数学方向。从个人角度说，我希望这股新风逐渐止歇，但我又错了。20世纪80年代初，随着关于亚原子粒子之间作用力的实验所带来的新信息逐渐减少，这股新风越吹越盛。出于上述原因，更多的理论物理学家转向了以数学为辅助工具的纯推理式研究。这给基础物理学带来了一个新方法——弦论。这个理论假设宇宙的基本要素并非粒子，而是极小的弦，企图以此在最精细的层面上对大自然进行统一的描述。理论物理学家在这个理论上取得了一些进展，但尽管他们付出了巨大的努力，仍没能给出实验物理学家能够检验的预测。于是，像我这样的怀疑论者就开始认为，事实会证明这个理论无非就是一个用数学工具写就的科幻小说。

然而，令我震惊的是，许多顶尖理论物理学家并没有因为这一理论显然缺乏直接的实验证据而就此止步。他们反复强调这个理论的潜力，以及它与数学关联的深度与广度，有很多关联甚至对世界顶尖数学家都具有启示意义。这种深入、广泛的学科交叉进一步推动了理论物理学家和数学家之间的合作，并且产生了一系列令人兴奋的结果，尤其是对数学家来说。不仅物理学离不开数学，数学也离不开物理学，此刻这个道理比以往任何时候都更加清楚。

数学和物理学的交织似乎证明了物理学家保罗·狄拉克在20世纪30年代表达的观点。狄拉克有时被称为“理论学家的理论学家”。[7]狄拉克认为，基础物理学是通过越来越能体现数学之美的理论取得进展的。[8]这个趋势让他确信——“从信念的立场上说，而非逻辑”——物理学家应该始终致力于寻找体现数学之美的例子。[9]不难看出这对于弦论学家来说有着特殊的吸引力：他们的理论到处都蕴含着数学之美，因此，根据狄拉克的思路，这个理论当然是前途光明的。

弦论的盛行给现代基础物理学添上了浓厚的数学色彩。迈克尔·阿蒂亚（Michael Atiyah）这位在职业生涯后期把研究重心转向理论物理学的杰出数学家，后来煽动性地写道：“数学接管了物理学。”[10]不过，一些物理学家看到许多才华横溢的同事研究深奥的数学理论，而其中有许多无法验证，对此颇感沮丧。2014年，美国实验物理学家伯顿·里克特（Burton Richter）直言不讳地总结了他对这种趋势的担忧：“现在看来，物理学理论的基础很快将不再是现实世界中的真实实验了，而是理论学家脑海中的想象实验。”[11]这种趋势的后果可能是灾难性的，里克特忧心忡忡地表示：“到那时，理论学家们的灵感只能来自数学，而不是新的观测结果。在我看来，那就是我们现在所理解的基础物理学研究的坟墓。”

对现代理论物理学现状的失望甚至成了一个公众热议的话题。在过去的大约10年里，数位颇有影响力的评论者把矛头指向了弦论，称其为“神话物理学”“连错都算不上”，并指责这一代理论物理学家“迷失在数学中”。[12]现在，我们常常能在媒体上，尤其是博客圈里听到一些批评意见，抱怨说现代物理学应该回到真实科学那条笔直且狭窄的道路上。

这种观点是错误的，并且体现了不必要的悲观情绪。我在本书中想要表达的是，如今的理论物理学家其实正走在一条完全合理且极有前景的康庄大道上。他们使用的方法在逻辑性和创造性上汲取了自艾萨克·牛顿以来数个世纪的物理学成果。牛顿建立了描述运动和引力的数学定律，就构建第一个以数学为基础且可通过实验验证的描述真实世界的框架来说，他的贡献比任何人都要大。牛顿清楚地阐明，物理学的长远目标是通过越来越少的概念掌握越来越多的宇宙知识。[13]如今的顶尖物理学家正坚定地站在20世纪的两块基石上，朝着这个目标不懈努力。这两块基石正是爱因斯坦的基础相对论和量子力学。前者是对牛顿时空观的修正，后者则描述了最小尺度上物质的行为。没有任何实验能够证伪这两个理论中的任何一个，因此，它们构成了物理学研究的完美基石。

爱因斯坦经常说，量子力学和基础相对论很难融合到一起，但物理学家最终还是把它们结合成了一个理论。这个理论做出了非常成功的预测，在某个实例中与相应实验测量结果小数点后的11位相符。[14]大自然似乎在清楚且大声地告诉我们，这两个理论都应得到尊重。今天的物理学家正是在这一成就的基础上展开工作的，他们坚持认为任何以普适性为目标的新理论都必须与基础相对论和量子力学相匹配。这种坚持造成了出人意料的结果：不仅催生了物理学的新进展（其中包括弦论），而且促使物理学与前沿数学之间产生了诸多联系。物理学与数学互相交织的画面从没有像现在这样清晰：基础物理学中的新概念启迪了数学中的新概念，反过来也是一样。正是出于这个原因，许多顶尖物理学家相信，他们不仅能够从实验中学到东西，还能从相对论和量子力学交汇时产生的数学结构中得到启发。

我还是一名中学生时，就一直惊叹于数学在物理学研究中令人震惊的有效性。数学课上学到的抽象技巧竟然能够完美解决物理课上需要处理的具体问题，那种惊喜的心情，我至今都还记得。我印象最深的是，部分包含未知量x和y的数学公式同样也能用来描述对真实世界的观测，这时，x和y代表的则是实验人员可以测量出来的量。一些以我们刚学的数学技巧为基础的简单原理竟然可以用来准确预测各种大小的物体的轨迹（小到高尔夫球的运动轨迹，大到行星的运动轨道），这着实令我惊叹。

在我的记忆中，对于抽象数学可以如此精妙地（或者简直可以说是奇迹般地）应用于物理学的这个现象[15]，我的中学老师里没有哪位给出过什么评论。到了大学，包含基础数学的物理学理论能够描述如此丰富的真实世界——从载流导线附近磁场的形状到原子内部粒子的运动——给我留下了更加深刻的印象。物理学绝对离不开数学，这似乎成了某种意义上的科学事实。不过很久之后，我才窥见了这个故事的另一面：数学也离不开物理学。

*

我撰写本书的一大目标，是为了强调数学通过某种方式不仅为物理学家提供了有用的工具，还为我们研究宇宙的运行规律提供了诸多宝贵的线索。牛顿通过反复观测和仔细测量验证了他的引力定律，又运用数学阐释将之应用于现实场景，这是具有划时代意义的，而我也以此作为本书的开端。接着，我会解释19世纪电磁理论的数学表达形式是怎么被发现的，其中用到的数学框架对我们对自然的理解有着很大的影响。

然后，我会讨论两项突破性发现，一是基础相对论，二是数个世纪以来最具革命性的物理学理论——量子力学。爱因斯坦在用相对论增进我们对引力的理解时，不得不使用对他来说也是全新的数学工具，而这个方法的成功也改变了他对物理学家使用高等数学这件事的看法。无独有偶，当物理学家运用量子力学理解物质的性质时，他们也不得不使用一些陌生的数学工具，但正是这些工具促使他们改变了对自然界每个最小粒子行为的看法。

自20世纪70年代中期以来，许多才华横溢的思想家把目光投向了数学和物理学交汇的这片肥沃的土壤。尽管如此，大多数物理学家还是回避了这一领域，他们倾向于使用更谨慎的传统方法：通过实验和观察等待大自然揭开更多秘密。爱因斯坦在普林斯顿高等研究院的继任者之一尼马·阿尔卡尼-哈米德（Nima Arkani-Hamed）就靠着这种传统方法取得了成功。然而，大约10年前，在开始研究亚原子粒子间的碰撞之后，他和同事一次次地发现自己正在研究的这个主题和世界顶尖数学家研究的内容并无不同。于是，阿尔卡尼-哈米德很快就成了把高等数学应用于基础物理学的热忱推动者。

他仍旧是个货真价实的物理学家。“我的首要工作永远都是物理学，也就是发现潜藏在宇宙中的物理定律,”他说,“我们必须集中注意力去倾听大自然的声音,充分利用每一次观测和测量,它们可能会教给我们很多东西。最后的最后,实验永远都是判断理论正确与否的标准。”但他的数学工作彻底改变了他对物理学研究的看法:“我们倾听自然的方式不仅包括关注实验,还包括努力理解这些结果如何能被最深奥的数学结构所解释。你可以这么理解:宇宙用数字向我们诉说着它的奥秘。”

第 1 章　数学为我们驱散乌云

那些时常困扰古代哲人，

并且让各学派陷入毫无意义的无端辩论的事物，

现在就在我们眼前。这都要归功于数学，是它驱散了乌云。

——埃德蒙·哈雷，对牛顿及其《原理》一书的赞颂，1687

爱因斯坦对自己的成就非常谦虚。他知道自己在科学史上地位甚高，但也很清楚自己的这些成就是站在巨人的肩膀上取得的。而这些巨人中肩膀最宽的就是英国人艾萨克·牛顿。在牛顿逝世两个世纪后，爱因斯坦这样写道："这位才华横溢的天才奠定了西方思想、研究和实践的发展路线。这项成就前无古人，后无来者。"[1]爱因斯坦后来还评论说，牛顿最辉煌的成就之一是"首创了一套全面、可行的理论物理学体系"。[2]

牛顿从没有提及"物理学家""科学家"这样的字眼——这两个词是在他去世100多年后才出现的。[3]相反，他认为自己首先是上帝之子，然后才是数学家和自然哲学家，他的工作是通过结合理论与实验，从理性的角度理解上帝创造的万物。牛顿于1687年出版了《原理》一书，在这本书中他首次公开阐明了自己研究的自然哲学的数学方法。这部分为三卷的著作很快就让牛顿声名大噪，并且奠定了他启蒙运动奠基人之一的地位。在这版《原理》的序言中，牛顿明确表示，自己提出的这一体系的重要性不亚于“一种新的哲学推理模式”。[4]

牛顿拒绝使用被几乎所有同时代人都认可的最好的工作方式。当时，牛顿的同行们热衷于寻找能够解释大自然运作方式的各类机制，他们把大自然看成一件需要拆解的庞大的钟表装置。而牛顿则把研究重心放在了地球及宇宙中物质的运动上，他可以运用数学精确描述这部分上帝造物。最重要的是，他坚持认为，检验理论的唯一标准就是考察它对现实世界中最精确的观测结果给出的解释有多么准确。如果理论预测与实验结果在允许的误差范围内不吻合，那么就应该修正这个理论，或者用更好的理论代替。如今，这一切都听上去理所当然，但在牛顿那个时代，这还是个激进的观点。[5]

《原理》一书出版时，牛顿44岁，是剑桥大学三一学院的一名教授，过着平静的单身生活。如今，站在他当时的住所里，可以俯瞰一排商店，其中就包括赫弗尔书店。[6]在《原理》一书出版约20年前，剑桥大学任命他为卢卡斯数学教授，尽管他此前并没有发表过数学方面的文章。数学只是牛顿的兴趣之一——此前，他在剑桥大学最知名的成就是设计并制造了一种新型望远镜，这体现了他卓越的实操能力。

作为一名虔诚而冷静的新教徒，牛顿认为自己就是为诠释上帝在创世中扮演的角色而生的。他决心摆脱那些腐化的基督教教义，这些教义只不过是堕落、腐败的牧师和其他利用大众对偶像的盲目崇拜、迷信来牟利的人捏造出来的。[7]为了达成这个目标并完成其他工作，牛顿投入了常人难以想象的巨大精力。他对这些工作极度专注，甚至会因此而废寝忘食。[8]对这位敏感而多疑的学者来说，生活绝不是开玩笑——他的脸上偶尔会展露出微笑，但人们甚少听到他放声大笑。[9]

受牛顿之邀造访他住所的熟人本就不多，能够认识到牛顿才能的专家就更是凤毛麟角。牛顿并不热衷于分享自己取得的新知识，他曾经表示，并不希望自己的这些“涂鸦”被“印刷出版”——他对当时相对较为新潮的印刷出版文化并不感兴趣。[10]化学家弗朗西斯·维加尼（Francis Vigani）曾是牛顿的密友之一。有一次，他向这位伟大的思想家讲述了一个关于修女的“下流故事”。之后，他就发现牛顿与他断绝了联系，这让维加尼相当失落。[11]

牛顿对自然哲学的新构想并不是凭空出现的，而是数十年精心思索与细致研究的成果。在《原理》一书的开卷语中，牛顿感谢了以下两类人对这本书的贡献：一是古希腊人，他们早在一千多年前就把重心放在了诠释运动现象上；二是牛顿那个时代的思想者，他们“将自然现象归结为数学定律”。[12]要想理解牛顿成就的背景，简要回顾一下这两类人的影响会大有助益。我们就从古希腊人的贡献开始，是他们教会了欧洲人“思考”这门艺术。

*

古希腊人最接近现代意义的科学（科学“science”这个词源于拉丁语“*scientia*”，意为“知识”）工作来自哲学家亚里士多德（前384—前322）。他相信，在我们周遭这个纷乱嘈杂的世界背后，大自然正按照某些原则有条不紊地运行，这些原则可以被人类发现，并且不会受到外界干扰（比如某些爱管闲事的神明）。[13]在所有古代哲学流派中，亚里士多德这一派最为关注自然（*physica*，源于*physis*一词），包括了从天文学到心理学的所有研究。“物理学”（physics）这个词就是由“*physica*”变化而来的，但直到19世纪初才有了现在的含义。

亚里士多德的研究范围甚广——从宇宙学到动物学，从诗歌到伦理，这也许使他成为有史以来研究自然的最有影响力的思想家。他认为，自然世界可以用普遍原理来描述，而这些普遍原理表达了能够影响事物的各类变化（比如事物形状、颜色、大小以及运动状态的改变）出现的深层原因。亚里士多德在科学方面的文章，包括他的著作《物理学》（*Physica*），在大多数现代读者看来都有些奇怪，部分原因是他试图通过纯粹的推理去理解这个世界，虽然这些推理也有细致的观察作为支撑。

亚里士多德世界观的一大特点是，他的体系中根本没有数学的位置。例如，他拒绝使用算术和几何学方法。要知道，当他开始思考科学问题时，这两门学科已经有几千年的基础了。算术和几何学这两个数学分支都是以人类经验为基础，由思想家发展起来的。这些思想家迈出了从对现实世界的观察转变到对一般抽象规则的归纳的关键一步。举个例子，当人类第一次将两根棍子、两匹狼、两根手指这样的概念概括成数字2这个抽象概念，而不用再与任何具体对象联系在一起时，算术中最基本的元素就出现了。尽管我们现在很难确定这项成就最早出现在什么时候，但这个抽象化的认识影响深远。几何学（空间中点、线与角之间的关系）的起源时间倒是比较容易追溯：在公元前3000年左右。当时，古巴比伦人和古印度河流域的人们开始研究陆地、海洋与天空。然而，在亚里士多德的眼中，科学这门学科里并没有数学的一席之地。他认为，“数学方法并不是一种自然科学方法”。[14]

亚里士多德对数学的排斥态度与他的老师柏拉图以及另一位著名古希腊人毕达哥拉斯的哲学理念背道而驰。（毕达哥拉斯这个人或许根本就不存在，他的各类成就有可能是其他人的工作。）毕达哥拉斯学派致力于对算术、几何、音乐和天文的研究，他们认为整数非常重要。举个例子，毕达哥拉斯学派非常擅长解释音乐和声与几何物体之间的关系，这让他们相信，要想从本质上理解宇宙的运作方式，整数是必不可少的关键所在。

柏拉图认为数学是哲学的基础，并且确信几何学是通向理解世界运作方式之门的钥匙。对柏拉图来说，我们周遭世界的复杂现实，在某种意义上是抽象的数学世界中独立存在的完美数学对象的投影。在那个世界中，二维形状和其他几何对象是完美的——点无限小，线无限直，平面无限平，等等。例如，他会把大致呈方形的桌面看成一个完美正方形的“影子”，这个完美正方形无限薄，构成它的线无限直并且以无限精确的90°角相交。这样完美的数学对象在现实世界中是不可能存在的，但这是现代数学家所称的柏拉图世界的一大特征。在他们看来，柏拉图的世界与我们周遭的世界一样真实。

亚里士多德逝世不到25年，古希腊思想家欧几里得就为数学思想引入了严格的新标准。在他的十三卷本巨著《几何原本》中，欧几里得清晰且全面地阐述了几何学基础，为这门学科的逻辑推理设定了新标准。这部巨著并不好读，然而《几何原本》还是成了数学史上最具影响力的著作，并且对数个世纪的思想家都产生了深刻影响。后世为其折服的顶尖物理学家就包括爱因斯坦，他曾评价：“如果欧几里得没能点燃你年轻时的热情，那你生来就不是当科学家的料。”[15]

同时，数学也变得越发实用了。阿基米德特别擅长将数学思维运用到发明创造中去，比如他的螺旋抽水机和抛物面镜。与他同时代的几位希腊人还运用几何推理测算了太阳和月亮与地球之间的距离、地球的周长和地球自转轴倾角，得到的结果精度很高。几个世纪后，人类才用数学定律去描述在地球上观察到的周遭事物的行为的规律性。不过，数学此时已经给被束缚在小小地球上的人类赋予了超越自己感官的能力，人们得以借助想象推理的力量，让自己的思想直上天空。

许多思想家也开始利用简单的数学概念推动科学发展。中世纪时期，许多知名的数学创新出现在伊斯兰地区——大致相当于今天的伊朗和伊拉克及其周边地区。[16]这一地区的学者取得的数学成就令人印象深刻，代数的发明就是其中之一。代数（algebra）这个词源于阿拉伯语中的“*al-jabr*”，意为“破碎的部分重新结合了起来”。这些创新构成了现代代数（用像x和y这样的抽象符号表示一定的数值，并进行数学运算）的基础。

到了16世纪中叶，也就是莎士比亚出生的那个时候，数学在几乎所有物理学分支中都占据了重要地位，比如天文学、光学、水力学，甚至包括音乐。涉及数学与世界关系的新观点越来越受欢迎，人们开始逐渐质疑统治了基督教和伊斯兰教思想长达2 000年的亚里士多德式思维。引发这股思潮的一大重要事件就是尼古拉 · 哥白尼于1543年提出的观点：宇宙的中心并非地球，而是太阳。这一激进的观点标志着后来人们熟知的“科学革命”的开端。这场革命的先驱中有两位天文学家兼数学家：德国人约翰内斯 · 开普勒和意大利人伽利略 · 伽利雷。他们认为，理解世界的最佳方式并不是把关注的焦点放在事物的肤浅表象上，而是精确地描述事物的运动。对他们来说，测量物体的运动，并识别出其中的数学规律性尤为重要。开普勒的一大成就就是找出了行星绕太阳运动的规律性。而伽利略发现的规律性就离我们近多了——他从自由下落的物体的运动路径中找出了这种规律性。

对虔诚的开普勒来说，上帝就是“宇宙的设计师”。上帝创世的时候必然遵循了某种计划，而人类可以通过几何学（开普勒认为它是一门充满神性的科学）去理解这个计划。[17]好与人争的伽利略常常强调把对科学理论的预测与对现实世界的观察结果放在一起比较的重要性：这种信念让他成了爱因斯坦眼中的“现代物理学之父”，哪怕伽利略习惯夸大他得到的实验数据的准确性。[18]伽利略在数学领域也有诸多建树，并且大力赞扬数学对人类理解自然世界的重要性，还在1623年提出了著名论断：自然之书是用“数学语言书写的”。[19]伽利略的思想是当时欧洲许多最为繁荣的城市的文化潮流的一部分：随着新的记账方法的发明和几何透视法在艺术与建筑学中的应用，数学逐渐成为商业生活和艺术生活的支柱。[20]

不过，开普勒和伽利略都没有完全掌握未来科学的核心理念——描述自然世界的定律适用于宇宙各处，或许还适用于宇宙诞生以来的各个时间点。[21]亚里士多德提出的观点——存在能够描述自然的基础定律——在法国人勒内·笛卡儿的著作中体现得最为明显。这位法国人的工作从17世纪40年代起主导了欧洲人的自然观数十年（这一段时间见证了伽利略的离世，也见证了牛顿的降生）。笛卡儿把亚里士多德提出的科学思想放在一边，试图用他生动描绘的各类机制解释引力、热、电以及现实世界中的其他方面，但他在提出这类解释时也清楚地知道，无论是他还是其他人，都没有直接证据能够证明这些机制是正确的。[22]

笛卡儿在他的著作《哲学原理》中介绍了自己的想法。对于这本书，他本人推荐像读小说一样从头读到尾。（他还提醒读者，阅读文本时产生的大部分困难都会在读第三遍时消失。）《哲学原理》中用到的数学知识非常少，并且也没有说明实验者可以如何检验自己提出的机械理论，比如笛卡儿自己提出的巨大物质旋涡推动行星环绕太阳运动的理论。当时伦敦最杰出的实验学家罗伯特·胡克是笛卡儿的狂热崇拜者，但他也逐渐对当时盛行的只靠思考和想象研究科学的方法失去了耐心："事实情况是，长期以来，对自然的科学研究一直只靠着大脑和想象力来进行。这种状况已经维持了太长时间了，现在是时候让研究方法回归到对物质和肉眼可见事物的朴素而坚实的观察上来了。"[23]

当胡克在1665年写下这句话时，22岁的艾萨克·牛顿正在数学和自然哲学这两个领域做出惊人的创造性工作。那个时候，牛顿已经充分了解了古希腊人的思想，甚至还在一个笔记本上写下了一句古老的学术谚语："吾爱柏拉图，吾爱亚里士多德，吾尤爱真理。"[24]牛顿对开普勒、伽利略和笛卡儿的发现，以及他们和其他思想家就推翻亚里士多德思想取得的共识也相当熟悉。在牛顿学习数学的过程中，最重要的事件是他阅读了笛卡儿的《几何学》：用著名牛顿研究者戴维·怀特赛德（David Whiteside）的话来说，牛顿在大约看到这本书的100页时，燃起了"对数学的极大热情"。[25]如果牛顿当时就把他在这一时期的数学发现全部出版的话，人们一定会觉得他就是这个领域内的世界顶尖专家之一，尽管牛顿的同事几乎都不知道他究竟做了什么。直到差不多25年之后，他才被世人认可，当时，牛顿开始以数学和定量观察为基础，把科学转为对自然世界更为系统的研究。他在自己的代表作中就是这样做的，这部作品也成了人类思想史上最重要的著作之一。

要是没有天文学家埃德蒙·哈雷（如今他最为人熟知的成就是观测了那颗以他名字命名的彗星）的鼓励和坚持，牛顿或许不会写出《原理》这本书。作为牛顿为数不多的几个朋友之一，哈雷花了差不多3年时间劝说这位不太情愿写书的作者发表这部作品。哈雷甚至提出出版费用可以由他来支付。1687年7月5日，星期六，大约500页的《原理》在伦敦上市销售。这一天在科学史上值得大书特书，但在当时并没有掀起任何波澜。出版商总共印了大约600册，而且历经千辛万苦才全部卖光，哪怕有匿名评论称赞这位“无与伦比的作者”写出了“能够证明思维力量的最经典例子”（这段评论其实是哈雷写的）。[26]牛顿在书中以极其简朴的风格阐述了主题，据他后来说，之所以这样写，部分原因是为了“避免招惹上那些对数学一知半解的人”。[27]结果就是，除了少数几位同行之外，基本上没人能读懂这部作品：在牛顿的有生之年，完整读过《原理》的人不超过100个，并且可以肯定的是，这些人中也只有很少一部分人能够理解书中的全部内容。[28]

牛顿给这本著作起了个副书名，叫作“自然哲学的数学原理”（*Mathematical Principles of Natural Philosophy*），这显然是借鉴了笛卡儿的《哲学原理》。这表明牛顿的重点在于自然哲学，也就是真实世界中发生的一切，而不是广泛意义上的哲学，并且他提出的原理本质上都是数学方面的。[29]牛顿在出版《原理》之前就已详细研究了笛卡儿那本错误百出的书，并且对书中“到处都是假设”的现象日益不满。[30]从某种意义上说，《原理》是对笛卡儿自然哲学观的细化和数学上的修正：牛顿完全专注于真实世界中可以用数学方法解释的那部分内容，这些内容既有普遍性，又有准确性。

在《原理》一书中，牛顿假设时空对身处任何地点的任何人都是一样的。[31]时间“均匀地流动”，而空间的存在“不需要参考任何外在之物”。牛顿采用了一种不掺杂感情色彩、符合逻辑的简朴风格（与欧几里得在《几何原本》中的写作风格颇为相似），提出了或许是科学史上最为大胆的统一观点：在地球上将任何物体（比如苹果）拽到地上的力，与宇宙中作用在行星、月球及其他所有物质天体上的力是同一种力。他用数学描述了这种力，其形式后来被总结为一个简易公式，这个公式已经为所有物理系的学生所熟知：任意两个相距为d的粒子，设其质量分别为m和M，它们之间会产生互相吸引的作用力，力的大小由平

方反比律 GmM/d^2 给出（式中的 G 是一个常数，无论何时何地，其值都不会发生改变，后来这个数被称为牛顿引力常数）。牛顿证明这个自然定律正确有效的方法，自那时起就成了科学研究的模板。

为了预测引力对行星产生的效应，牛顿使用了三条新的运动定律，并用一种在现代科学家看来极度晦涩的几何方法来运用这些定律。现代科学家用微积分的方法来做这些计算，得到的结果与牛顿完全一致。牛顿在20年前思考曲线的数学性质的时候就已经发现了微积分这种技巧，但并没有把它用在《原理》这本著作中。后来我们知道，德国数学家戈特弗里德·莱布尼茨差不多也在同一时间独立发明并命名了微积分。由于微积分能够处理连续变化（比如在时间或空间中变化）的非常数物理量，它成了被应用到科学中的最强大的数学技巧，没有之一。然而，牛顿知道，即便是他那些最博学的读者，也几乎都对当时这个令人望而生畏的新数学工具一窍不通，因此他没有在《原理》一书中使用微积分。他在书中使用了几何数学，当时所有著名欧洲大学都开设了这门学科的课程，并且所有顶尖数学家也都对此相当熟悉。

借助数学推理，牛顿的想象力得以轻松、自由地在宇宙中翱翔。他计算了引力在行星、彗星以及其他天体上产生的效应，并且把计算结果与天文学家最精确的观测结果放在一起比较。在一次令人激动的意外发现中，他证明了开普勒此前注意到的那些令人困惑的行星运动规律，可以从数学角度利用引力定律来理解。牛顿还思考了彗星和月球的运动，并且解释了月球和太阳对地球施加的引力如何引发了地球潮汐。在每一个应用实例中，牛顿都会把理论的预测数值（也就是定量预测）与他能得到的最精确的测量结果相比较。理论与观测结果相符，这促使他相信自己给出了有史以来对这部分自然世界的最好解释。

牛顿对自然的解释完全摒弃了笛卡儿的旋涡理论，这令他在欧洲大陆上的同行们感到相当不快。在这些批评者看来，牛顿虽自称描述了行星运动，却没有给出造成这种运动的物理机制，这是绝对不能接受的。牛顿的解释还有一个问题：地球要凭借何种机制才能跨越几千万英里，看似瞬时地对太阳施加吸引力？一位匿名的法国读者对《原理》一书的评论道出了许多不满者的心声：牛顿并不是物理学家，他只是数学家。[32]

牛顿于1696年前往伦敦就任皇家造币厂厂长，几年后又成了英国皇家学会会长。在此之后的数十年时间里，牛顿和他的批评者之间的争论愈演愈烈。尽管这一时期牛顿做的研究变少了，但他还是会把自己的引力定律同他能得到的每一个对地球和太阳系的新测量结果进行比较。他对批评者毫不留情，会用标志性的攻击和蔑视反击几乎所有的批评者。当然，如果有人以老练圆滑的策略跟他打交道，牛顿也会接受修改作品的建议。第二版《原理》中，该书编辑罗杰·科茨（Roger Cotes）提出了一个牛顿肯定赞同的观点：任何认为只靠想就能理解这个世界的人，以及反对牛顿对于上帝在宇宙中扮演的角色的观点的人，都是“可怜的爬行动物”。[33]

最终，牛顿研究自然哲学的数学方法获得了胜利。他在1723年过八十大寿时，几乎所有欧洲顶尖思想家都已接受了他研究宇宙的方式。同行们对《原理》以及牛顿的后一部著作《光学》推崇备至。和所有的伟大作品一样，他的这两部作品提出了许多问题，并指明了未来的探索方向。不过，牛顿很清楚，自己的工作还未结束。他还没能从理论上证明行星轨道的稳定性，而这一点已被天文学家们通过望远镜证实。他也没能证明自己的理论能够解释月球运动和地球潮汐的一些细节。他还没能发现描述物质基本粒子间相互作用的新数学定律，以扩展他的“哲学推理模式”，从而解释其他现象，比如电、磁、热、发酵，甚至是动物的生长。[34]

牛顿于1727年3月31日逝世，享年84岁。在牛顿离世前病重的几个星期里，他的医生理查德·米德（Richard Mead）一直照料着他。牛顿向米德透露，自己还是个处男。[35]几天后，牛顿下葬了。之后，威斯敏斯特大教堂又举行国葬，把牛顿的遗体葬在了那儿。英国官方为他挑选的墓志铭辞藻华丽，但不如前一次安葬时的那么恰当。前一篇墓志铭由牛顿的好友兼亲戚约翰·康迪特[36]（John Conduitt，他后来掌控了牛顿的如今所谓的“肖像权”）撰写，内容如下：

艾萨克·牛顿

在此长眠

他高举数学的火炬

以实验为指引

第一个证明了自然定律

英国人认为，牛顿是历史上最优秀的自然哲学家。后来，苏格兰思想家大卫·休谟称牛顿为“为人类的繁荣和教育而生的绝无仅有的伟大天才”。[37]欧洲大陆上则是另外一番景象了。在那里，牛顿的同行们只把他当成一流数学家，认为他把数学应用于自然哲学的研究方法完全没有意义。[38]差不多半个世纪后，当其他专家完成了牛顿运用引力定律研究太阳系的未竟事业后，他们才承认牛顿也是一位杰出的自然哲学家。牛顿本人很可能会感到相当惊讶，因为他的未竟事业最终并不是在他的祖国完成的，而竟然主要是在那个对他的批评最为尖锐的国家——法国完成的。

*

多产的法国作家、社会活动家、智者伏尔泰很可能参加了牛顿的葬礼，当时他正流亡英国。他和第一个将《原理》一书译成法文的埃米莉·夏特莱（Émilie du Châtelet）是知识分子活跃群体中的佼佼者，他们最终成功劝说自己的祖国接受了牛顿研究科学的方法。牛顿逝世约25年后，法国全国上下出现了一股“英国热”。[39]

法国的牛顿迷中最有影响力的当属皮埃尔–西蒙·拉普拉斯，人们有时也称他是法国的牛顿。拉普拉斯是一位冷漠的理性主义者，并不特别擅长哲学思考。他抓住一切机会运用数学技巧描述周遭世界和这个宇宙，以验证牛顿的引力定律。拉普拉斯早年在诺曼底郊区已经开始接受教士训练，但又冒险前往巴黎开启数学生涯。抵达巴黎后，他很快就成了法国顶尖的科学贵族。[40]

为了推进牛顿的未竟事业，拉普拉斯和他的同事开发了大量新的数学技巧，其中有许多和微积分相关。不过，他们参考的微积分并不是牛顿提出的那版，而是牛顿的死对头戈特弗里德·莱布尼茨的那版。莱布尼茨的这个版本使用起来要容易得多，发展起来也更容易。以莱布尼茨的框架为核心，数位伟大的数学家——其中包括拉普拉斯的第一位导师让·勒朗·达朗贝尔、出生于都灵的约瑟夫–路易·拉格朗日、瑞士数学大师莱昂哈德·欧拉和约翰·伯努利——发明了如今物理学家必须学会的许多微积分技巧。其中最重要的成就可能是微分方程，它能描述与真实世界相关的物理量（比如速度、温度和磁场）的变化率。其中一个经典的例子就是牛顿第二运动定律的现代版本，也就是作用在物体上的力等于该物体的质量乘以该物体的速度随时间的变化率。[41]这个方程是自然哲学家的福音：从原理上讲，只要他们拥有了作用在物体上的力的公式，就能预测任何物体的运动。

事实证明，微分方程是所有理论学家的必备工具。通过这类方程常常能推导出物理量之间惊人的新联系，从而产生对熟悉概念的新想法，并激发对大自然运作方式的洞见。从某种意义上说，描述真实世界的微分方程就像是诗歌一样：如果如作家谢默斯·希尼（Seamus Heaney）后来所说的那样，“诗歌是宇宙中的语言”，那么微分方程就是宇宙中的数学语言。[42]

由于拉普拉斯和他的巴黎同事以及欧洲大陆的其他专家的工作，自然哲学领域的国际领导力量跨越了英吉利海峡，由英国来到了欧洲大陆。但英国人并不认同他们的研究方法，摄政时期的知识分子们还气愤地抱怨说：拉普拉斯和他的支持者们太依赖抽象的数学工具了，对具体的观测结果关注不够。伦敦最有洞察力的自然哲学家托马斯·杨（Thomas Young）说这个法国人正在把自然哲学引入歧途：“拉普拉斯先生尽可以在代数的花丛中四处走动，甚至翩翩起舞……只要他能回到自己的出发点，我们就不会笑他。”[43]然而，拉普拉斯丝毫不为所动，反而更加勤奋地继续推进牛顿的未竟事业，并且无视了之前几代法国哲学家的要求：他们不满意牛顿的理论，因为它对引力的力学起源只字未提。法国数学家和哲学家从未正式解决这个争议，只是不再谈论它而已。这个问题最后和笛卡儿的旋涡理论一起消失了。

与牛顿理解自然世界的方法不同，拉普拉斯并不信仰上帝。当牛顿发现自己的数学体系间接预示了宇宙的不稳定性后，便解释说上帝偶尔会为了保证行星的稳定性而调整它们的运动。[44]拉普拉斯对这种解释毫无兴趣。根据广为流传的说法，拿破仑曾询问拉普拉斯，上帝在他的宇宙中处于什么位置，这位伟大的物理学家高傲地回答：“我不需要这种假设。”[45]牛顿和拉普拉斯两人在应用数学解释自然的观念上有一个关键性的不同。牛顿试图通过数学给出对宇宙的最精确描述，进而更好地理解上帝的工作。而他的法国后继者认为，大自然只能用数学定律来描述。拉普拉斯的信念的核心在于，从某种意义上说，这些定律已客观存在，只是等待着人们发现而已。这很像是柏拉图对数学的看法，也是如今大多数科学家的观点。[46]

此外，拉普拉斯还坚定地认为，数学定律能够告诉我们的，不仅是关于自然世界的一切，还有关于过去和未来的一切。他和同事建立了第一个全面的数学概率理论，这让那些关于偶然性在决定性事件中所扮演角色的模糊论断成了过去。拉普拉斯认为，宇宙完全是决定性的——理论上讲，只要掌握了有关现在的完整信息，就能计算出未来发生的一切。[47]他写道："我们应该把宇宙现在的状态看成它过去状态的结果、未来状态的起因。"[48]拉普拉斯对于普适数学定律的力量深信不疑——虽然只了解这些定律中的一小部分，但他确定还有其他的普适数学定律，并且宇宙中的所有粒子都是按照数学奏出的曲调而翩翩起舞的。

拉普拉斯和他的同事奠定了现代物理学的基础。这可以说是一项法国人的发明，目的是将知识系统化、使测量更精确、利用以数学为基础的理论进行计算。[49] 1765年，德尼·狄德罗（Denis Diderot）和让·勒朗·达朗贝尔在其启蒙思想的经典著作《百科全书》（*Encyclopédie*）中很好地总结了这一点："数学方法属于所有科学，它易于被人类的思维接受，并且能让我们窥见各类事物的真相。"[50]当时，新的数学方法正在物理学研究中发挥关键性作用，而这又反过来催生了大量新的数学方法。

*

如今我们了解的物理学大致在18、19世纪之交开始成形，也就是法国大革命之后一二十年。一群被称为物理学家（*physicien*）的专家开始把研究重点放在热、电、磁、气体力学、水文学等课题上，与生物学、化学和地质学的交集则相对较少。[51]在大革命后的恐怖统治时期，拉普拉斯的数位同行付出了生命的代价，而他却低调行事，埋头继续工作，仿佛什么都没有发生。拿破仑和许多世界级天文学家、数学家和物理学家走得很近，后来他成了物理学研究——尤其是18世纪的科学热潮，即电学领域——最有影响力且最为友善的支持者。[52]在当时的欧洲大地上，演讲者们靠着电学实验娱乐听众，就能活得相当滋润。他们利用事先储存的电荷让听众的头发根根竖起，还用它们制造出异常明亮的火花、发出极其响亮的爆裂声。当时的科学就像戏剧一样。与此同时，实验学家和工程师们做出的电学测量也日益精密、准确，而他们的测量结果正是物理学家想要解释的问题。

拉普拉斯并不只是一位敬业的物理学家，他也时刻准备着在政治上为自己的主人效劳。1799年，当拿破仑任命拉普拉斯为内政部长时，后者颇为高兴，但任期只持续了6周。“他寻找每件事的微妙之处……还把事无巨细都要寻根究底的精神带到了行政管理中来。”法国领导人观察拉普拉斯在内政部长职位上的表现后，如是总结。[53]卸任后，拉普拉斯毫无畏惧地回到了最初的目标：继续牛顿运用引力定律理解宇宙的未竟事业。事实证明，拉普拉斯取得了辉煌的成就。他将自己的发现汇总成五卷本的经典著作《天体力学》，并将其中的第三卷献给了拿破仑，“这位开明的科学支持者……他是英雄，是欧洲的仲裁者，法国的繁荣、伟大以及最光辉荣耀的时代都要归功于他”。[54]

在巴黎朋友的支持下，拉普拉斯创办了世界第一所数学物理学院，就在他的府邸，位于巴黎南边3英里（约5千米）处的阿尔克伊村。[55]1806—1822年夏季的几乎每个周末，他都会和数十位青年才俊和造访此地的科学界人士讨论各类热点话题。[与此同时，他的隔壁邻居克劳德-路易·贝托莱（Claude-Louis Berthollet）也建立了一所同样成功的化学学院。］拉普拉斯和他的妻子以及两个孩子的住所很符合他的身份，有衣冠整洁的仆人、奢华的家具，墙上挂着拉斐尔的画作，还停了一辆马车随时准备接送拉普拉斯和他的客人。[56]

*

拉普拉斯的工作以牛顿的世界观为基础。在牛顿眼中，这个世界本质上就是由通过有心力相互作用的各种粒子构成的。我们的目标就是要把这些力全部识别出来，用数学理论加以描述，并且把数学理论的预测结果同最精准的测量结果相比较。[57]拉普拉斯的策略是运用在数学形式上与牛顿引力定律相似的定律描述一种没有质量（无法测量）的流体。他认为，实验学家研究的一切，包括电、磁、热、光以及液体在毛细血管中的流动，其背后的机制都与这些流体有关。这种方法取得了一些显著的成就，比如解释了埃蒂安-路易·马吕（Étienne-Louis Malus）在1808年的发现：反射光可能具有特殊的偏振性质，并受到普遍赞扬。[58]对拉普拉斯和他的追随者来说，研究这些不可测流体无疑是当时推进物理学发展的最佳方式。

正如历史学家约翰·海尔布伦（John Heilbron）后来所说，到了1810年，拉普拉斯研究自然世界的方法已经成了拿破仑时代的物理学“标准模型”。[59]作为一种理论框架体系，它似乎相当全面，让人觉得凭此就足以描述整个物理学世界。在这个体系中，最主要的困难似乎就是把所有细节都计算出来，并且保证据此给出的预测与所有实验结果都相符。在那几年中，拉普拉斯始终是欧洲顶尖学者的焦点。他们认为拉普拉斯的发现是当时做物理研究的最佳方式，并且也给这门学科设定了一条引人瞩目的发展道路。然而，到了1815年夏天，拉普拉斯的影响力和名声都开始大幅下滑，这一切都发生在他最有力的支持者在滑铁卢之战中落败后的几个月内，绝非巧合。[60]

尽管地位迅速下滑，拉普拉斯还是像以往一样在不可测流体领域耕耘，试图让理论预测符合实验观测，尤其是那些与电和磁有关的实验。当时的大多数研究者都认为电和磁这两个现象是分立、无关的，但正如汉斯·克里斯蒂安·奥斯特在1820年证明的那样，这种观点并不正确。奥斯特在他位于哥本哈根的实验室中发现，流过导线的电流会环绕导线产生磁场。这个发现很快就成了全欧洲同行热议的话题。这个实验第一次证明了电和磁是紧密联系在一起的，并且也第一次告诉人们，电和磁需要放在同一个框架体系下研究，也就是电磁学。

拉普拉斯和他的追随者们发现，在粒子有心力理论的框架下很难解释奥斯特的发现，而这只是困扰曾经不可一世的拉普拉斯不可测流体理论的众多问题之一。在随后的5年内，这一理论迅速崩塌。这个拿破仑标准模型的局限性越来越明显，同时暴露出的还有该理论创始人的教条主义。

新一代逐渐登上了历史的舞台，而拉普拉斯则几乎失去了所有权威和影响力。对于大多数年轻、聪慧的物理学家而言，拉普拉斯已经过气了，他们更愿意在其他顶尖思想家的传统方法下工作，比如对不可测流体毫无兴趣，专注于从大尺度上描述物质行为的约瑟夫·傅立叶。傅立叶的成就之一就是通过微分方程对热流进行描述，避免了引入原子和原子力，这种方式也很好地解释了观测结果。傅立叶的成果流传了下来——直至今日，他的方程和某几项数学创新仍是每个物理学家必须学习的课程。

大致就在物理学开始独立成为一门学科的同时，随着欧洲大陆哲学家开始以追求极致严谨为首要目标发展数学，这门学科也开始发生变化。当时这一领域的国际领袖就是拉普拉斯年轻的邻居奥古斯丁-路易·柯西。虽然柯西对自然哲学也颇感兴趣，但他本质上还是一位数学家，完全容不下马虎、逻辑错误和漏洞。[61]纯数学和应用数学之间的界限开始逐渐变得广泛而清晰，前者与任何可能的实际应用毫无关系，而后者主要用于解决真实世界中的现实问题。[62]拉普拉斯就是当时的应用数学之王，而柯西则是纯数学之王。

拉普拉斯于1827年3月离世，距牛顿离世差不多正好隔了一个世纪。拉普拉斯的葬礼是巴黎当时的重大公共事件，尽管其规模比不上约三周后在维也纳举行的贝多芬葬礼。[63]虽然在前来悼念的同行眼中，拉普拉斯并不能算是一个深受大家爱戴的人物，但他们称赞拉普拉斯摆脱了普通人的局限。用一位英国仰慕者的话说，拉普拉斯超越了“人类历史上的所有伟大导师”，这是一个牛顿听了也会高兴不已的极高评价。[64]

几年后，科学作家玛丽·萨默维尔（Mary Somerville）首次将《天体力学》译成英语，她的作品极大地提升了公众对数学在科学和社会中价值的认识。[65]在牛顿出版《原理》150年之际，几乎所有专家都已接受数学定律潜藏在自然运作机制之下的观点，并且也都认为所有假设都必须持续不断地接受实验观测的检验。拉普拉斯对于巩固、明确牛顿的研究方法并使其结出丰硕的果实功不可没。他和他的同事大大提升了我们对引力如何塑造太阳系的理解，并且安全、平稳地将宇宙纳入了人类的想象范围。对于拉普拉斯的后继者来说，他们面临的主要任务是让人们对在地球上观测到的现象也能拥有类似程度的理解，尤其是电和磁现象。自然哲学家们何时才能解释那些讲师们演示的令人兴奋的现象呢？我们即将看到，得到这个解释所花的时间要比大多数专家预测的时间更长。另外，令大多数人感到惊讶的是，第一个提出经得住长期考验的电磁数学理论的人，既不是法国人或德国人，也不是英格兰人，而是苏格兰人。

第2章　电磁理论照亮世界

我始终认为，数学是了解事物概貌和维度的最佳方法。这里的最佳并不仅仅是最有用和最经济，更重要的还是最和谐和最优美。

——詹姆斯·克拉克·麦克斯韦，

对弗朗西斯·高尔顿问卷的回答，约1870年

1800年后，物理学的发展很大程度上是由一股进行测量，并运用以数学语言写就的定律理解测量结果的热情推动的。在那个以量化为主题的时代，人们普遍认为物理学中有很大一部分内容都与数字有关，尤其是与测量和预测有关的内容。到了1850年，全欧洲的学者都在以前所未有的准确度和精确度开展光、电、磁、热、流体静力学、机械力学和大量其他领域现象的实验。他们的目的是要用尽可能少的基于数学的定律解释世界上的各类现象。不过，物理学的意义远不止这些：当时有许多政府热忱地支持物理学，因为物理学发现对工业极为有用，而工业发展对整个国家的经济繁荣至关重要。

电学是这股量化思想的风向标。例如，从18世纪末开始，测量带电物体和通电导线之间作用力的实验精度开始迅速上升。在此之前，实验者们对电现象的研究从没有达到如此高的精度。奥斯特对电与磁之间紧密关系的发现驱动了测量设备技术的进一步发展。问题在于，当时这些电磁实验的进步远远把基础理论甩在了后头。

那个时候，如果你认为第一个综合性电磁理论会在德国出现，肯定是一个明智的想法，毕竟那里是一流研究机构的所在地。到了19世纪30年代，数学和物理学领域的国际领导地位已经从法国转移到了其东部的邻国。在当时的德国，许多顶尖专家正在开展——或者说已经开展了——电学领域的重要工作。数学家、教师格奥尔格·欧姆就是其中之一，他之前已经发现一个能够将电流和电压联系起来的电学定律。正如他写的那样，他在寻找一种关于电磁理论的“统一思想”，并且想运用“数学的火炬”照亮“物理学的黑暗角落”——一句差点儿就成了牛顿墓志铭的经典行业格言。[1]

这把数学火炬第一次成功照亮电磁理论是在19世纪60年代，当时高举火炬的正是苏格兰自然哲学家、乡绅詹姆斯·克拉克·麦克斯韦。他的电磁理论后来被写成了微分方程的形式，这是描述真实世界的最重要的微分方程。这些数学表达式在如今的物理学家和电气工程师心目中仍有特殊的地位，他们中的很多人仍旧记得第一次感受到这些方程的无穷威力时的场景。

麦克斯韦的理论激发了当时还是学生的阿尔伯特·爱因斯坦发展相对论的灵感，相对论让我们对时间、空间、能量甚至质量产生了本质不同的全新观点。正如我们将要看到的，麦克斯韦方程组后来成了我们从现代角度理解所有自然基本力的基础，其中包括对原子核内部粒子施加作用的基本力。事实证明，这些方程对工程师来说也不可或缺。麦克斯韦的成就充分证明了他的信徒奥利弗·亥维赛（Oliver Heaviside）对他的褒奖恰如其分。亥维赛是这么说的：麦克斯韦是“不朽的伟人”，足以“与莎士比亚和牛顿比肩”。[2]

麦克斯韦并不觉得自己是个物理学家。他的很多思想都起源于形而上学。形而上学这个词是亚里士多德的学生率先使用的，指那些对现实、存在、空间、时间和相关话题的意义的哲学探讨。这类研究与正统科学不同，因为它们不受实验检测的限制。尽管如此，麦克斯韦觉得有必要给形而上学划定边界，并且仔细研究实验结果：“我没有理由认为人类智慧能够在不做实验的情况下凭借自身资源编织出物理学系统。”[3]

麦克斯韦认为自己首先是个自然哲学家，目标是结合理性推导和实验观测理解自然世界的核心秩序。和牛顿一样，麦克斯韦也是虔诚的教徒，极有数学天赋，实验能力卓绝，并且完全立足于现实世界，决心要找到符合实验观测结果的理论。不过，在别的方面，这两个人的成长经历和性格天差地别：牛顿从小家庭并不富裕，而麦克斯韦可以说是含着金汤匙出生的。麦克斯韦在爱丁堡的豪宅中长大，在苏格兰南部与英格兰接壤的格伦莱尔还有占地1 500亩的地产。麦克斯韦有很多朋友，他们不仅欣赏麦克斯韦聪慧的头脑，也欣赏他的幽默、亲和与慷慨，这点也和牛顿完全不同。此外，牛顿似乎没有给艺术活动留下太多时间——他一生只看过一次歌剧，还半路开溜了；而麦克斯韦热爱文学，尤其是莎士比亚的作品，并且还会像读诗那样热忱地创作诗篇。[4]

麦克斯韦年少成名，15岁时就撰写了第一篇技术性文章，主题是数学中的椭圆曲线。这篇文章在爱丁堡皇家学会上被宣读时，他本人也在场。[5]麦克斯韦在爱丁堡开启了自己的大学生涯，按照苏格兰大学的哲学传统学习了科学和数学，还阅读了数本古希腊文献——牛顿在求学时也读过这些经典著作。虽然他在数学方面表现卓越，但一位老师指出，麦克斯韦仍以一种“极其笨拙”的方式训练自己的数学技巧。[6]他在剑桥大学读完了学位，部分原因就是发展自己的数学天赋。在那里，他修习了纯数学，以及包括天体力学在内的当时已发展成熟的应用科学等艰深的课程。这些课程让麦克斯韦具备了成为一名擅长数学的自然哲学家的优秀条件，并且也让他拥有了未来与欧洲大陆同行竞争的关键优势。我们马上就会看到这一点。

*

麦克斯韦在1854年年初毕业后，并没有跟随当时的主流学习法律或者进入教会，而是决心继续在自己的自然哲学研究之路上走下去，并且把重点放在一门自己知之甚少的学科——电磁学上。毫无疑问，为全欧洲实验室得出的海量电磁学实验结果带去数学秩序的挑战吸引了他。激发麦克斯韦对电磁学兴趣的是伦敦皇家学会的迈克尔·法拉第。法拉第是一位才华横溢的实验学家，在电、磁以及电磁关系方面有诸多发现。[7]

麦克斯韦还与英国顶尖数学物理学家威廉·汤姆孙建立了友谊，后者在数个数学物理分支上都卓有建树，尤其是热力学（研究热和温度的学科）方面。麦克斯韦在一封信中告诉汤姆孙，他和同事决定要“攻克电学理论”，并询问汤姆孙开展这方面研究的最佳方式。[8]这封信展示了麦克斯韦惊人的自信和雄心：已经有数位世界顶尖的理论学家——许多在德国——正全力研究电磁学这门学科，而麦克斯韦胸有成竹地决定挑战他们。他的这个选择也很合时宜，这个领域正是许多英国工程师和实业家感兴趣的地方，因为他们正准备建立一个国际性的电报电缆网。后来，这项课题也确实给大英帝国带来了巨大的利益，极大地推动了电、磁理论的发展，并且让英国成了这个领域的领头羊。[9]

麦克斯韦攻克电磁理论的第一步无比睿智：他决定先读完法拉第的《电学实验研究》，再去想应该用什么样的数学方法。[10]法拉第的这本书向麦克斯韦展示了全面电磁理论必须解释的大部分实验结果。最重要的是，这本书还介绍了场的科学概念。[11]正是运用了这个具有革命意义的概念，麦克斯韦才得以击败竞争者，率先得出成功的电磁学理论。当时还有许多数学能力同样强大的同行在研究这个学科，但只有麦克斯韦的火炬指对了方向。

我们现在熟悉的磁场的样子，是磁铁周围弯曲排列的铁屑。根据统治19世纪大部分时间的正统思想的说法，每个小铁屑受到的力都是通过"超距作用"施加的，也就是说，力会瞬间穿过空间——有些人会觉得这简直是魔法，而空间只不过是个静止的背景。然而，法拉第并不认同这种观点。在他看来，"超距作用"只是一种幻觉，对铁屑施加作用力的是弥漫在整个空间中与磁铁有关的一种场。

欧洲大陆上的理论学家对"场"这种怪异的说法丝毫不感兴趣。然而，麦克斯韦认为法拉第才是正确的，用数学方法明确场的概念后，它将成为攻克电磁理论难题的关键。事实证明，麦克斯韦的"攻克"行动是一场艰苦卓绝的漫长战役：第一阶段就耗时7年，后续的发展、成熟阶段更是长达几十年。在这期间，麦克斯韦奠定了自己顶尖数学哲学家的地位，并且担任了几个学术职务，常常作为独立研究员在格伦莱尔办公，靠着自家土地上佃农上交的租金过活。麦克斯韦的形象引人注目：他5英尺8英寸（约1.73米）高，留着长长的胡子，对衣着打扮的态度就像每个顶尖学者那样漫不经心。他是一名涉猎特别广泛的思想家，成就包括但不限于：解释了土星环的结构，拍摄了第一张三色图像，发现了一种计算悬索桥结构应力的新方法。最为著名的则是，他构想出了一个亚原子微观世界，里面充满了不停相互碰撞的气体分子，并且运用统计推理预测了日常生活中气体的行为。这些预测后来被实验学家（包括麦克斯韦本人）证实了。

1857年春天，麦克斯韦开始了为期将近4年的针对电磁理论的紧张工作。他的第一步是试图把法拉第的直观磁场概念用精确的数学形式表达出来，具体方式则是将构成磁场的力线与不可压缩液体的流动做类比。麦克斯韦从描述液体运动的方程开始，推导出了可以应用在电场和磁场上的类似方程。可以说，这开了一个好头。数年后，麦克斯韦提出了一个更加宏伟的理论，把电、磁同无孔不入的以太联系了起来——当时的普遍观点认为，光在以太中以波的形式传播。作为建立这个理论的第一步，麦克斯韦提出了一个新的以太力学模型，把以太看作分子涡流和空转轮的集合，当以太受到磁场的作用时，这两个组成部分就会运动起来。按照他的这个模型，这种微观运动产生了我们在日常生活中观察到的电荷和电流。麦克斯韦假设这种运动机制与电磁场的相互作用类似，然后用他那“近乎不可思议的物理学洞见”——这是同时代人恰如其分的描述——推导出了描述电磁场的方程。[12]

1861年年初，麦克斯韦调整了这个模型，使它能够解释实验学家在电磁学实验中观察到的几乎所有现象。这就是麦克斯韦电磁理论的第一版，其中，电磁场变化率和其他相关量是用20个微分方程描述的。这些微分方程中有许多都带有这个力学模型的痕迹。

麦克斯韦的第一版电磁理论为他在第二年夏天提出现代科学中的一大统一性思想奠定了基础。[13]他在格伦莱尔仔细反思了这个模型，并且意识到扰动可以平稳地穿过以太，就像波穿过果冻那样。麦克斯韦在这个理论中应用的精确数学公式此时发挥了作用：通过这些微分方程，他得以精确描述波的形状、性质和速度。麦克斯韦只用短短几行计算就证明了这种波以固定的速度穿过以太，而速度值则取决于实验学家们最近准确测得的相关量。他在苏格兰的家中无法查到这些量，但在前往伦敦搜寻几周后，他做出了一项意义非凡的发现：根据这些数据计算出的波速，在实验误差范围内与真空中的光速一致。他根据这个事实得出结论：光中同样含有引起电磁现象的那种物质的振动。

这是一个非常大胆的统一性想法。麦克斯韦的这一观点意味着不应该把电磁学和光学当作两门截然不同的学科看待。我们只需要研究一门学科，也就是电磁学，而光学只不过是电磁学的一个特殊结果。虽然对自己的判断颇为自信，但麦克斯韦也知道这个想法——他的电磁理论的最大胆的预测——还没有被实验证实。

1865 年，麦克斯韦提出了这个理论的改良版，他称其为“伟大的枪炮”。[14]这个理论不涉及任何以太的力学模型，既没有涡流，也没有空转轮。它以描述电磁场变化率和相关量的微分方程为基础，并且可以让实验学家通过实验检验。[15]对于麦克斯韦的朋友、被普遍视为英国最有成就的数学物理学家的威廉 · 汤姆孙来说，这个改良版理论是一种“倒退”，汤姆孙一直没有原谅麦克斯韦的这种退步行为。[16]汤姆孙不喜欢用干巴巴且几乎不能理解的数学语言阐述自然理论，他希望它们以能够在脑海中想象的机制为基础。当时，汤姆孙正和物理学家以及工程师紧密合作，努力建设第一条跨大西洋电报电缆（计划在未来数年内就投入使用）。参与这个高风险、高收益的项目令汤姆孙收获了大量财富：他购买了一座宏伟的豪宅、一艘重达 126 吨的游艇，还给格拉斯哥大学捐赠了巨额钱款和昂贵的新设备。在接受维多利亚女王册封的爵位后，汤姆孙选择了“开尔文勋爵”这个名字，该名取自他的实验室附近的一条河流。不过，他的一些朋友半开玩笑地建议他应选取一个更为合适的头衔：电缆勋爵。[17]

麦克斯韦对电报也很感兴趣，但他的理论起初似乎对那些急需理论指导的专家并没有起什么作用，对公众更是几乎没有产生任何影响，当时的公众还在对查尔斯·达尔文大约6年前出版的《物种起源》争论不休。然而，事实证明，从长远角度来看，他们两人的这两部著作的重要性难分伯仲。多年以后，20世纪60年代初，美国物理学家理查德·费曼评价说：终有一天，历史会告诉人们，麦克斯韦发现电磁理论是“19世纪最重要的事件”。[18]这个论断会让麦克斯韦的同时代人，乃至麦克斯韦本人都感到无比震惊——当时，根本没有人意识到这个理论的重大意义。

*

从少年时起，麦克斯韦就对数学和现实世界间的联系很是着迷。他常常和同事谈论数学在自然哲学中是多么有用，但直到1870年39岁的时候，他才全面表达了自己的观点。当年9月15日，星期四，麦克斯韦在一场讲座中表达了这个想法，讲座对象却不是专家，而是普通大众，讲座地点也是一个出人意料的地方——利物浦市中心新希腊式建筑圣乔治大楼中的刑事法庭，一个拥有镶板墙体和大理石柱的大房间。[19]

当时，麦克斯韦正在英国科学促进会（BAAS，一个旨在促进科学发展和应用的公共组织）年会上发表讲话。[20]虽然查尔斯·狄更斯温和地讽刺这个组织为“能够促进万事万物发展的谜一般的协会”，但科学促进会年会还是成了当时与成千上万充满好奇心的公众分享最新科学知识的最有效平台。麦克斯韦演讲的题目叫作“论数学与物理学的关系”，这是一个他很有发言权的话题：麦克斯韦既是优秀的自然哲学家，也是备受尊敬的数学家，还是舌灿莲花的演讲者。[21]在职业生涯的这个阶段，麦克斯韦在某种意义上已经成为英国物理学界的达尔文——一名顶尖的独立学者，尽管麦克斯韦远不如达尔文那么有名。

一走到刑事法庭（年会的数学和物理学演讲多是在这个厅里进行）的讲台上，麦克斯韦就充分展现了自己的睿智、谦逊和权威。他显然不只是想和听众中的专家交流，还想和那些对数学和物理感到好奇但几乎或者根本没有这两个领域专业知识的普通群众互动。

麦克斯韦以他一贯的自嘲开场：他说他还没资格讨论数学和物理学这两门学科间的关系，因为这是一个“太过宏伟”的主题。[22]不过，他很快就接受了挑战，指出数学与物理学之间的显著差别。他称数学是“思维的运作”，而物理学则是“分子的舞蹈”。在麦克斯韦看来，数学家最根本的目标是要展现“一切知识源泉的……完美和谐”，而他们要达成这一目标的“最关键之处在于，要有一双发掘对称性的眼睛”。这是一个相当有深度的观察总结，麦克斯韦没有深入讲述这个主题，这有些令人惊讶，毕竟许多听众很可能对这个概念相当陌生。大多数人在使用“对称”这个词时，往往是指一种因比例协调而产生的愉悦感，一种形式上的规律性——这在自然界中很常见，比如花卉、动物和矿石，也见于许多人工建筑的结构，比如古典建筑的正面。对数学家来说，“对称”的含义非常精确，就是指某些数学对象拥有的某种性质。拥有这种性质的数学对象经过某种特定变换后看上去仍旧和原来一样，比如，纸面上的正方形在旋转90度后看上去没有任何变化，而纸面上的圆更是转动任意角度都不会产生形态变化，因而它们都具有对称性。几个世纪以来，数学家们一直在研究对称性问题，并且在麦克斯韦发表这个演讲之前的几十年里取得了一定成就，成了现在被称为“群论”的这门数学分支的一部分。

麦克斯韦强调，数学和物理学有着本质区别：物理学主要是为了理解对真实世界的观察结果，最终推导出能够联系自然界各个方面的定律。在麦克斯韦看来，一方面，数学家的技巧推动了这些定律的发现以及后续的应用；另一方面，物理学的发现揭示了数学家“从没有想象过”的新形式。他巧妙地回避了一个棘手的哲学问题，即为什么抽象的数学可以如此贴切地应用于具体的实验结果——一个麦克斯韦称为“理论与实际相结合”的领域。[23]

对麦克斯韦来说，自然哲学——包括物理学——是一座宏大的教堂，他不仅关心身处教堂中的每个人，还关心那些对教义持怀疑态度的人。自然哲学这座教堂内的一部分大主教，比如麦克斯韦的偶像迈克尔·法拉第，对把数学应用于物理学感到不适，甚至因此而担惊受怕。麦克斯韦指出，并非所有理论学家都用相同的方式看待这门学科。他们中的一部分人只能以纯符号的形式掌握抽象概念，却不了解这些概念和现实世界之间的联系。然而，另一部分人——包括麦克斯韦自己——在理解抽象数学概念与“他们联想到的物理场景”之间的关系之前，是不会满足的。麦克斯韦表示，对这类理论学家来说，像能量、质量这样的概念并不仅仅是抽象的，更是一种“触动他们灵魂的有力文字，就像童年的回忆一样”。[24]

麦克斯韦勇敢地尝试解释自己和欧洲大陆上的其他理论学家是如何运用当代数学理解大自然的。他对爱尔兰顶尖数学家威廉·罗恩·哈密顿（William Rowan Hamilton）提出的四元数非常感兴趣，因为这个概念可以非常优雅地描述空间中的转动。[25]麦克斯韦对拓扑学同样有浓厚的兴趣。拓扑（topology）这个名词来自希腊语单词“*topos*”和“*logos*”，前者意为“地方”，后者意为“推理”，而为这门学科命名的则是举世无双的德国数学家卡尔·弗里德里希·高斯的学生约翰·贝内迪克特·利斯廷（Johann Benedict Listing）。拓扑学关注的是物体和表面在经过拉伸、扭曲或变形后仍旧保持不变的性质。人们有时会把拓扑学归为几何学的一部分，但其实这两者之间有明显的差别。常规几何学研究像三角形和圆形这样角度和长度为特定数值的形状。拓扑学则大相径庭：它研究的是拥有同类基本形状的物体，哪怕这些物体看上去很不一样。因此，虽然这似乎颇为怪异，但拓扑学家认为三角形、正方形和圆形是同一种形状，因为它们的边界都只由一条连续的线构成。类似地，拓扑学家也觉得甜甜圈和茶杯的形状没有什么不同，因为它们都只有一个洞。

高斯和利斯廷还开拓了另一个吸引麦克斯韦的领域——扭结理论。这个理论的一部分涉及我们在日常生活中遇到的绳结、绳圈以及其他不经切割就无法解开的材料。麦克斯韦的朋友威廉·汤姆孙和彼得·泰特（Peter Tait）认为，物质本身或许就是在创世的时候，由以太中的扭结涡流产生的。他们觉得，这种貌似烟圈的扭结涡流正是物质的基本组成单位——原子。每一种化学元素的原子都对应了一种特定类型的扭结。（比如，某一类扭结形成了氢原子，而另一类则形成了氧原子，等等。）[26]

麦克斯韦为这个观点兴奋不已，并把它大致介绍给了利物浦的听众。虽然把数学应用于物理学研究的先驱们面临着诸多“庞杂的数学难题”，但扭结理论可能是一种能够从本质上改变局面的方法：之前其他关于物质组成的理论都是专门为解释某种观察到的现象而发明的，但涡流扭结只与“物质和运动”相关。[27]他的潜台词也很清楚了：物理学家可以从数学同行那儿学到很多有用的东西。

在讨论电磁领域的时候，麦克斯韦也没有借这个机会宣传自己的理论，只是说相比德国版的电磁理论，他还是更喜欢自己的，因为德国的那版并没有涉及场这个新概念。麦克斯韦知道，欧洲大陆上的物理学家对他提出的推测性的电磁理论知之甚少，显然也不会认真对待。博学的赫尔曼·亥姆霍兹（Hermann Helmholtz）——第一个全面了解英国物理学的德国物理学家——之前曾私下里写道："麦克斯韦的理论……是有史以来最为睿智的一大数学概念。不过，它与目前所有有关力的本质的观点背道而驰，所以，我真的不想冒险公布对这个理论的判断。"[28]

麦克斯韦在发表这个演讲的前夜，很可能刚在利物浦爱乐乐团大厅聆听了即将上任的英国科学促进会新主席、生物学家、明星演说家托马斯·亨利·赫胥黎的公开演说。几个月前，赫胥黎曾在私底下评论："数学是一门无关观察、无关实验、无关归纳、无关因果的研究。"这番错误言论后来还被著名科学期刊《自然》刊出。[29]赫胥黎在利物浦的正式演讲——受到了记者们的普遍赞誉——倒是没有出现如此有争议的批评数学的言论，但还是说"这是科学的巨大悲剧——美丽的假设为丑陋的事实所扼杀"，这番言论总结了当时许多顶尖理论学家都有的恐惧。[30]

如果麦克斯韦聆听了赫胥黎担任英国科学促进会主席时的演说，那么他很可能会想知道自己的电磁理论会不会葬送在实验学家之手。一年后，麦克斯韦接受了剑桥大学的邀请，成为该大学第一位实验物理学教授。他在1871年秋天正式就职，并且开始筹划并监督剑桥大学卡文迪许实验室的建立，与此同时还完成了他那部长达875页的著作《论电和磁》。在麦克斯韦所有有关电磁领域的著作中，这本书最为全面，用到的数学方法也最令人生畏，引入了包括拓扑学和扭结理论在内的数个现代数学概念。[31]显然，他相信，这些数学概念可以帮助他更好地理解电磁现象：这些新数学，配合相应的实验结果，能够照亮我们理解宇宙的前行之路。不过，这个观点并不为他的大多数英国同行所接受，比如汤姆孙就觉得数学"不过是常识的升华"——它是物理学家的仆从，而非向导。[32]

麦克斯韦担任卡文迪许实验室主任的任期被无情地缩短了。1877

年春天，他开始遭受消化不良的困扰，但仍全身心地投入工作和其他感兴趣的领域。一年后，他写下了人生最后一首诗，模仿珀西·雪莱的《解放了的普罗米修斯》，生动地介绍了扭结理论。[33] 1879年春天，麦克斯韦身形消瘦、身体虚弱、站立不稳，但仍坚持撰写有关新电磁理论的论文，并且就物理学当时面对的问题写了多封信。第二年11月，麦克斯韦因腹腔癌症病逝，享年48岁。他在剑桥的家中度过了人生最后的时光，弥留之际，妻子和好友为他诵读莎士比亚的作品和《圣经》，感激造物主对他如此仁慈。[34]当时照料麦克斯韦的一位医生说："从没见过像麦克斯韦这样面对死亡如此清醒而平静的人。"[35]

麦克斯韦终其一生都相信以太的存在。从19世纪30年代（在这十年中，维多利亚成了英国女王）初开始，所有英国物理学家都采纳了这个观点。后来，科学史学家约翰·海尔布伦称以太理论框架为"维多利亚标准模型"，部分原因在于该理论契合了维多利亚时代的特征："物质主义、混乱且自满"。[36]现在有一些科学家对麦克斯韦没有对以太理论产生更多怀疑感到颇为惊讶，尤其是麦克斯韦曾赞颂牛顿时代的前辈们让科学摆脱了笛卡儿的涡流，"扫除了天空中的那些蜘蛛网"。[37]不过，麦克斯韦总是渴望倾听大自然对他和他的同行们所提出假设的裁决：离世9个月前，麦克斯韦曾写信给一位华盛顿特区的官员，认为有必要要求实验人员检验他们是否可以探测到以太的运动。[38]

麦克斯韦到最后也不知道自己预言的那种波究竟是真实存在，还是只是他的想象力在数学的引导下虚构出来的产物。将近10年后，物理学家海因里希·赫兹才在他位于德国（这个反对麦克斯韦电磁理论声音最大的国度）的实验室中首次证明了电磁波的存在。作为这个领域的专家，赫兹知道，这个发现为所有那些不以法拉第的场概念为基础的电磁理论敲响了丧钟。

赫兹的发现促使一些物理学家（大多数来自英国和爱尔兰）逐渐掌握了麦克斯韦的艰深理论，他们进一步明确了这个理论，并且做了优化，使其更易于使用。这些人中最出色的数学家是电报员奥利弗·亥维赛。他是个说话尖酸刻薄的怪人，对待科学则脚踏实地，并且对那些数学界的势利小人毫无耐心。亥维赛在24岁的时候就退休了，自此之后就没有正式工作，但他不知疲倦地删除了他认为麦克斯韦电磁理论中不必要的数学表述。[39]在亥维赛看来，关键之处在于"要尽可能地接近研究对象的物理学性质，不要被那些纯粹的数学函数迷惑"。[40]他和同行们——这个团体后来以"麦克斯韦主义者"而著称——通过数年的努力，用一种更清晰、更简洁、更易理解的形式重塑了麦克斯韦的电磁理论。他们最后大获成功，让物理学家对电磁现象——尤其是电磁系统中的能量流——产生了新的洞见，其中有许多已经大大超越了麦克斯韦孕育的思想。用亥维赛的话来说，"麦克斯韦只不过是半个麦克斯韦主义者"。[41]

以麦克斯韦的名字命名的4个电磁学微分方程并不是由他本人写出的，第一个公开发表它们的人是亥维赛。这个方程组描述了4种由实验确定的现象：第一，电荷会在它们周围的空间中产生电场；第二，磁极总是成对出现；第三，变化的磁场会产生电场；第四，电流会产生磁场，变化的电场也能产生磁场。这个方程组混杂在数百页散文与数学文章中，刊登在了供电气工程师和企业高管阅读的商业期刊《电气技师》（*Electrician*）上。当第一篇文章发表时，麦克斯韦已经逝世5年多了。[42]他——以及法拉第——若是能看到这个方程组成了在新兴电气领域内工作的理论学家（尤其是那些正在开发无线电报技术的物理学家和工程师）的一大重要工具，肯定会感到欣慰。

麦克斯韦在去世的6年前就已经指出，虽然法拉第"不是专业的数学家”，但他对场这个概念的阐述证明他的“数学水平已经非常高了”。[43] 麦克斯韦认为，如果没有法拉第，那么在“下一个像法拉第这样的伟大哲学家”出现前，当时的自然哲学家很可能连即将出现的电磁学这门学科的名字都不知道。麦克斯韦还是太谦虚了，没有意识到他的这番话其实也是对自己的最好评价。他也不会知道下一个加入电磁理论万神殿的伟大理论学家会诞生在德国，这个当初反对麦克斯韦理论声音最大的国度。这位后继者用了一种麦克斯韦从没用过的称呼描述自己，他称自己为理论物理学家。

*

自19世纪60年代起，物理学以从未有过的积极态势在德意志各邦国及公国（它们构成了日后统一的德国）蓬勃发展。随着工业化程度以前所未有的速度快速提高，各邦国管理当局意识到，如果他们准备和英国以及日益强大的美国一较高下，物理学的发展至关重要。其他学科的专家看到了这股风向，也开始逐渐把注意力转向物理学。这其中最有名的就是当时最有影响力的科学家之一——赫尔曼·冯·亥姆霍兹。他认为麦克斯韦的理论预示着物理学理论将朝着更具数学挑战性的方向发展，并把自己的研究重点从生理学转向了物理学。[44]

亥姆霍兹是对的，而且这个趋势使许多德国物理学家在专业领域上进一步细化，成了实验学家或理论学家。不过，试图运用数学理解真实世界的并不只是理论物理学家——专业的数学家也加入了他们的队伍。在哥廷根这座当时虽未经官方承认但业界公认的数学首都，伯恩哈德·黎曼不仅在推进纯数学的边界，同时也在寻觅第一个关于万物的数学理论。[45] 到那时，人们已经公认数学是一门创造性的学科。在当时的德国，由于浪漫主义仍旧弥漫在知识分子的讨论氛围中，询问某门学科究竟是艺术还是科学，以及本质上它是被发明的还是被发现的，并不足为奇。后一个问题和所有深层哲学问题一样，永远不会有被普遍接受的最终答案，比如自然定律究竟是被发明的还是被发现的。[46]

正是在这个时期，理论物理学开始在德国初具雏形。这一分支的专家们很少甚至根本不把时间花在实验室里，而是专注于提升自己对现有物理定律的了解，并且努力发现新物理定律。理论物理学家发展出了一种独特的科学研究方法。他们决心借助数学和所有可用的实验数据，用尽可能少的定律获取对非生命领域尽可能广泛的理解。（相比之下，数学物理学家主要关注在物理学研究中出现的具有挑战性的数学问题。）实业家总是会从第一批所谓的“理论物理学家”的研究发现中获益良多，尤其是那些研究热力学和电磁学的理论物理学家。这些领域的发现被用来改善发动机和现代工业系统的设计，使它们能够以最高效率、最大功率运行，带来最丰厚的利润。

1871年，普法战争结束后不久，当奥托·冯·俾斯麦建立德意志第二帝国时，理论物理学在德国走向了成熟。特别是在普鲁士，当局政府开始向那些对国家具有重要意义的学术领域投入重金。[47]物理学就是其中之一，因而物理学家越来越强烈地感到要对自己的学科做出最有效的贡献才行。这些物理学家中有许多都是实验学家，或者做一些结合实验与数学的研究，但也有一小部分成了理论物理学家。这是科学史上第一次有机构雇用不用亲手做实验、纯粹通过理性思考研究自然世界运作机制的专家。[48]

在以亥姆霍兹和他的同事古斯塔夫·罗伯特·基尔霍夫为主的物理学家的研究的影响下，从1875年开始，柏林不仅是新德意志帝国的首都，还成为世界理论物理学之都。[49]这门年轻的学科很快就发展到了半独立的程度，迅速取得了极高的声望，并且吸引了数位德国科学界最顶尖的人物。1889年，亥姆霍兹在柏林建立了理论物理学研究所，这是日后许多此类机构的先驱，他还力保才华出众的马克斯·普朗克担任第一任所长。普朗克是一位彻彻底底的理论学家，从来没有做过任何实验物理学研究：他的实验室在自己的脑海里。[50]虽然普朗克的新研究所每年得到的预算少得可怜，但也足以让它成为理论物理学首屈一指的教研中心。他的成就很快就有了回报：普朗克在30岁出头的时候就迅速成为执掌德国物理学（一家极其传统的“企业”，员工几乎清一色都是男性）的非官方领导人。[51]

普朗克在学生时代就被告知不要从事理论物理学研究，理由是该学科的大部分原理已经被发现了，但他没有因此而放弃。普朗克只是想加深人们对这门学科基础的理解。考虑到他的思想极其保守，做出科学史上最具革命性意义发现的重任落到他的肩上，多少有些讽刺的意味。这项发现可以说是理论物理学的第一次重大胜利，值得我们仔细审视一番。

在1900年的最后几周内，普朗克正在柏林研究一个异常乏味的课题：考察不同温度下炉壁周围的电磁辐射。这是德国国家物理学和技术研究中心某个项目的一部分，目标之一是增进人们对辐射的理解，并帮助德国企业开发更高效的电灯。[52]普朗克对他的实验学家同行们得到的新数据困惑不已，他发现只有破坏理论背后的基本数学原理才能解释这些数据。用普朗克自己后来的描述说，这是一个“绝望的举动”[53]。普朗克发现，只有通过一个当时的物理学家都不赞同的假设，才能解释同行们得到的这些数据，这令他感到惊奇。

普朗克的这个“异端”假设的内容是：炉壁上的物质只能与确定量的辐射——他称之为“量子”——产生相互作用。这完全与麦克斯韦理论支持的观点（辐射的能量是连续传递的）背道而驰。普朗克说，量子的存在“纯粹是一种形式上的假设，（他）也真的没怎么好好想过这个概念。（他）只是觉得无论怎样，都要给这些实验数据一个合理的解释”。对他来说，量子只是虚构的产物，并不真实存在。[54]然而，事实证明，这个看起来疯狂的假设是正确的——普朗克在不知不觉中向后来被称为量子力学的理论物理学分支迈出了第一步。值得记住的是，这门学科的诞生是普朗克理解原子世界运作机制的坚定决心以及他大胆地打破数学原理的结果。当时没有人知道如何运用严谨的数学语言描述这种涉及不连续变化的能量转移的概念（当时的数学基本只被用于处理平滑且连续变化的形式）。普朗克的发现也表明描述量子世界所必需的数学工具还未被发现。

普朗克对自己的研究领域总是深思熟虑。他认为，理论物理学家应该以“统一和简洁”为目标——寻找那些能够解释现实世界中观察到的所有现象，对于“任何地点、任何时间、任何人、任何文化”都有效的真正普适的数学定律。[55]他坚信，有某种真实独立于人类之外，要想最好地理解这个外部世界，就需要尽可能多地抹除物理学中的人类痕迹——“一场真正的人格毁灭”。这种研究物理学的方法几乎与年轻时候的阿尔伯特·爱因斯坦如出一辙。爱因斯坦的思想第一次与普朗克相遇是在1905年，当时，爱因斯坦给自然定律带来了新的曙光。

*

爱因斯坦最强大的性格特质——非凡的好奇心、坚定的决心以及独立思考的能力——在他那张16岁时拍摄的照片里表现得淋漓尽致。[56]照片中的爱因斯坦站在几名同学中间，懒懒散散、面无笑容，领带也系得漫不经心，但目光却严肃而坚定——这个年轻人马上就要大有作为，而且他自己也深信这一点。与现在流行的坊间传言相反，求学时的爱因斯坦在物理和数学方面都表现出了极高的天赋。12岁时，他就专注于研究欧几里得数学，并且花了4年时间学习微积分。他的中学老师告诉他，对物理学家来说，数学只是一种工具。而爱因斯坦在苏黎世技术学校——后来著名的苏黎世联邦理工学院（ETH）——读物理学和数学本科时，仍旧强烈坚持这一观点。[57]该学院最杰出的数学家之一赫尔曼·闵可夫斯基后来评价爱因斯坦时说，他根本不用心学数学，是个“货真价实的懒骨头”。[58]爱因斯坦觉得根本没有必要花很多时间研究高等数学：他当时认为，理论物理学家只需掌握相对基本的微积分和概率论知识就可以了，其中的大部分内容，拉普拉斯那个时代的人都很熟悉了。能力卓绝、自信非凡、刚愎自用的爱因斯坦对所有权威都持怀疑态度，并且确信他不需要由讲师来告诉自己需要学习哪些物理学的关键课题。他常常独自研究他觉得对自己的学业最重要的内容，还经常逃课，这让一些教授对他喜欢不起来。

本科时代的爱因斯坦对麦克斯韦的电磁理论尤为痴迷。[59]他失望地发现这门学科竟然不在自己的教学大纲中，便独立学习，掌握了电磁理论的核心微分方程组及其物理学含义，而这也成了他看待世界的核心观点。爱因斯坦的这一学习策略得到了丰厚的回报。在攻读在职博士的岁月里（他在伯尔尼专利局有一份全职工作），爱因斯坦看到麦克斯韦的思想不仅让人们对电磁学产生了新的认识，还让人们对所有自然定律都产生了深刻见解。

爱因斯坦在1905年取得博士学位后不久——当时他和妻子正在照料刚出生的儿子——便在多篇论文中表达了这一观点。[60]在其中的一篇论文中，他以普朗克思想为基础，提出了一个洞见——爱因斯坦本人把它视作自己诸多贡献中唯一一个真正具有革命性意义的成就。[61]在此之前，普朗克就已经提出，光（更普遍地说，电磁辐射）只能以量子的形式与物质交换能量，但爱因斯坦研究得更深。他提出，光（以及所有电磁辐射）的能量本身就以量子的形式存在，而这与“光由可连续不断传递能量的波组成”的传统观点相悖。物理学家接纳这种光的“波动说”已经有近一个世纪的历史了，而且这个理论似乎牢不可破——截至1905年，已有成百上千次实验证明了它的正确性，麦克斯韦的电磁理论也支持光的波动观点。正是出于这些原因，当时大部分顶尖物理学家都觉得爱因斯坦的“光量子”理论太过荒谬、毫无意义，因而在十多年里都没有认真对待它。

爱因斯坦第一篇引起人们注意的论文与后来被称为狭义相对论的理论有关，之所以叫“狭义”，是因为这个理论只适用于观测者以恒定速度沿直线运动的情况（比如在不同轨道上平稳行驶的火车上的观察者）。爱因斯坦认为，所有这类观测者得到的光在真空中的传播速度以及物理现象背后的物理定律的数学表达形式都相同。他坚信，没有哪个观测者是特殊的，所有观测者给出的对大自然的客观解释都完全一致。按照爱因斯坦的这个理论，以太就是一个多余的概念了。[62]麦克斯韦方程组没有用到以太，并且方程组预言光速是一个绝对的不变量，而不是与其他物质比较得到的相对速度。这个深刻的见解将统治物理学界数个世纪之久的以太概念和维多利亚标准模型带入了坟墓。

爱因斯坦借助这些观点展示了一种看待时间与空间的新视角。牛顿认为，时间与空间对每个人都是一样的，但爱因斯坦并不赞同这个看法。在他看来，每个人对时间与空间的测量结果都不完全一样，因为这取决于观测者的运动状态。爱因斯坦的这种思想之前就有人提出过，其中包括法国数学家亨利·庞加莱和荷兰理论物理学家亨德里克·洛伦兹。

他们注意到麦克斯韦方程组拥有一种特殊的数学对称性：当以某种方法改变物理量的值时，方程组的形式可以保持不变。虽然爱因斯坦绝对不是第一个思考这个问题的物理学家，但现在的大多数专家都认为是他建立了这个理论，并提出了简洁的基本方程，且比其他任何人都要清楚地阐述了其含义。至关重要的是，爱因斯坦提出，麦克斯韦方程组的对称性同样适用于其他所有普适数学自然定律的所有方程。这一观点有着极为深刻的内涵：如果有人提出的一条基本定律缺少这种对称性，那么实验学家迟早会发现它是错的。后来，事实证明，爱因斯坦的这个想法完全正确——他找到了自然世界的一条铁律。

爱因斯坦以狭义相对论为主题的第一篇论文发表于1905年夏天。几个月后，他得出了狭义相对论最有名的推论，也就是质能方程$E = mc^2$。这个方程把能量、质量和真空中的光速（用符号c来表示）联系在了一起。与他在那年发表的其他4篇论文一样，爱因斯坦在诠释相对论时用到的数学知识都是那些物理学家早已熟稔于心的，所有这些数学内容在拉普拉斯那个时代的人看来都颇为简单。这也反映了爱因斯坦强烈坚持的观点：物理学“从本质上说是一门具象、直观的科学”，高等数学对物理学家来说并不重要。[63]在当时的爱因斯坦看来，这种研究方法令自己获益匪浅。

然而，在接下来的十年中，爱因斯坦对数学在物理研究中扮演的角色的看法急剧改变。这个改变发生在他探寻引力理论时。与牛顿的引力理论不同，爱因斯坦寻找的这种引力理论以引力场的概念为基础，而这正是法拉第的场概念给他带来的启示。为了实现目标，爱因斯坦知道自己必须找到能够描述他感兴趣的场的微分方程，这就是他所说的“麦克斯韦方案”。[64]正是在探寻新的引力场理论的过程中，爱因斯坦第一次认识到高等数学并非物理学家的奢侈品，而是他们最有价值的创造性工具。

第3章　简洁的引力理论

引力理论让我变成了一个有信仰的理性主义者，一个在数学的简洁性中寻找唯一可靠真理来源的人。

——阿尔伯特·爱因斯坦，

写给科尔内留斯·兰措什（Cornelius Lanczos）的信，1938

1907年的一个工作日，爱因斯坦在伯尔尼专利局（管理层已经把他提拔为二级技术专家）迈出了探寻新引力理论的第一步。当时的爱因斯坦在顶尖物理学圈子里还鲜为人知，也还没有踏上学术阶梯的第一级：伯尔尼大学刚拒绝了他的初级学术职位的申请。[1]因此，爱因斯坦此时的大部分研究都是在业余时间做的，他把大部分精力花在了能量量子这个当时欧洲许多顶尖理论学家都在研究的对象上。

爱因斯坦也在思索不那么热门的引力理论。他知道这超越了狭义相对论的范畴——狭义相对论不能解释正在加速运动的物体，比如掉落中的苹果。[2]他还知道牛顿的引力理论并不是场论——法拉第和麦克斯韦建立的那种理论，因此，从理论角度来看，它并不能让人满意。

爱因斯坦在发展新引力理论过程中的第一个重大突破出现于1907年11月，在他设计了一个“思想实验”之后。[3]当时，他正坐在办公椅上，突然想到了一个问题：处于自由落体状态的人感受到的引力是什么样子的？“如果有人处于自由落体状态，他就不会感受到自己的体重。”爱因斯坦最后得出了这样一个结论。他后来曾说，这是他人生中“最幸福的想法”，理由也很充分：这个想法让他想到了等效原理，这是重新理解引力的基础。[4]不过，此时此刻的爱因斯坦还不知道如何继续下去。

对新引力理论的追寻注定是一个艰难而孤独的过程。当时，没有任何理论学家意识到这个问题的重要性并督促同行们将其解决。牛顿定律看上去仍然相当好用。在之前的两个世纪中，牛顿定律被无数观测和实验证实，鲜有与该理论的预测结果不符的结果。在开始研究这个课题的时候，爱因斯坦的动机与其说是要解释那些不太符合牛顿定律的数据，不如说是出于理论层面的考虑：想要找到与狭义相对论一致的引力场理论。爱因斯坦很明白实现这个目标的难度有多大：首先，这样一种引力场理论必须能够解释牛顿定律已经解释过的所有数以万计的测量结果；此外，要想让物理学界接受这个新理论，它就必须能够做出牛顿理论无法解释的预测，以彰显自己的优越性。

自爱因斯坦在办公椅上顿悟的那一刻起，探索新引力定律的工作耗费了他整整8年时间，他得到了德国物理学家威廉·韦恩（Wilhelm Wien）所说的“如今无所不能的理论物理学”中最重要的成果，这一成果最终让爱因斯坦成为全世界最知名的科学家。[5]

在发展这个理论的过程中，爱因斯坦改变了自己对高等数学的看法。我们将会看到，他发现仅凭自己此前掌握的数学知识不足以理解引力的运作方式。根据他后来的回忆（后来的学者们对此提出了质疑），正是数学让他在疯狂的数周内完成了新引力理论，当时爱因斯坦很担心他的主要竞争对手抢在前头取得成功。因此，他彻底改变了看法，认为高等数学对理论物理学家的确有用，而且至关重要，并非奢侈品。这段经历也让他确信，理论物理学家不应该以新实验产生的结果为中心，而应该在高等数学的指引下运用纯粹的思考完成工作。

到了1910年，31岁的爱因斯坦已经吸引了大多数世界顶尖物理学家的目光。他们大都对爱因斯坦的大胆和独创性印象深刻。那一年，爱因斯坦结束了对量子长达4年不太成功的研究，开始专注于发展新引力理论。他在这个课题上的第一个重大进展是决定从几何学而非代数的视角重新审视狭义相对论。这个新视角并非爱因斯坦的首创，而是由他在苏黎世联邦理工学院的数学教授之一赫尔曼·闵可夫斯基提出的。闵可夫斯基第一个提出，因为时间和空间并不独立存在，所以我们应该把它们看作所谓“时空”的两个方面。在闵可夫斯基看来，单独的时间和单独的空间“注定要消失在历史的阴影中，只有两者的某种结合才能独立存续下来”。[6]他还提出，相比用代数公式将观测者对时间与空间的观测结果联系起来，用时空图（很容易就能在纸上画出来）表示事件能让我们更轻松地看到正在发生什么。

爱因斯坦最初对这项创新并不感兴趣，觉得这不过是种“没用的花架子”。直到几年后，他才接纳闵可夫斯基的时空框架并将其用在了新引力理论中。[7]与此同时，爱因斯坦还在思索如何通过观测检验这个理论，因为它必须能解释水星绕日运动时的一些细节问题。到了1911年，爱因斯坦最终得出结论：任何光束（都携带能量且质量相同）在从太阳这样极大质量的物体附近经过时，传播路径都会受到影响，而一个优秀的引力理论应当能够正确预测出光束的偏折程度。

爱因斯坦并不是唯一一个试图找到更好引力理论的人。1912年，爱因斯坦对自己的一位竞争对手——哥廷根理论学家马克斯·亚伯拉罕

（Max Abraham）所提公式的简洁与优美感到深深的震撼。但几周后，爱因斯坦意识到自己被对手公式在美学上的吸引力误导了：他认为，亚伯拉罕过分依赖形式数学，而不够贴近现实。“这是只关注形式推导而忽略物理学意义时必然会出现的情况！”爱因斯坦不屑地评论道，并且还补充说亚伯拉罕的理论“完全站不住脚”“完全无法接受”。[8]爱因斯坦是不会犯这样的错误的。

大约就是在这个时候，爱因斯坦突然意识到空空如也（平直）的时空可以被物质弯曲，就像是人躺在床垫上会让床垫弯曲一样。[9]时空的曲率决定了物质的运动：具体来说就是任何没有受到合力作用的粒子都会沿着平直的路径运动。这是一个至关重要的洞见，但当时的爱因斯坦不知如何用数学术语将其表达出来：要做到这点，他需要专业数学家的帮助。因此，1912年夏末，在爱因斯坦来到苏黎世联邦理工学院并担任教授后，他找到了老朋友、本科同学、当时已经是数学系系主任的马赛尔·格罗斯曼（Marcel Grossman）。爱因斯坦恳求他说：“你一定得帮帮我，不然我要疯了。”[10]

*

在格罗斯曼的指导下，爱因斯坦意识到，要想用弯曲的时空理解引力，他只能求助于高等数学。在牛顿模式中，空间引力的强度由随空间变化的平滑数学函数定义，不可能用它来发展新理论。爱因斯坦需要使用一种叫“张量”的数学形式，它是由多个上述函数组成的阵列。现代意义上的“张量”概念是由哥廷根理论学家沃尔德马尔·福格特（Woldemar Voigt）在爱因斯坦思考这个问题的14年之前提出的，它与物质材料的压力和应力有关。[11]正是在近一个世纪前的哥廷根，数学家卡尔·弗里德里希·高斯开创了曲面理论。在这个理论中，三角形内角和并不一定等于180°。通过在熟悉的三维空间中研究曲面空间，高斯奠定了微分几何的基础。他的学生伯恩哈德·黎曼——后来也成了高斯在哥廷根的继任者之一——之后又把这个理论拓展到了高维空间。

当爱因斯坦发现这个数学工具就这么静静地躺在书架上时，他震惊了。这个概念简直天生就是为了帮助物理学家构建四维时空理论而出现的。[12]爱因斯坦后来把它称作数学与物理间“预设和谐”的经典例子。“预设和谐”是牛顿的同时代人莱布尼茨提出的一个词，后来受到了哥廷根数学专家们的青睐，用以描述纯数学与人类对物理世界的理解之间的关系。[13]

爱因斯坦和格罗斯曼很快就开始了合作，前者主要负责物理部分，后者负责数学部分。他们二人追寻的引力理论是狭义相对论的推广（也即广义相对论），适用于处于任何运动状态的观测者，而不只是做匀速直线运动的观测者。换句话说，广义相对论自身就是一种新的引力理论。至于构建这种理论的方法，爱因斯坦打算从数学和物理两个方面入手。[14]一方面，数学策略侧重于以最有逻辑性、最优雅的方式建立理论；另一方面，物理策略则将这个理论锚定在解释观测与测量结果的概念中。爱因斯坦希望通过交替使用这两种策略得到正确答案。

爱因斯坦很明白，这是目前为止他遇到的最棘手的问题。无疑，他知道自己要努力的方向，这是很宝贵的：他知道自己要寻找的是一个能够再现牛顿引力定律的辉煌，且遵循特定内在原理的场论。他相信每一个可设想的观测者观测自然得到的结论都具有同等有效性。这个哲学假设让爱因斯坦坚信，新引力理论方程的形式肯定对每个观测者都相同。虽然这个被称为“协变”的性质用语言描述起来比较容易，但爱因斯坦发现，要把它同张量数学这个本就难以掌握的工具统一起来相当困难。

在格罗斯曼的帮助下，爱因斯坦运用张量和一些微分几何的技巧建立了这个理论。在开始合作9个月后，他们就得出了理论的框架，也就是一些肯定大有前途但仍有缺陷的微分方程。这些方程并不是协变的——爱因斯坦视其为“理论的丑陋暗点”，并且它们对尚未解决的水星运动之谜给出的预测结果与天文学家的观测并不相符。[15]爱因斯坦曾竭力消除这个瑕疵，但最终不得不承认目前这个有缺陷的理论已经是他能取得的最好结果了。[16] 1914年3月，他对一位朋友说：“对于这个理论的正确性，我不再有百分之百的把握。”他补充道：“引力内敛却不易制伏……大自然向我们展示的只是冰山一角。”[17]然而，短短几个月后，爱因斯坦就将看到冰山的全貌。

到了这个时候，爱因斯坦的才能已经得到了顶尖理论物理学家的广泛承认。马克斯·普朗克向他伸出了橄榄枝，邀请他前往德国首都，并许诺给他一个普鲁士科学院的高级职位。爱因斯坦于1914年4月抵达柏林，之后马上就开始了他的新工作，但不久后就分心了。他的婚姻破裂了，妻子带着两个儿子返回了苏黎世。不过，爱因斯坦面对这个打击显然颇为从容。他在一间公寓内重新安了家，并且比以往更加紧张地投入到工作中，尽管他还是会拨出时间与自己的表妹兼相处多年的情人埃尔莎·勒文塔尔相会。几个月后，随着欧洲陷入大战，德国政治风云突变，前路一片黑暗。此时的爱因斯坦身处远离前线的德国军事计划中心柏林，在这个还算不错的地方用“遗憾和怜悯交织”的心态审视着这一切。[18]他第一次公开了自己的政治观点，写下了一份措辞强硬的简报，明确反对德国军国主义。爱因斯坦很快就成了恶毒的政治家和反犹主义者攻击的目标。

与此同时，他也迷失在了张量的迷宫之中，物理直觉也没能指引他走出来。他的新同事们对此兴致寥寥，因为他们——和大多数物理学家一样——正忙于研究量子理论的最新进展。不过，哥廷根的数学家和物理学家倒是热切地希望了解更多爱因斯坦的研究，并且邀请他在1915年夏初就新引力理论这个课题做了一个6期的系列专题讲座。讲座的听众中有当时世界上最著名、最有影响力的两位数学家——费利克斯·克莱因（Felix Klein）和大卫·希尔伯特。16年前，希尔伯特的《几何学基础》一书用一系列公理夯实了几何学的基础，并从此取代了统治该领域两千年之久的欧几里得几何学。虽然希尔伯特是纯数学领域的杰出代表，但他经常把数学应用于真实世界，只不过没做出什么成绩——他并不具备一流理论物理学家的敏锐物理学洞察力。

爱因斯坦返回柏林时很是高兴，因为他令希尔伯特和克莱因确信了新引力理论（初稿）的价值。[19]不过，一部分哥廷根数学家已经觉察到了这位来访者因缺乏数学深度而苦苦挣扎的现状。克莱因不屑地评论："爱因斯坦并不是天生的数学家，只是在朦胧的物理和哲学冲动的驱使下展开了这项工作。"他还总结说，这就是爱因斯坦的理论"不够完美"的原因之一。[20]爱因斯坦很清楚自己不是伟大的数学家，甚至在朋友面前把自己描述成一个"数学白痴"，像一头"迷茫的牛"一样对着自己的方程发呆。[21]

爱因斯坦的确不应该把他那个有缺陷的理论呈现给哥廷根的数学大师，他后来更是非常后悔。在爱因斯坦回到柏林几周后，他发现大卫·希尔伯特也在试图找到新引力理论的最终方程，与自己形成了激烈的竞争。希尔伯特已经明确知道爱因斯坦的理论还不完备，便竭尽全力地想要给它填上最后一块拼图，这很可能是因为他嗅到了一丝在职业生涯暮年收获物理学家荣耀的机会。

第一次世界大战让那年秋天的大多数柏林人都活得更加艰辛。1915年10月，示威者走上街头，抗议因英国海上封锁和德国资源向军事方向倾斜而造成的食物短缺。[22]但爱因斯坦几乎没有受到任何影响，他正以自己所说的“可怕”的工作强度奋战——烟一根接一根地抽，偶尔才停下来吃饭、拉小提琴，并和希尔伯特交流彼此的进展。[23]虽然爱因斯坦对自我中心主义不屑一顾，但他决意要让这个新引力理论的最终版上只留下他一个人的名字。令他宽慰的是，11月初，所有的拼图终于各就其位。根据爱因斯坦自己的描述，当他不再执迷于让方程和观测结果一致，转而坚持让理论在数学层面上尽可能简洁、自然时，他做出了关键性的突破。他相信，是高等数学——这门他在求学时代逃避过的艰深学问——让他得到了正确的微分方程组和最终版新引力理论。[24]后来，这一信念也让他相信要将数学应用于理解世界的运作方式中。

爱因斯坦此前就同意当月在柏林普鲁士学院做连续四周的系列讲座，向大家汇报自己在这个课题上的进展。11月4日，星期四，他在做第一场讲座时，还没有找到最后的方程，也没有检验这些方程是否能解释水星那令人困惑的运动，但他胸有成竹，知道最终的答案已经唾手可得了。因此，哪怕做这场讲座时他还没有完成整个理论，他也公开宣称这是由高斯和黎曼开创的“通用微分学的真正胜利”。[25]而11月25日，系列讲座最后一场的听众则有幸目睹了一个崭新自然定律的揭晓。它的核心方程如下（与爱因斯坦当时用的符号稍有不同）：

$$G_{\mu\nu} = 8\pi T_{\mu\nu}$$

等式左侧的这个数学量后来被称为“爱因斯坦张量”，包含了与物质和能量如何弯曲时空几何有关的信息。等式右边的张量 $T_{\mu\nu}$ 则描述了引力场中的物质运动。

爱因斯坦的张量方程可以轻松被分解成一系列微分方程。它们构成了能够解释水星运动异常的引力场理论的数学基础，且保证方程都是协变的（对每个观测者都一样），并将牛顿引力理论纳入其中，因此也能再现牛顿理论的每一个成功的预测。爱因斯坦终于做到了。[26]

此时的爱因斯坦虽然颇为兴奋但也已精疲力竭，他唯一的担心是大约在同一时间得出该理论另一版本的希尔伯特会宣称自己才是率先完成这项壮举的人。他们的关系一度因此恶化，不过在几个月后又再度和好如初了。学者们后来证实，爱因斯坦以微弱的优势率先撞线，这是希尔伯特随后亲口承认的。[27]在爱因斯坦发表引力理论的最终版的一天后，希尔伯特评价说，这个理论“美得无与伦比”。[28]这肯定不是他这辈子说过的最谦虚的话，却道出了事实。物理学家们普遍认为，广义相对论不但是一个伟大的理论，还是一件“卓越的艺术品”——这是原子物理实验专家欧内斯特·卢瑟福的原话，而他对于以自己不熟悉的数学为基础的物理理论通常嗤之以鼻。[29]

爱因斯坦广义相对论的美可以比肩泰姬陵、波提切利的《维纳斯的诞生》和莎士比亚的十四行诗的第二十九首。在很多人眼中，这些作品都具有普适性、简洁性和必然性。爱因斯坦的理论也是这样，在某种程度上恰到好处，做任何修改都无法再现它的威力。爱因斯坦的这个理论绝非狭隘或毫无根基的，相反，它正是物理学家所需要的，没有任何冗余。它适用于处于任何时间点的整个物质宇宙，并且以几条简洁的原理为基础，任何些微的改变都会伤害该理论的效力。后续的观测和实验结果也与这个理论的预言相符，因此广义相对论被称为人类历史上最伟大的一项智力成就。爱因斯坦的这个新理论用对空间、时间和物质的新见解取代了统治物理学界两个多世纪的牛顿引力理论。爱因斯坦证明，时空曲率与物质运动之间的关系不可分割，两者中的任何一个脱离了对方都无法单独存在——它们是引力效应的阴阳两面。

广义相对论的微分方程组也堪称美妙。如我之前所提的那样，科学理论中的这类方程组可以被视作数学语言启发物理研究的典范：就像优秀的诗歌一样，它们可以让我们对熟悉的概念产生新见解，甚至还能提供对自然运作方式的新洞见。麦克斯韦电磁理论的微分方程组就是一个典型例子：它们巧妙地组合在一起时就像魔法一样产生了对电磁波的数学描述，包括了电磁波的形状、大小和速度信息。爱因斯坦在完成新引力理论的6个月之后，证明了这个理论的微分方程组也具有同样这样的功能。他将它们巧妙地组合在一起，就发现了对如今我们称之为“引力波”的物理对象的描述，引力波可以形象化地理解成时空结构中的涟漪。[30]实验学家在电磁理论被提出数年后才探测到了电磁波，而爱因斯坦的理论则表明引力波要比电磁波更加难以观测。和麦克斯韦一样，爱因斯坦也没有亲眼见证实验学家第一次直接探测到引力波——这项物理学和工程学的巨大胜利直到2015年，也就是广义相对论诞生一个世纪后才姗姗来迟。

在爱因斯坦首次预见到引力波之后，他开始把这个引力理论应用到宇宙学上，宇宙学是一门研究宇宙结构和演化的学科。爱因斯坦清楚地知道，因为引力在很大程度上塑造了整个时空的形状，所以他的引力理论很可能在宇宙学这个领域上产生新的洞见。第二年，也就是1917年，爱因斯坦首次发表了将他的方程组应用于整个宇宙的想法——迈出这一步实属不易，因为相对来说，当时的天文学家对我们银河系之外的物质还知之甚少。几年后，爱因斯坦成了现代宇宙学的主要奠基人，尽管他花了13年才放弃静态宇宙的错误观点，转而接受宇宙正在膨胀的事实——其实他的方程组早就用最简单的形式展现了这点，而天文学家后来也用观测证实了。[31]

*

回到1915年年末，当时世界上的大部分物理学家都还不知道爱因斯坦发现了一种新的引力理论。第一次世界大战几乎切断了柏林与外界的所有联系，恢复正常联系则是几年后的事情了。不过，在德国及附近的一些国家，爱因斯坦的新理论吸引了许多人的目光，也引起了物理学家和数学家的热烈讨论。这一理论的数学核心——微分几何也成了专业数学家之间的热门话题。他们的发现很快就帮助我们更好地理解了这个新的引力理论，并且还开辟了数学研究的新领域。爱因斯坦用微分几何的火炬照亮了物理学的前进之路，而现在，引力物理学的火炬又反过来照亮了微分几何的发展之路。

在第一次世界大战结束之前，有两位数学家运用爱因斯坦的新引力理论为物理学做出了不朽的贡献，凸显了这个理论作为新思想源泉的丰富内涵。做出第一项发现的是赫尔曼·外尔（Hermann Weyl），他也是为数不多的几位对真实世界的运作机制非常关注的顶尖数学家之一。1904年，18岁的外尔被大卫·希尔伯特的魅力深深吸引，外尔称希尔伯特为一位吹笛人，“引诱无数老鼠跟着他坠入深不见底的数学之河”。[32]外尔在苏黎世联邦理工学院蒸蒸日上的数学事业在1915年因被德军征召而中断。不过，第二年他就离开了军队，用他自己的话说，当时他的思想被爱因斯坦的新理论彻底“点燃”了。[33]

1918年，外尔做出了一项神奇的新发现——一种可以将爱因斯坦引力理论同麦克斯韦电磁理论统一起来的简洁方式。[34]其中的基本思想诞生于外尔同一名学生的对话——如果点与点之间的距离由在时空中每点处通过不同方式校正的量尺来度量，那么爱因斯坦的这个方程应该保持不变。外尔认为，这种新的数学对称性让他“踏上了通往普适自然定律之路”。唯一的问题在于，他的这个美妙想法是错的。[35]外尔从爱因斯坦那儿得知了这点。爱因斯坦对外尔这个想法的第一反应是“天才的一流之作”，但几天后，爱因斯坦就意识到，外尔的这个理论很可能无法应用于真实世界，因为它意味着每个原子的大小都与它之前的历史有关，而这与实验证据背道而驰。外尔理论的失败命运似乎不可避免，然而，11年后，外尔想到了一个修正方法，规避了爱因斯坦提出的问题。[36]这个修正后的思想后来成了外尔所说的“规范理论”的基础，经过进一步修改后又成了我们从现代角度理解自然的一大基础。

外尔发表这个想法两个月后，他的好友埃米·诺特（Emmy Noether）提出了有关数学与物理间关系的一大重要见解。与当时几乎所有女性数学家一样，诺特的学术之路布满了荆棘。1900年，18岁的诺特取得了第一次重大突破：埃尔朗根大学管理层给予了她旁听讲座的许可，而就在两年前，该大学的理事会还宣称让女性进入交流会会“扰乱一切学术秩序”。[37]这所大学后来授予了诺特博士学位，尽管她称自己的博士论文为“垃圾”，该论文还是展示了诺特的巨大潜力。取得博士学位后，诺特又无偿在埃尔朗根工作了7年，随后受到希尔伯特和克莱因的邀请前往哥廷根。在那里，诺特成了一名很受欢迎的同事和教师。她声音洪亮，活泼好动，行为举止不拘小节，性格也很是善良。外尔后来评价诺特时说，她“温暖得像一大块面包”。[38]在希尔伯特和克莱因把诺特的注意力吸引到用数学方法发展爱因斯坦的引力理论上后，她就踏上了为物理学做出不朽贡献的道路：在自然的数学理论对称性与实验室结果之间建立联系。

她用一个定理将这种联系归纳出来，后来该定理以她的名字被命名为诺特定理：如果物理定律在不久的未来和较近的过去保持不变，那么一定存在某些在任何物理过程中都守恒的物理量。根据诺特定理，能量守恒是描述正在发生之事的基本方程所含对称性的直接结果——如果时间变量是连续变化的，那么整个方程组就保持不变。这只是能够描述所有碰撞事件（大到宇宙天体相撞，小到原子尺度粒子间的相互作用）的普适守恒定律之一。诺特定理深刻阐述了如何在真实世界中检验对大自然的数学描述，它是抽象与具象之间的一个至关重要的关系。

但诺特数学事业的巅峰还未来临。20世纪20年代，她逐渐成长为一位世界级代数学家，研究风格融合了朴素的抽象性与宏伟的普适性。然而，哥廷根大学的高层甚至没有授予她一个初级职位，就因为她是一名女性。希尔伯特对此相当沮丧，并在教员大会上说道："我们是一所大学，不是一间澡堂。"[39]希特勒掌权后不久，诺特在51岁的时候移民去了美国，但美国也没有任何一所顶尖大学准备给她提供职位。她最后接受了宾夕法尼亚布林莫尔女子学院的客座教授职位。[40]虽然诺特愉快地适应了美国的生活并就此安顿了下来，但她还是在18个月后不幸离世，此前她接受了一次大手术，移除了一个香瓜大小的卵巢囊肿。诺特去世后12天，外尔在布林莫尔女子学院的悼念演说中称她是"一位伟大的数学家……最伟大的女性数学家，也是一位伟大的女性"。[41]

*

第一次世界大战进入尾声时，爱因斯坦已经精疲力竭，但仍处于自己物理生涯的巅峰。虽然数学在他得出最终版引力理论的过程中扮演了至关重要的角色，但爱因斯坦还是认为，理论物理学家必须把准确地解释真实世界的观测结果放在第一位。这一点从他对第一版"规范"思想的反驳以及他对数学家费利克斯·克莱因提出的有关麦克斯韦方程组对称性的想法的批评，就可以清楚地看出来："在我看来，您的确高估了作为启迪工具的纯形式方法在这个问题中的价值。”[42]爱因斯坦很大程度上还是立足于真实物理世界的。[43]

虽然爱因斯坦对自己的理论很自信，但他知道这个理论很快就要面临一次至关重要的检验，即它能否预测星光在太阳附近传播时的弯折程度，这种弯折效应在日全食期间很容易测量。英国天文学家组织了一支考察队，在下一次日全食期间——1919年5月29日，爱因斯坦开始第二段婚姻的前几天——测量了这种效应。大约3个月后，他从这群天文学家那里得知，测量结果与他的理论预测相符，与牛顿理论则有出入，尽管这群天文学家是带着支持相对论的先入之见诠释这些数据的。[44]爱因斯坦马上写了张便条把这个“令人高兴的消息”告诉了母亲，还给自己买了一把新小提琴作为庆贺。[45]

这次日食考察带来了一个让爱因斯坦没有想到的结果：他从此声名大噪。当年11月6日，此次日食考察的相关测量数据在一场精心组织的会议上公布，出席会议的有许多非常有影响力的科学家以及数名早已准备好发布爆炸新闻的记者（《纽约时报》派去了主要负责报道高尔夫球的记者，但他没露面）。此后，爱因斯坦便一举成名。[46]第二天，伦敦《泰晤士报》的头版头条就报道了此事：“科学革命到来……牛顿思想被颠覆”。几乎是一夜之间，时年40岁的爱因斯坦就成了国际知名人物。他的人生从此改变，再也回不到过去。自此之后，他每天都会收到大约60封来自各行各业的人的来信，并开始给新闻界撰写文章，还常常离开柏林访问同僚并给全世界仰慕他的听众做讲座。在他的旅途中，这样一个深奥的物理学新理论竟然能让各行各业的人们如此感兴趣，成为爵士时代人们闲聊的话题，这让爱因斯坦也感到惊奇。

后世小说家约翰·厄普代克（John Updike）曾写道：“名声是一张腐蚀人脸的面具。”这是一句精辟的格言，但对爱因斯坦并不适用。[47]

他没有为声名所累，仍旧平易近人，还会支持其他研究人员，不论他们的学术地位如何。曾在普鲁士科学院求学的尤金·维格纳（Eugene Wigner）后来回忆说，爱因斯坦激发了“同行们对他真正的爱戴”。[48]另一位研究者埃丝特·萨拉曼对爱因斯坦也有类似的美好记忆。她曾造访过爱因斯坦朴实无华的家。爱因斯坦工作的小书房里只有一架望远镜、地球仪、模拟太阳系的金属物件以及几书架的书，墙上没有风景画，只挂着两幅牛顿的浮雕像，以及哲学家阿瑟·叔本华和两位场论奠基人迈克尔·法拉第和詹姆斯·克拉克·麦克斯韦的肖像。[49]爱因斯坦对萨拉曼说：“麦克斯韦极大地启发了我的工作，他给我的帮助比任何人都多。”[50]正是在这间小小的书房里，爱因斯坦开始了统一引力理论和电磁理论的尝试，这个愿望后来逐渐成了他的执念。

1921年年初，爱因斯坦在柏林做了一次题为“几何与经验”的公开演讲，其内容表明他在深刻地思考数学与物理学之间的关系。在演讲中，他首先宣称，数学比其他所有科学都更受人尊敬，因为它以那些被普遍视为无争议的命题为基础，而科学陈述“在某种意义上都是有争议的，时刻处于被事实推翻的危险之中”。他还评论说：“指向现实的数学命题都是不确定的；只要它们确定了，就肯定不指向现实。”奥斯卡·王尔德要是听到了这种悖论式的调侃，肯定会忍俊不禁。[51]

从这个讲座开始的那一刻起，听者就可以轻易感受到，爱因斯坦对于应该如何开展理论物理学研究的看法与希尔伯特思索纯数学的方式颇为相似——两人都试图通过构建公理（所谓公理，就是不证自明的陈述）达成完全的普适性。爱因斯坦表达了对理论物理学的清醒认识，淡化了观测与实验的重要性。[52]他向听众解释了为何时空几何才是相对论的核心，并且几何学很可能是发展其他自然理论的最佳方式。

爱因斯坦之前就已经对外尔、阿瑟·爱丁顿等人扩展新引力理论以使其能解释电磁理论的尝试颇感兴趣。虽然他知道这是一项巨大的挑战，但他相信这是理论物理学家尝试用尽可能少的定律理解尽可能多的自然知识的过程中最紧迫的任务。爱因斯坦在1925年正式加入了统一引力理论和电磁理论的研究，当时其他理论物理学家都在开拓量子力学这门在最小尺度上描述物质的学科。

在追寻新理论的过程中，爱因斯坦运用了一个非常规的方法，他觉得该方法在他追寻新引力理论的最后阶段证明了其价值。[53]尽管如此，他在向同行介绍这个新方法时却出人意料地扭捏。等到8年后他才选择公开，地点也不是某个专家研讨会，而是1933年5月在牛津大学的一场公开演讲。爱因斯坦在牛津大学感到很自在，他在两年前和十年前都曾造访这里。[54]

1933年春天，爱因斯坦54岁，岁月在他的脸上留下了明显的印迹，银灰色的头发衬托着疲惫的面庞，这是数以百万计的人在照片和新闻中经常见到的面庞。此时此刻的爱因斯坦打算背井离乡，彻底离开欧洲——早在1932年12月，希特勒上台前几周，爱因斯坦就离开了德国。他一度流亡到比利时海岸边一所不起眼的房子里，并写信给英国的朋友说："如果再给纳粹一两年的时间，这个世界就会在德国人的手中再次经历灾难。"[55]几个月后，他在美国开始了新生活，并在普林斯顿刚成立的高等研究院就职。该研究院的宗旨是为世界级的顶尖思想家提供一个压力适度的平和环境，不需要他们承担任何管理和教学方面的义务。爱因斯坦这个自称"反对奢侈"的人，支持该研究院创办人"火焰与火"的构想，并且心不甘、情不愿地接受了两倍于他要求的薪水。[56]普林斯顿高等研究院的管理层后来立下规矩：所有研究员薪水都一样，不管是艺术史专家，还是理论物理学专家。（这个规矩一直延续到了今天。）

爱因斯坦在牛津时借住在他的朋友弗雷德里克·林德曼（Frederick

Lindemann）家里。林德曼出生于德国，后来成了牛津大学物理学教授，并且也是温斯顿·丘吉尔的密友。爱因斯坦待在牛津大学基督教堂学院，学院里的一名物理学家、一名古典学家和一名哲学家帮他把关于理论物理学的这篇演讲稿从德语翻译成了英语。爱因斯坦给这场演讲起了个大胆的标题——《论理论物理学的方法》，其中所说的方法并不是指理论物理学的某一种方法，而是他正在用的这种方法。[57] 6 月 10 日星期六傍晚，爱因斯坦在位于市中心、刚刚开放的罗德大楼做了演讲，这也是那年的斯宾塞讲座。这场讲座成为当时社会舆论的一大热门话题。[58] 宽敞的一楼大厅里，大约两百名观众在镶木天花板下倾听着爱因斯坦的讲述。讲座上的爱因斯坦完全符合杰出人物的形象：1.75 米的个子，扎实，略显胖，鼓起的肚腩紧紧贴在并不合身的西装背心上。

这是爱因斯坦第一次用英语做演讲，声音轻柔，但口音厚重得像沥青一样。他很清楚台下坐着的是来自各行各业的普通大众，便只用平实易懂的语言，没有提及一个公式。爱因斯坦此前曾评价自己“只是个物理学家”，但他当然也是一名自然哲学家，而在这次演讲中，他既是物理学家也是自然哲学家。[59]在开场的寒暄之后，爱因斯坦回顾了古希腊的“西方科学摇篮”，并借此引出了自己的主题。[60]几分钟后，他谈到了自己的专长：现代理论物理学的现状以及这门学科处理人类知识的过程中不可分割的两个方面，即经验与推理。在爱因斯坦看来，要靠演绎得出物理学概念和定律是绝不可能的。相反，他认为它们是“人类思想自由创作”的产物——几十年前，德国数学家格奥尔格·康托尔和理查德·戴德金（Richard Dedekind）就曾用这个词描述数学概念。[61]大多数科学家认为，并不存在某种可靠的方法必然能得到有用的新概念和强大的新理论——如果真存在这样一种方法，那么每个科学家都会运用它。不过，爱因斯坦确信自己知道通往成功的康庄大道。

讲座开始大约20分钟后，爱因斯坦就讲到了关键之处：数学是描述自然基本定律的最佳方式，即便没有新实验结果的刺激，理论物理学家也能利用这一事实取得进展。他认为，这是完全可行的，因为理论的数学框架可以通过创造性发展产生更好的理论，用爱因斯坦的原话说就是“创造性原理潜藏在数学之中”。

如果爱因斯坦当时能更清晰地阐明发现新自然定律的这种非正统方法的话，他的听众很可能会更加明白。这些自然定律本质上反映了与现实世界直接相关的各种物理量之间的关联模式，而我们的目标则是要用一个模式描述尽可能多的自然现象。要想扩展给定物理学定律的应用范围，正统方法是运用新实验线索，提出一些能够扩展潜藏在原始定律之下的数学模式的新方法，使其能够描述更多自然现象。然而，爱因斯坦相信，还有更好的方法可以激发理论物理学家的创造力。

他知道，发现模式同样也是数学家的工作内容。正如数论学家G. H. 哈代后来在他的《一个数学家的辩白》一书中所写：数学家是那些从思想中提炼出恒久模式的人。[62]只不过，数学家的这些模式都是抽象的，而且很可能与现实无关。理论物理学家和他们的自然哲学家前辈们发现，这类数学模式中有一些碰巧同样能够描述现实世界物理量之间的关系。在爱因斯坦看来，大自然的这种数学性质正巧可以为理论物理学家所用：扩展那些适用于部分自然领域的定律背后的数学模式，就可能发现更为全面且能够解释更多现实世界现象的定律。爱因斯坦相信，理论物理学家通过这种方式，就能创造性地利用数学工具扩展现有定律的应用范围。

这似乎是个全新的策略，听众中的科学家们很可能吓了一跳。自牛顿的“哲学方法”大获全胜以来，自然哲学家们早已接受了光靠思考无法理解自然世界的观点——取得进展的唯一可靠方法就是将理论与实验结合起来。然而，现在这位全世界最有成就的理论物理学家却“信心十足”地坚持认为“古人曾梦想通过纯粹的思考掌握现实的本质，我觉得这完全正确”——这番话也许不能让牛顿愉悦，但肯定会让柏拉图相当高兴。[63]爱因斯坦在听众面前再次确认这种数学策略在他完成引力理论的过程中发挥了重要作用。爱因斯坦声名在外，当然不会有人与他争辩。

爱因斯坦在讲座开始时就给出了一个温柔的警告：如果你真的想知道理论物理学家使用的方法，“不要听他们说了什么，重点关注他们做了什么”。[64]不过，听众们没办法透过帷幕暗中观察爱因斯坦得出引力理论的方式是否真的就像他说的那样。直到几十年后，才有一批学者仔细检查了爱因斯坦当时的笔记。他们很清楚地看到，爱因斯坦运用了双管齐下的策略，既使用了数学方法，也运用了物理推演，直到彻底完成引力理论为止，但他随后却弱化了物理推理在其中扮演的角色。[65]

爱因斯坦对搜寻正确的引力场方程组最后一个月的记忆似乎出现了偏差，而他得出的理论物理学研究新策略很大程度上正是基于这段被扭曲了的记忆。根据荷兰科学史学家杰伦·范东恩（Jeroen van Dongen）的说法：“爱因斯坦过分强调了数学在他发展引力理论过程中所起的作用。这很可能是因为他当时正采用这种方法探寻能够统一引力和电磁现象的理论，他希望能说服那些持批评意见的同行，让同行们认识到这种方法的价值。”[66]

在这次讲座的尾声阶段，爱因斯坦坦承，他在尝试借助法拉第和麦克斯韦引入的这种场概念理解自然的过程中遭遇了“巨大的阻碍”：当应用于最小尺度的物质上时，爱因斯坦的理论似乎就不起作用了。[67]平稳连续变化的场无法解释普朗克提出的能量量子的存在，也无法解释构成亚原子粒子的那些极微小物质块的存在。量子力学这个新理论可以应对这些挑战，但爱因斯坦认为量子力学不适合作为解释现实世界的基础理论，并且在构思自己的统一理论初稿时就没想过要把它包括进来。

爱因斯坦对量子力学的不信任让他游离于当时的主流物理圈之外，这一点是当时牛津大学的一部分听众早已了解的。他们中的大部分人未来还会知道，过去十年间物理学界最杰出的成就——量子力学的成功与爱因斯坦的数学策略并无直接关系。几位理论物理学家采用数学和物理齐头并进的方式建立了量子力学这个能够解释实验结果的全新理论。此外，这个正统方法在过去几年里取得的成就要远盛于爱因斯坦孤身一人探寻的统一理论，这很可能是鲜有物理学家踏上爱因斯坦那条路的原因。

爱因斯坦的引力理论和量子力学的一大相似之处在于，它们都使用了几十年前才出现的高等数学。我们下面就来看看基础量子力学中涉及的这些新数学，以及——这点可能会让你有些意外——它如何让量子力学的一位领军人物提出了与爱因斯坦颇为相似的理论物理学研究方法。看起来，如果物理学家想要掌握最小尺度和最大尺度上的自然知识——这些知识大大超越了我们的日常体验，他们除了求助于高等数学，别无选择。

第4章　数学之花绽放

数学与物理学之间似乎存在着某些深层联系。我会这样描述它们之间的关系：上帝是一位数学家，他之所以以这样的方式构建物理世界，是为了让美妙的数学之花在其中绽放。

——保罗·狄拉克，在叶史瓦大学的讲座，1962年4月

凭借人类的想象力理解塑造宇宙的力，也就是引力，要比理解物质核心发生的事儿更简单。在古希腊哲学家提出原子设想的将近2 000年后，也就是20世纪初，人们才证明了这些离散物质块的存在。即便是这个时候，人们对原子内部的运作机制也是一头雾水。

等到人们已确证原子的存在后，事实就很清楚了：它们并不是德谟克利特和其他思想家猜测的不可分的物质块。相反，原子由更小的组分构成，其中包括电子。问题在于，物理学家把牛顿运动定律和麦克斯韦方程组应用到原子内部时，出现了荒谬的结果——这是这两个定律第一次没能解释自然现象，而且毫无争议。例如，我们不可能通过已被确立的定律解释为什么绕着原子中心（原子核）运动的电子的能量值通常是

固定的，而这一现象已经由实验证明了。根据牛顿和麦克斯韦的理论，带负电的电子早就应该全部掉进带正电的原子核里去了。于是，原子的存在本身就成了一个谜。在20世纪20年代初的时候，甚至还有几位顶尖物理学家绝望地表示，原子世界可能太过复杂，人类是不可能理解的。[1]

这种悲观情绪在1925年量子力学横空出世后就烟消云散了。与相对论不同，量子力学是一个货真价实的革命性理论。正如爱因斯坦常常指出的那样，相对论是“数个世纪的物理学发展线路的自然延续”，这条线上有牛顿、麦克斯韦以及其他物理学家。[2]但量子力学的诞生几乎意味着要与过去彻底决裂，并且完全改变了物理学的面貌。需要记住的是，那个时期的物理学界与今天的大不相同。就像物理学家萨缪尔·古德斯米特（Samuel Goudsmit）在20世纪70年代所写的那样，现代物理学可以被比作“一座令人兴奋，充满曲折与危险的现代大都市”，但在20世纪20年代，它更像是“一座小纠纷不断的小村庄，不掺杂桃色事件的佩顿镇”①。[3]

量子力学描述了亚原子粒子的行为，但它包含的概念往往与我们在日常生活中司空见惯的常识相悖。物理学家曾经草率地认为，掌管大尺度世界的数学定律对那些小到不能为人类感官探测到的世界也同样适用。量子力学的怪异性部分藏在它所用的数学方法中，其中的某些部分对理论物理学家来说是全新的，就像高斯和黎曼的曲面空间理论之于当时的爱因斯坦。正如爱因斯坦在发展他的引力理论之前不得不学习高斯和黎曼的数学，量子革命也只有在物理学家们跳出数学舒适区后才能

① 佩顿镇（Peyton Place）是同名小说中的故事发生地，这个小镇上充斥着桃色事件和丑闻。该小说后来被改编成了电影，中文译名为《冷暖人间》。——译者注

有所发展。不过，物理学家也别无选择：量子力学是在亚原子世界那些尚未被发现的海域内航行的唯一方法。物理学家回顾了所有不具备量子力学特征的理论并给它们贴上了标签，其中包括狭义相对论和广义相对论：这类理论注定成为“经典物理学”的一部分。

量子力学并不是某一位科学家的成果，而是国际物理学界（主要是欧洲）的共同成就。有两位理论物理学家率先窥见了这个理论，他们各自提出的量子力学理论给出的结果相同，但形式差异极大，并且所依据的数学结构类型也不同。这两个理论都与爱因斯坦的狭义相对论不相容——我们会看到，这个缺陷后来才得到纠正。

第一个发表量子力学理论的是德国人维尔纳·海森堡，时年23岁、年轻有为的阳光青年，主要在哥廷根工作。在他的方法中，描述电子运动的物理量，比如位置和速度，都可以用一组方形阵列来表示，即一组按行和列排列的数字。在海森堡的理论中，其中的每一个数字都代表了电子一对能级的性质，并且表征了粒子在这两个能级之间跃迁的概率。这些数组对当时的海森堡来说是新鲜事物，但他很快了解到数学家们早就知晓了这种数学工具，并称其为“矩阵”。事实证明，数学家们已经掌握了这类数组的许多性质，并且也开发了相应的理论，只待物理学家来使用。

量子力学的另一种表述则运用了物理学家们熟悉的数学形式表达，因而要好理解得多。在海森堡发表自己的理论几个月后，当时公认的一流理论物理学家、奥地利教授埃尔温·薛定谔发表了这个版本。他的理论基础是由法国理论物理学家路易·德布罗意提出的，后者根据狭义相对论提出，每一个运动中的电子都应该与一道波相关。[4]薛定谔显然是在与自己的一位情人在阿尔卑斯山幽会时，第一次想到他这个方程的。借助薛定谔方程就能计算——至少从原则上说能够计算——所有原子的能量值。[5]拿最简单的氢原子来说，对能级的计算相对较为简单，并且计算结果和实验观测也符合。后来，薛定谔方程成为20世纪最常用的科学方程，并且成了原子物理学家不可或缺的工具。

量子力学的这两个版本有一个共同点，那就是都涉及了所谓的复数。数学家了解这类数已经有几个世纪了，但对我们大多数人来说，复数似乎无关痛痒，因为我们在日常生活中确实用不到它们。数学家把最简单的复数i定义为–1的平方根（因此，$i \times i = -1$）。这个定义打开了一个新的数学世界，它由虚数以及与虚数相关的数学对象组成。虽然后来事实证明这类数学对象大有作用，但一开始的时候，它们似乎只是数学家为了方便而虚构出来的产物。不过，随着量子力学的出现，这一切都发生了改变：虚数在量子力学的基本方程组中不可或缺，虽然这些方程组给出的预测总是普通实数，实验学家可以拿来与测量仪器上的读数相比较。

量子力学是第一个在诞生时就急需说明的不完备的自然理论。海森堡和薛定谔都没有给出该理论的完整版：物理学家花了数年时间才对这个理论的意义形成基本一致的意见（时至今日，对量子力学的诠释也仍是个颇有争议的问题）。不过，这个理论的革命性意义相当明显。在此之前，我们普遍认为现实的存在与人类观测者无关。而量子力学却说，无论观测者如何小心翼翼地想要把自己带来的扰动降到最低，他也一定会对与其产生相互作用的事物产生影响。于是，人们之前的常识就被彻底推翻了。同样被推翻的还有拉普拉斯世界观的基础——决定论。按照量子力学的说法，量子世界在本质上就是不可预测的。例如，电子的状态并不能完全决定后续每一次的观测结果，因此，即便是从原理上说，对这个粒子未来状态的预测也不可能是百分之百确定的。这个想法足以让拉普拉斯在享用焦糖奶油松饼时噎着，而爱因斯坦更是拒绝接受，于是就有了那句著名的评论“上帝不掷骰子”。[6]然而，原子世界中的不可预测性在量子力学中居于核心位置，更为重要的是，没有实验人员对此提出严正的质疑。

不可预测性这个问题困扰着多位量子力学先驱，其中就包括他们中最年轻的一位——保罗·狄拉克。量子力学问世时，狄拉克23岁，他的性格非常与众不同：沉默寡言、不善交际，羞涩得像只松鼠，原子世界似乎要比现实世界更能让他感受到家的温暖。作为量子力学革新者中最具数学头脑的一位，狄拉克提出了一系列涉及纯数学前沿思想的深刻的理论物理学见解。

和爱因斯坦一样，狄拉克确信建立全新物理学基础理论的关键在于找到更为深刻的基础数学理论。下面就让我们看看狄拉克在物理学与数学交汇的领域做出的几大发现，以及他对两者未来关系的独特见解。

*

狄拉克参加量子力学这场大聚会的时间较晚。1925年夏天，狄拉克还是一名内向的博士生，他写了几篇虽有前途但并不引人瞩目的论文，他的名字在剑桥大学之外其实无人知晓。在进入量子力学领域之后，狄拉克找到了自己的位置，他写的论文让部分德国同行认为他是一位顶尖数学家。[7]他处理量子力学的方法相当独特，运用了平实简洁的语言和强有力的数学工具，并且结合了严谨的逻辑推理。他的推理常常带着富有想象力的跳跃式思维，他的同事常常看不明白狄拉克这家伙到底是想表达什么意思。[8]

20世纪第一个十年里，狄拉克在布里斯托尔长大，孩提时代的他就已经对数学产生了浓厚的兴趣。在所有量子力学奠基人中，狄拉克是唯一一个家境普通的，家里几乎没有闲钱。“狄拉克的数学才能是从哪儿来的，这个问题很难回答。”他的母亲在1933年这般说道，毕竟家里除了他没人对数学有一星半点儿的兴趣。[9]狄拉克进入少年时代后，老师会把他带出数学课堂，给他一些更有挑战性的书籍，让他独自钻研。狄拉克很快就学会了基础微积分，甚至开始学起了伯恩哈德·黎曼引入的曲面几何，这在当时可是只有研究生才会学习的内容。[10]然而，狄拉克后来表示，他当时对曲面几何几乎没有任何兴趣，因为它似乎与“真实的物理世界”毫无关联。[11] 1919年11月，在广义相对论“突然问世”之后，按照狄拉克后来的说法，他去搜罗了有关那个陌生德国人提出的新理论的所有信息。[12]爱因斯坦运用曲面空间这个数学工具发展相对论的最终版本时，大致也就是少年狄拉克学习这项内容却误以为它们与真实世界无关的时候。几年后，相对论牢牢抓住了狄拉克的想象力，并让他始终保持着对基础物理学的热情。

狄拉克研究理论物理学的方式部分源于他不同寻常的大学教育：他在连续修了两个本科学位后——第一个是工程学，第二个是数学——才在1923年10月正式开始学习理论物理学。因此，他那时已经受到了两种数学观的熏陶。其一是工程学观点：只有产生能够可靠应用于真实世界的准确答案才是真正重要的。其二是纯粹的数学家信条：数学是一门富有创造性的学科，应该将大胆的合理想象和严谨的逻辑推理相结合，去追寻它的真谛。

在攻读博士学位的头两年，狄拉克圆满地完成了一系列研究项目，并且把很多时间都花在了学习课程之外的数学知识上。每周六下午，他都会参加由纯理论数学家亨利·贝克（Henry Baker）主持的学术茶话会。这个活动的目的是督促剑桥大学的数学才俊们挑战几何学新思想。[13]狄拉克20岁出头的时候，就在一次茶话会上的讲话中提出，纯粹的数学和理论物理学之间有许多值得互相借鉴的地方。他指出，数学家们研究的空间可以有任意维数，并且在他们眼中，没有哪个维数是特殊的。然而，其中的四维还是有一些特别之处的：物理学家用描绘空间的三维和描绘时间的一维构建物理学基本定律。狄拉克相信，大自然在通过这种方式向数学家传递某种信息。“为什么宇宙是四维的？一定有某种根本性的原因。”他还补充说，“我敢肯定，当我们发现这个原因之后，几何学家对这个四维空间的兴趣一定会超过其他任何空间。”[14]

这番话很可能让亨利·贝克出离愤怒。因为他坚信纯数学不是其他科学的仆人：数学家的工作凭什么要受到自然选择的引导？狄拉克则没有让步：“自然世界为什么是这个样子？对于这个问题，随着我们找到的答案越来越多，那些在应用数学家眼中至关重要的问题最后也会成为纯理论数学家最感兴趣的问题。”[15]当时，大多数纯理论数学家很少甚至从来没有想过自己的这些数学思想与真实世界有何关系，但狄拉克却提出，他们最终会发现，自然世界将是数学灵感的一大重要来源。狄拉克的思想领先了他们半个世纪。

狄拉克创造力的巅峰时期持续了8年，而起点则是1925年秋天。几周前，他刚阅读了海森堡的第一篇量子力学论文，并抓住了这个理论的一大特征。根据海森堡的理论，位置和速度以及其他成对出现的物理量（暂且称为A和B）都有一种奇怪的特性：如果把A和B相乘起来，A×B得到的结果不等于B×A，也就是说，这对物理量不可对易。这似乎很奇怪，因为它违背了我们在学校里学过的知识：无论谁在前，任意两个数相乘得到的结果总是一样的，比如5×9得到的结果和9×5一模一样。于是，我们称这些普通数字为可对易的。海森堡之前就很担心这些不可对易量，它们的存在让自己的理论很尴尬，但狄拉克对此则淡定得多。[16]狄拉克在课外学习中已经遇到了不可对易的数学对象——令麦克斯韦和其他顶尖思想家都颇为着迷的四元数。[17]狄拉克认为，不可对易性本身并没有什么可怕的，但它正处于量子力学的核心位置，迫切需要进一步的发展。

某个周日，狄拉克独自一人在剑桥郊外散步时突然想到，AB – BA得到的结果或许与描述日常物质运动的经典理论中一个类似的数学表达有关。狄拉克以这个直觉为契机，搭起了一座连接牛顿开创的“经典”力学与全新的量子力学之间的桥梁，让我们对原子领域的物质运动有了崭新的理解。狄拉克这个方法的核心正是非对易的概念，后来这也成了20世纪数学研究的一大重要课题。[18]

一年后，狄拉克在研究海森堡和薛定谔各自的量子力学描述时改变了一些数学规则。他在计算过程中大量使用了一种足以令纯理论数学家感到恐惧的数学函数——这个函数无法用正统数学方法处理，它的图像中含有你能想象到的最为尖锐的峰，无限细也无限高。我们几乎可以肯定，狄拉克之前曾在奥利弗·亥维赛的著作中看到过这个函数——虽然它是由其他几位数学家独立发明的。[19]狄拉克觉得自己完全没有理由向受到惊吓的纯理论数学家道歉：他认为这个函数肯定是正统数学中的一部分，理由也很简单，他觉得它是正确的，并且效果极好，根本不像是错误的。20年后的事实证明狄拉克是对的。数学家们承认这个“狄拉克 δ 函数”在全新的分布理论中的地位相当重要，并认为这个函数是一件完美而严谨的作品。[20]

1927年夏天，狄拉克又一次不知不觉地走在了数学前沿。他一直在思考为什么量子力学的最初两个版本都与狭义相对论不相容，并且深度思考了一个简单的问题：同时符合量子力学和狭义相对论这两个理论的对粒子的最简单数学描述是什么？他在剑桥大学潜心研究这个问题，并且在几个月高强度的工作后得到了答案——比任何人想象的都要更简单。运用一个物理学家此前从没见过的简洁方程就能以与狭义相对论和量子力学都相一致的方式描绘电子。这个方程的最简单形式描绘了所受合力为0的电子，方程如下：[21]

$$(p_0 - \alpha_1 p_1 - \alpha_2 p_2 - \alpha_3 p_3 - \alpha_4 mc)\psi = 0$$

式中的p_0代表质量为m的电子携带的能量，其他3个p则代表该粒子在三维空间中每一维上的动量。[22]α的含义则要神秘一些：它是由16个数字组成的方阵，后来被称作“狄拉克矩阵”。根据这种描述电子的方式，决定粒子行为的并不是薛定谔的波，而是一个由ψ表示的数学对象，后来被称为“旋量”（spinor）。[23]狄拉克此后还了解到，早在几十年前，哥廷根数学家费利克斯·克莱因就已经独立发现了这些数学对象，并用它们来描述旋转陀螺的运动。[24]

狄拉克证明，他的方程解释了人们此前无法解释的两大电子特性。这个方程率先解释了为什么每个电子都有自旋——这是实验学家们几年前就已经发现的事实，以及为什么它还有一个关联磁场。这两大特性其实是坚持让狭义相对论与量子力学相一致带来的必然结果。[25]狄拉克的这项成就相当重要，他的竞争对手得知这个消息后也对他十分钦佩。海森堡还特地从哥廷根（那儿的许多杰出学者都视狄拉克方程为奇迹）发来赞赏狄拉克的信件。[26]

几年后的1931年，狄拉克又想出了一种应用这个方程的方法。后来的事实表明，这次发现堪称人类理性史上的一次重大胜利。狄拉克在没有借助实验观测的情况下指出，这个方程可证明一种新粒子的存在，他称之为“正电子”，这种粒子应该与电子质量相同、电荷相反。[27]在他之前，也有一些理论学家想到了这种粒子的存在，但他们都是在数学框架内讨论这个问题的。狄拉克发表这个想法11个月后，美国实验学家卡尔·安德森（Carl Anderson）在对狄拉克的预言毫不知情的情况下在加州理工学院的特殊探测器中发现了正电子。维尔纳·海森堡后来称反物质存在的成功预言“或许是20世纪所有物理学飞跃中最大的一次”。[28]

在原子层面上，狄拉克的发现让我们对“虚无”有了新认识：真空不空。相反，根据量子力学和狭义相对论，科学家们把真空描绘为正反粒子不断“凭空”冒出并相互湮灭的过程，这种过程是人们从未直接观测到的。在宇宙层面上，科学家后来得出结论：在最初的时刻，宇宙由一半物质、一半反物质组成。而狄拉克在他们之前就开始运用量子力学和狭义相对论在脑海中构想早期宇宙的另一半成分了。

狄拉克方程的成功是体现量子力学和狭义相对论双剑合璧威力的第一个标志。在此之前，许多物理学家都认为，将这两个理论结合起来就算不是毫无可能，至少也极度困难。然而，这种态度显然过于悲观了：狄拉克证明这两种理论不仅能够优雅地结合在一起，而且会带来丰厚的回报。我们将在本书的后续部分看到，这些经验至关重要：基础理论物理学后来的许多最为重要的进展，都是因为坚持了“新想法不应与量子力学和狭义相对论相抵触”这个原则才得到的。事实证明，这两个理论是现代理论物理学这辆滚滚向前的火车身下的两根孪生车轨，并且也是新数学内容的源泉。

*

狄拉克在思考正电子是否存在的时候，开启了一条不一样的研究线路。这条线路让他进入了全新的数学物理学大峡谷，一个理论学家们至今仍在探索的领域。这条线路的开端是狄拉克问的一个简单的问题：电荷为什么是以离散量呈现的？电子携带很少量的负电荷，电荷量与质子携带的电荷相同、电性相反，但为什么所有粒子携带的电荷都是电子或质子电荷的整数倍呢？为什么自然世界不允许电荷以任意量的形式存在呢？

狄拉克通过对量子力学的常规形式做了些微调整，得到了这个问题的答案。这个答案以对磁单极子的数学描述为中心，磁单极子就是指孤立的磁北极或者磁南极。当然，从来没有实验人员观测到磁单极子：连小孩都知道，磁极都是南北极成对出现的。磁单极子的概念此前也有思想家想到过，但没有人在连贯数学框架内进行过此类思考。

狄拉克运用了一种间接方法来研究这个问题。他使用了由数学家赫尔曼·外尔开创的一种精巧的方法，想象电子从某个点出发运动一圈后又回到原来的地方会发生什么。结果就是，狄拉克通过思考描述电子的磁力线形状得到了对磁单极子的第一个量子描述。狄拉克后来回忆说，描述这些磁力线的数学内容“不可避免”地把他“引向了磁单极子”。[29] 狄拉克把磁单极子想象成了一根无限长且无限细的线圈的末端，这根线圈后来被称为“狄拉克弦”。按照狄拉克的理论，这根无限长的弦在实验上是观察不到的，但磁单极子本身从原则上是可以探测到的。

狄拉克用磁单极子理论简洁且准确地描述了磁单极子的磁荷与电子的电荷之间的关系：两者相乘应该等于 $n/(4\pi)$，其中 n 是整数（而 π 则是我们熟悉的圆的周长与直径之比，近似等于3.14）。他甚至证明，只要实验人员能在整个宇宙中的任何地方找到哪怕一个磁单极子，这个理论就能解释为什么电荷只能以基本数量的正负整数倍的形式存在。

狄拉克在展示自己的推理过程时，一反常态地对这个理论的价值做出了主观评价：“如果大自然没有用磁单极子做点儿什么的话，我们一定会感到相当诧异。”[30]然而，大自然就是这么不解风情——似乎没有任何证据表明磁单极子存在，哪怕它们的确可能在偷偷地按照狄拉克方程设定的旋律翩翩起舞。不过，即便这个理论真的和真实世界毫无关系，狄拉克在其中用到的数学内容也吸引了许多数学家的注意，他们中的一部分也在同一个领域内耕耘。狄拉克当时似乎并不知道自己正在从事的是拓扑学领域的开创性工作。前文已经介绍过，拓扑学是一门研究抽象物体和表面具有的在拉伸、扭曲、变形后不会发生变化的性质的学科。詹姆斯·克拉克·麦克斯韦就对这个领域颇感兴趣。狄拉克后来了解到，他在建立磁单极子理论时用到的某些技巧与数学家海因茨·霍普夫（Heinz Hopf）大致在同一时间于柏林独立发现的数学技巧非常相似。[31]不过，囿于实验思维的物理学家们对这些技巧不是很关注：仍旧没有任何迹象表明磁单极子并不是狄拉克虚构的产物。直到后来，狄拉克磁单极子理论的超前性才逐渐清晰起来。

1933年是狄拉克最高产时代的最后一年，他在此时发表了一篇简短的论文。该论文的全部意义在许久之后才彻底显现。由于这篇论文发表在苏联期刊上，读过它的西方物理学家相对较少。狄拉克在论文中讨论了自己最感兴趣的一大课题：如何改变人们长期使用的在大尺度上描述物质的方法，使其能够描述原子世界。狄拉克类比由19世纪法国数学家约瑟夫–路易·拉格朗日开创的描述常规物质运动的方法，得到了一种描述原子尺度粒子运动的新方法。狄拉克提出了这个基本理论的大部分，但并没有彻底完工。9年后，当时还是普林斯顿研究生的理查德·费曼抓住了狄拉克留下的这个松散线团，把它编织成了一幅为量子力学提供了新计算方法的华美挂毯。[32]这个理论以一个数学对象为基础，为理论学家对原子世界的直觉提供了宝贵的指导。

*

狄拉克从未花时间思考哲学。他年轻时在布里斯托尔求学的时候，就这样总结道：哲学这门学问包含了许多“相当不确定”的讨论，而这些讨论对“物理学的进展毫无助益”[33]。1938 年年末，狄拉克接受爱丁堡皇家学会斯科特讲座（这个讲座的传统就是从哲学角度讨论物理学）的邀约，第一次公开谈谈自己对物理学中的哲学的看法。[34]在狄拉克研究巅峰时期行将步入尾声之际，这次讲座给了他一个很好的总结机会。此外，狄拉克当时的处境也已发生了变化：他坠入爱河、结了婚并回归了家庭生活，这令他的同行们感到震惊。与此同时，欧洲的政治局势每况愈下，大战似乎已经迫在眉睫。

这一时期的两段经历改变了狄拉克对理论物理学应该如何开展（或者不应该如何开展）这个问题的看法。其一，当时有一个美国研究小组提出，原子世界中的能量可能不守恒。狄拉克对此苦苦思索了数月之久，结果该研究组又撤回了这一说法。他对顶尖实验学家的敬意也从此一落千丈。其二，狄拉克见证了本应成为 20 世纪科学高点的理论——詹姆斯 · 克拉克 · 麦克斯韦电磁场理论的改良版，与量子力学和狭义相对论都能相容——遭遇的灾难性挫折（在他看来）。狄拉克和其他几名顶尖理论学家此前就发现了有关带电亚原子粒子间电磁相互作用的理论，但它简直是一团糟。雪上加霜的是，这个叫作“量子电动力学”的理论预言，电子发生相互作用时涉及的能量数值并不正常，而是无穷大，这显然毫无意义。[35]这其中的问题其实有办法解决，但在狄拉克看来，这些方法都毫无希望——他相信，这个理论基本“完蛋”了。[36]

在斯科特讲座前几周，狄拉克开始反思自己和其他理论学家可以从之前几十年的经历中学到什么教训。他厌恶一团乱麻的量子电动力学，又开始对看似具有革命意义的新实验发现产生了怀疑态度，于是，他提出了寻找自然世界最佳数学描述的新方法。他提出，理论物理学家不应该为每一个令人惊讶的实验发现而分心，而是应该专注于长远目标：以已有最佳理论的数学内容为地基，打造物理学的摩天大厦。1931年，他在磁单极子论文的开头就提出了这个哲学想法的最初版本。在论文开头，狄拉克就提出，理论物理学家应该少花点儿时间研究那些新实验数据，多花点儿时间利用“纯数学的各种资源，尝试将其推广成理论物理学现有基础的数学形式”。[37]他提出的这些想法可能对两年后的爱因斯坦斯宾塞讲座产生了影响。当然，爱因斯坦对数学在物理学中所起作用的观点也可能影响了狄拉克。[38]他俩的想法一直很相似，都是大多数同时代人认为古怪且不值一提的反正统观点。

1939年2月6日，星期一，在这个天色阴沉的下午，狄拉克以“数学与物理学之间的关系”为题在苏格兰皇家学会总部做了一场讲座。听众在前往爱丁堡市中心附近的讲座地点的路上很可能对这次讲座没抱太大的期望：演讲者的科学成就的确不凡，但从没听说他的口才有何过人之处。[39]演讲大厅天花板很高，墙边整齐排列着一排排书架，大约150张木椅环绕着讲坛，整个房间不算豪华但令人感到舒适。下午4:30刚过不久，苏格兰皇家学会主席、博物学家、古典主义者达西·温特沃思·汤普森宣布讲座开始。他的神采和飘扬的白发让他看上去像是《旧约》中的先知。汤普森在应该如何研究科学这个问题上很有想法，并且坚信自然哲学的“灵魂”就藏在它的数学之美中。[40]

达西·汤普森和其他观众都不知道，今天他们听到的是一场将会成为传奇的演讲。在21世纪初的今天，许多顶尖物理学家和数学家都会如此评价狄拉克的这次演讲：见解深刻、睿智非凡，语言的简洁令人称道，几乎完全没有用到数学术语。2016年，杰出的数学家迈克尔·阿蒂亚评论道："这次讲座几乎完美地描述了数学与物理之间的关系未来将如何发展。"[41]

虽然我们现在没有看到亲临现场者对这次讲座的描述，但狄拉克很可能就是用他一贯的直白而有条理的语言向听众清楚阐明了自己的看法，不带一丝矫揉造作。考虑到听众中有很多外行人，狄拉克从一些基本观测事实开始谈起。他说，大自然有一种数学性，绝不是随意观测就能发现的，正是有了这种数学性，物理学家才得以预言那些实验中完全没有出现过的结果。我们可以这样描述大自然的这种数学性："宇宙的构成决定了数学是描述它的一个有用工具。"[42]

狄拉克很快就讲到了理论物理学研究中的一个信条。他提出了一条新原则——数学美原则，内容是：物理学研究者应该不断努力，让支撑他们描述自然世界的理论的数学结构之美最大化。虽然达西·汤普森当时很可能对此毫无疑义，但演讲厅中的其他人很可能都困惑不解：这个研究风格一向简朴的演讲者怎么会提出物理学研究应该受到所谓的"数学美"这种相当主观的评价标准的引导？狄拉克为了应对这种反对声音，先发制人地提出数学美和艺术美一样是无法定义的，但同时又说"研究数学的人能毫不费力地体会到这种美"。接着，他又迅速把话题深入了下去，但重点一直放在数学美之上——他在这场讲座中至少提了这个短语17次。

狄拉克提出的这项研究策略根植于他从量子力学和相对论发现过程中汲取的教训。他说：在这两个例子中，之前取得成功但仍有缺陷的理论都被背后的数学结构明显更为优美的新理论替代了。他宣称："全新的量子力学继承了经典力学（发源于牛顿的工作）的所有优美的特征，并且还把它们的美升华了。"他还指出，从牛顿力学到爱因斯坦狭义相对论和广义相对论的转变也是如此。虽然当时并没有听众直接提出反对，但一些人很可能开始质疑起了狄拉克的才智：他怎么能从这么小的样本（哪怕这两个理论确实都很重要）中推断出未来数学在基础物理学领域的所有应用呢？然而，狄拉克坚定地继续说道："物理学研究者在以数学形式表达大自然基本定律的过程中，必须追寻数学之美。"[43]

这个想法当然不是狄拉克首创的：柏拉图就提出了许多这方面的想法，后世的思想者中持此类观点的人也有许多，[44]比如但丁，他的代表作《神曲》中提到了中世纪时期人们笃信数学原理中潜藏着宇宙结构和运作方式的许多例子。[45]到了20世纪，人们已经清楚自然世界的普适定律只能借助高等数学表达出来。在狄拉克看来，理解宇宙的核心秩序需要越发先进的数学工具，这种较为现代的思想表明了一种产生物理学新理论的方式。

这种思考自然世界的新方式与6年前爱因斯坦在牛津提出的很相似。他们都认为，扩展物理学基本定律的最佳方式就是专注于发展它的数学框架，也就是扩展物理学基本定律背后的思维模式。爱因斯坦认为，这种扩展方式应当是对物理学家来说最为自然的方式。而对狄拉克来说，对模式的扩展应当以一种数学家认为特别美的形式来呈现。

狄拉克暗示，这种数学美原则的直接结果就是理论物理学家需要学习大量高等数学知识。曲面空间几何和不可对易量——正如狄拉克本人早先所写，"这些一度被视为完全是人类思维幻想出来的产物"——现在也分别被广泛视作描述引力理论和量子理论所必需的概念。他总结说："要想在基础物理学领域取得更多进展，就必须引入纯数学这个涵盖范围甚广的领域。"[46]

狄拉克说，物理学和数学正越来越紧密地交织在一起，但他也强调，这两门学科的差异也很大。为了强调这点，他还做了一个比较："数学家们玩的游戏的规则由他们自己制定，而制定物理学游戏规则的则是大自然。”他补充道：“随着时间的推移，有一个事实也变得越发清晰，即数学家们觉得有趣的规则正是大自然选用的规则。”这番话直击了物理与数学之间一大令人困惑不解的方面：为什么自然世界最为基础的物理定律（出于各种不同的原因）恰好都是令数学研究者特别感兴趣的那些？狄拉克提出，这两门学科最终有可能融为一体。届时，“每一个纯数学分支都会有其物理学应用，并且它们在物理学领域的重要程度与数学家对它们的感兴趣程度成正比”。[47]

狄拉克相信，这绝不是纸上谈兵。他督促同行们把数学美的原则付诸实践，具体方法就是选择一个美妙的数学领域，然后把它们应用于真实世界。他以身作则，率先指出，复数函数“不可言说的美”意味着其必然对物理学家十分有用。正如数学家此前证明的那样，复数函数与寻常整数相关。在讲座的尾声，狄拉克甚至推测复数与整数之间的这种关联，未来某一天说不定会构成连接最小尺度物体研究和最大尺度物体研究（也就是从原子尺度到宇宙学尺度）的桥梁，也就是“构成未来物理学的基石”。他指出，这或许有助于当代物理学家实现哲学家们的古老梦想：“把所有的自然性质都与整数联系在一起。”2 500年前的毕达哥拉斯学派要是听到狄拉克的这番话，想必会起立鼓掌。[48]

*

虽然狄拉克和爱因斯坦两人在数学对物理学研究的重要性这个问题上持相似的看法，但他们从没有联合起来去劝说他人接受数学在物理学中所起的重要作用。考虑到他们经常碰面并且有大把的机会形成某种联盟，这个事实就让人有些惊讶。自1934年秋天起，他们就经常在普林斯顿高等研究院（狄拉克利用学术休假①的机会来高等研究院工作）共事，主要是在普林斯顿大学法恩楼的研究院办公室里。[49]据大家所说，这两位极端个人主义者经常在一起谈笑风生，但从没有过要联手合作的迹象。

爱因斯坦在15年后写给朋友的一封信中提到了对狄拉克的看法。信中说，他喜欢狄拉克这个人，并且对狄拉克的科学想象力和自我批评的态度都很欣赏，但他俩难以交流。“他就是无法理解我对逻辑简洁性的绝对坚持，以及我在处理原则问题时对理论验证（哪怕是令人印象深刻的那些）的怀疑态度。他觉得我的立场有点儿古怪、异想天开。”[50]在爱因斯坦职业生涯的这个阶段，他对实验观测的关注相对较少，哪怕这些实验的结果与他的理论有所冲突时也是如此。而狄拉克则认为，理论物理学家不应该对自己的理论太过执着——如果有数个独立的实验都与某个理论相斥，那么这个理论就应该被送入坟墓，至少也应该暂时封存起来。[51]

狄拉克赞誉爱因斯坦是20世纪成就最为辉煌的理论物理学家，并且称他的引力理论为纯思想方法在理论物理学中的“巅峰之作”。[52]不过，狄拉克私底下并不赞同爱因斯坦对统一场论徒劳的执着追求。这段冒险“相当可悲”，狄拉克这样写道，并且评论说爱因斯坦之所以失败，是因为“他的统一理论的数学基础还不够宽广”。[53]

和爱因斯坦一样，后来的狄拉克在理论物理学研究之路上也未能取得快速进展。在斯科特讲座后7个月内，第二次世界大战一触即发，大多数理论物理学家和数学家——包括狄拉克在内——都把自己的研究重

① 学术休假是美国大学给教师提供的一项福利，教师通常每7年可以享受一次带薪的长时间休假，在此期间他们可以选择休养或去其他机构访问。——编者注

心从基础研究转向了军事应用项目。大战过后，基础研究迅速复兴，新一代理论物理学家登上了历史的舞台，他们渴望在物理学史上留下自己的印记。这些少壮派中有许多人研读过狄拉克于1930年首次出版的教科书《量子力学原理》，并视狄拉克为榜样。这些崭露头角的理论学家们会像狄拉克设想的那样与纯数学家共建科学大厦吗？事实证明，他们的做法恰恰相反。

第5章　漫长的离异

20世纪最伟大的数学成就是它终于挣脱了物理学的枷锁。

——数学家马歇尔·斯通（Marshall Stone，被认为出自他之口）

在20世纪50年代……我们无须数学家的帮助。我们觉得自己很聪明，靠自己能做得更好。

——理论物理学家弗里曼·戴森

弗里曼·戴森是过去这个世纪里少数几位既擅长数学又擅长物理学的学者之一，他现在就坐在我的面前。他已经94岁了，但仍犀利得像根针。没有人会指责他说话拐弯抹角——他对很多事情都有强烈的意见，尤其是他专精的这两门学问之间的关系：“理论物理学与纯数学在一起时发展得最好，它们会用新思想使彼此更丰富。”[1]

戴森指出，在牛顿首次将高等数学应用于对运动的研究之后的一个多世纪里，这两门学科一起蓬勃发展。几十年后，后牛顿时代的思想家中也有在数学和物理学前沿辛勤耕耘，并在两个领域都做出了重要贡献的，代表人物就是莱昂哈德·欧拉和卡尔·弗里德里希·高斯。这种进步一直延续到了20世纪初，当时，法国人亨利·庞加莱也在这两个领域都做出了一流的贡献。然而，在第二次世界大战结束后的几个月时间里，当时还是个初出茅庐的研究员的戴森注意到，理论物理学与纯数学日益疏远了，他称这个时期为“漫长的离异”。[2]

戴森回忆说，在这个阶段，两门学科都不需要对方的陪伴，都觉得只靠自己也能蓬勃发展。理论物理学家们只使用他们在学生时代就学过的数学就取得了明显的进步，而大多数纯数学家此时关注的也只是完全无须物理学家参与的数学问题。“我就很幸运了，”戴森微笑着对我说，“我在数学方面很有天赋，并且把数学技巧应用于物理学中也游刃有余。”虽然戴森承认他在“这个离异时期获益良多”，但他现在视这个时期为两门学科的黑暗时代，并且不无遗憾地表示，两派人花了将近30年才认识到他们彼此互相需要，并终于言归于好。

在保罗·狄拉克于1939年斯科特讲座上谈及这两门学科未来可能融为一体的几年后，纯数学和理论物理学之间的这种隔阂就出现端倪了。[3]爱因斯坦也曾督促理论物理学家专注于发展他们最好的物理理论的数学基础，这就意味着物理学家应该关注那些有朝一日会和自己的工作产生联系的新数学。到了1950年，爱因斯坦在普林斯顿已经成了孤家寡人。“他躲着我们，我们也躲着他。”戴森这么跟我说，并且还补充道，自己不为从没和爱因斯坦碰面而后悔，因为就算他们当时有机会会面，也没什么好聊的。[4]不过，戴森倒确实经常和狄拉克对话，只是他并不把狄拉克关注数学美的建议放在心上——戴森更喜欢用当时更流行的方法从事物理学研究，也就是通过实验结果尝试理解大自然究竟在向我们诉说什么。

在本章中，我将主要从物理学家的视角，以“事后诸葛亮”的方式回顾这段漫长的离异。这一时期的物理学再度陷入混乱——理论物理学家梦寐以求的统一理论似乎仍然像20世纪20年代爱因斯坦开始追寻它时那样遥远。不过，在“二战”后的这段时期，还是出现了几个开创性想法和技巧。事实证明，其中一部分在数十年后描述自然世界的统一理论呼之欲出时起到了至关重要的作用。我们当然要把关注重点放在它们身上。

在这段离异时期，物理学家们使用的都是相当成熟的数学理论，并且也很少提出能勾起数学研究者兴趣的想法。与此同时，大多数顶尖数学家也对物理学没有丝毫兴趣，他们都忙于一个更纯粹的任务：反思并进一步阐明数学这门学科的基础。正如历史学家杰里米·格雷（Jeremy Gray）指出的那样，这场运动的根源深远，可以部分归因于数学在1890—1930年的现代化转型，与几乎同一时期的艺术转型非常相似。[5]我们可以这样描述一个学科的现代主义潮流：该领域内的工作拒绝使用传统方法，致力于发展一套自主思想体系，其中的许多内容都相当形式化，且与日常世界距离遥远。文学领域中出现了几位颇有影响力的现代主义作家，比如T. S. 艾略特和弗吉尼亚·伍尔夫。视觉艺术领域的现代主义者就更多了，比如立体派艺术家巴勃罗·毕加索和乔治·布拉克。同样，数学的许多分支也出现了不少现代主义者。

现代主义数学的第一位大祭司是完美结合了能力与魅力的大卫·希尔伯特。他提出，必须彻底清除数学大厦的所有角落里残存的不严谨推导。他相信，数学的字典中没有直觉和类比。希尔伯特认为，这门学科绝对不能成为无关想法和结果的杂烩，而要努力成为完美自洽的纯粹逻辑结构。当然，并不是所有数学家都支持这种想法，但希尔伯特的确为他这一代数学家制定了发展方向。然而，到了1931年，希尔伯特运用公理构建整座数学大厦的规划泡汤了。埋葬这个梦想的是奥地利逻辑学家库尔特·哥德尔，他发表了一份具有划时代意义的证明，表明所有数学公理体系都必然包含某些既不能证明也不能证伪的命题。[6]

不过，尽管如此，数学纯粹主义也并没有彻底消亡。它的复兴开始于1934年12月10日。当时，一群才华横溢且胸怀大志的年轻数学家在巴黎万神殿附近的拉丁区一家中规中矩的咖啡馆一道吃了一顿气氛愉快的午餐。[7]他们之前同在巴黎高等师范学校求学，现在想要从最基本的原理出发撰写一本讲解微积分的图书，宗旨是化繁为简、清晰简洁、逻辑完美，要让包括物理学家和工程师在内的所有人都能看得懂。为了抹去作品中所有带有人类个性痕迹的内容，编写成员全部都以笔名写作。他们最后选择的名字是尼古拉·布尔巴基（Nicolas Bourbaki），来自已故法国将军查理·布尔巴基（Charles Bourbaki）的名字，这位将军的军事能力并不为很多人所知晓。普法战争惨败后，这位布尔巴基将军想要开枪自尽，结果没瞄准，只擦伤了头皮。虽然查理·布尔巴基只是法国军事史上的一个注脚，但尼古拉·布尔巴基却成了最有影响力的数学家——哪怕他从未真实存在过。

这些布尔巴基数学家们结成了一个秘密团体。他们定期会面，并形成了特有的习俗、惯例和规则，其中包括成员年满50岁必须退休。这个团体的雄心壮志也逐渐清晰：他们决心重写整个数学的历史，以更清晰的脉络建立数学原理，并且明确整个学科的统一性和各个部分之间的逻辑结构，不容许有一丝一毫的不严谨。[8]相较热衷于将数学应用于真实世界的大卫·希尔伯特来说，布尔巴基对真实世界丝毫不感兴趣。

1940年，“法国人”布尔巴基向外界亮相——他发表了第一本出版物《数学原本》的开头部分。这个题目显然是在致敬欧几里得2 000多年前写就的著作《几何原本》。[9]虽然当时有许多顶尖数学家都忙于军事项目，但有关布尔巴基的消息迅速流传开来，大家都知道“他”极度严谨、准确并且具备高超的数学技巧。战后，布尔巴基的声名传遍全球，并且吸纳了许多新成员，其中包括20世纪最伟大的几位数学家，比如瑞士人阿尔芒·博莱尔（Armand Borel）和出生在德国的亚历山大·格罗滕迪克。布尔巴基学派通常每年聚会3次，会上成员们会讨论工作规划并敲定下一本出版物的细节。这种会议在近乎无秩序的状态下进行，不设主席，每位与会者都有权随时打断他人的发言。正如一位与会者评论的那样，任何第一次参与此类会议的人都会“产生这样一种印象：这就是一场疯子大聚会”。[10]截至20世纪末，布尔巴基学派没有任何女性成员。[11]

虽然布尔巴基学派的大本营在法国，但它的影响力在第二次世界大战后传播到了美国，美国当时已经逐渐成为纯数学研究的中心。[12]一贯热衷于“挑起事端”的布尔巴基在20世纪40年代末两次申请成为美国数学学会会员，但都因技术细节被拒，第一次悄无声息，第二次则引起了数学界的国际争端。[13]

这一时期最有影响力的一位美国数学家是几何学家奥斯瓦尔德·维布伦（Oswald Veblen）。这位普林斯顿大学的数学家是建立普林斯顿高等研究院的主要幕后推手之一。[14] 1932年10月，研究院管理层任命维布伦为教员。不到一年，前来美国躲避欧洲极端主义（尤其是反犹主义）政治风潮的众多学者中最出名的一位——爱因斯坦，就成了他的同事。其他还有德国人赫尔曼·外尔和匈牙利人约翰·冯·诺伊曼，他们于1933年加入研究院。到了这个时候，这个年轻的组织已经云集了当时世界上最杰出的数学教员，而爱因斯坦的存在则让高等研究院像磁石一样不断吸引着众多理论物理学家的到来。

1939年，普林斯顿高等研究院乔迁新址，来到了距市中心仅几分钟车程且坐拥250多英亩（约4 000平方米）风景如画的草坪、田野和林地的仙境之地。研究院主楼富尔德楼就像是一座古雅的新英格兰式教堂，并就此成了全世界许多顶尖学者熟悉的地标。爱因斯坦的这个新学术之家为数学家和物理学家的合作提供了良好的条件，但这类合作在研究院成立之初并不常见。在来到普林斯顿之前，外尔和冯·诺伊曼都对物理学做出了一些颇有价值的贡献，但他们似乎都对重返这一领域的研究兴致寥寥。库尔特·哥德尔则是准备冒险走出自己专长领域的专家之一。他在1940年来到普林斯顿，并且成了爱因斯坦的挚友。哥德尔在对广义相对论产生兴趣后，便把自己的分析技巧应用到了爱因斯坦方程组中，并且很快就发现了一个看起来很怪异的新解。这个解对应着一个转动的宇宙，在这个宇宙中，观测者似乎能够重返过去，这种可能性让爱因斯坦坐立不安。[15]狄拉克此前曾对维布伦率先研究的一个理论产生了兴趣。这个理论与一种叫作“共形”的特殊空间类型相关，狄拉克认为，或许可以把它应用于电子。他在1935年和维布伦讨论了这个想法后，便发表了这个数学观点。不过，只有少数几位同行对此感兴趣。[16]

在“二战”刚刚结束的这一时期里，理论物理学家和纯数学家互相促进的时机尚不成熟。弗里曼·戴森回忆说，当他在1948年第一次造访普林斯顿高等研究院时，“那儿的物理学家和数学家完全生活在不同的世界之中”。[17]

战争刚结束后的15年中，理论物理学蓬勃发展，但基本没有与纯数学发生任何重叠。正如我们将看到的那样，物理学家在理解那些难懂的实验发现方面进展神速，而且所用的数学知识几乎全是他们之前就已熟悉的。一部分理论物理学家也做出了后来证明对基础物理学和纯数学都颇为重要的关键性进展，但它们当时并没有点燃物理学世界。

在那段战后岁月中，物理学家们重点关注的一大问题是为什么在极低温度下，有些固体能在效果上达到零电阻导电（超导性），有些流体能以零黏度流动（超流性）。这两个现象只能通过量子力学来解释。“二战”期间，苏联理论物理学家列夫·朗道就应用这个理论部分解释了超流性。到了1957年，美国人约翰·巴丁、利昂·库珀和约翰·施里弗也应用量子力学优雅地解释了超导性的所有实验现象。由于这其中用到的理论并不涉及高等数学，数学家们对此不闻不问也没有任何问题。

某些理论物理学家对这门当时被称为“固体物理学”的科学嗤之以鼻，认为它不够基本。任何一个物质样本，比如一块固态金属，都包含亿万个互相作用的原子，我们只能近似理解它们的集体行为。固体物理学家别无选择，只能对由真实物质构成的复杂环境做简化的数学描述。这种简化让某些理论物理学家感到不安、警惕，甚至轻蔑——直言不讳的粒子理论物理学家默里·盖尔曼（Murray Gell-Mann）更喜欢称这门学科为“脏乱态物理学”①。[18]然而，正如我们将看到的那样，这个物理学分支——今天有了一个更令人尊敬的名字叫“凝聚态物理学”——常常能为可以应用于整个宇宙的理论带来深刻的见解。

20世纪50年代，雄心勃勃的理论物理学家最喜欢的实验室在原子中。在此之前20年，一个典型原子的构造似乎应该是这样的：带负电的电子围绕着由两种粒子（带正电的质子和电中性的中子）构成的原子核运动。在这个模型中，粒子的质量非常小，而粒子间的距离又非常近，因而，在决定原子行为方面，引力已经微弱到了几乎可以忽略不计的程度。相反，原子内部的运作机制主要由其他三种基本自然力掌控。一是将电子“吸”向原子核的电磁力；二是与某些类型的辐射相关的“弱相互作用力”，或称“弱力”；三是将中子和质子紧紧束缚在原子核内的“强相互作用力”，或称“强力”。弱力和强力只在极短的距离

① 英语中“脏乱”（squalid）一词与“固体”（solid）形似。——译者注

（10^{-15}米）内才会起作用，因此，大多数人都从来没有直接体验过这两种力。对物理学家来说，最大的惊喜在于，此前未知的亚原子粒子种类正迅速扩展。实验学家们发现新的亚原子粒子的方式有两种：一是迫使这些亚原子粒子互相碰撞，二是观测从天而降的宇宙射线。

令这个新生的“粒子物理学家”群体极度困惑的是新发现的这些质子和中子的近亲性质。所有这些亚原子粒子都极度不稳定，寿命全都不超过百万分之一秒。理论物理学家们努力研究这些粒子的衰变，但人类的想象力很难穿过这个陌生亚原子世界的迷雾去探究其内部究竟发生了什么。看起来，用美妙的数学“猜”出一种以数学为基础的物理学定律来描述原子核内部的物理机制是完全不可能的——这些刚发现的粒子之间的相互作用实在太过强烈，传统方法不能奏效。看起来唯一可行的方法是，运用简单的数学关系努力在实验学家的观测结果中找到粒子的行为模式。

20世纪30年代中期，物理学研究的中心已经从欧洲转移到了大西洋彼岸。到“二战”结束之时，大部分世界顶尖物理学研究中心都位于美国。战争结束前几天，美国军方投放了两枚曼哈顿计划开发的核武器。从科学和工程学角度看，这个计划是技术上的重大胜利，项目推进速度惊人，并且体现了典型的美国特色。战后，心存感激的美国政府慷慨地资助了粒子物理学研究，而政客们也普遍认为这方面的研究对国家安全至关重要。[19]参与曼哈顿计划的最年轻科学家之一就是理查德·费曼，这位极具天赋的理论物理学家对数学采取的务实态度令物理学同行们感到困惑，令数学家们感到恐惧。

20世纪40年代初，费曼还是博士生的时候，他就在普林斯顿大学做出了他对物理学的第一个影响深远的贡献。他的能力测试得分引起了普林斯顿管理层的注意——这是他们见过的数学和物理学最高分，而英语和历史的得分则低到了失去入学资格的程度。“他一定是块未经雕琢的璞玉。”招生委员会如是总结。没错，自小在纽约皇后区长大的费曼光芒四射，但也傲慢无礼，缺少人们期待常青藤学者所拥有的优雅举止。[20]

费曼的第一次突破出现在普林斯顿拿骚酒馆的一场啤酒派对之后。在那次聚会中，一名物理学家提到，他仔细阅读了狄拉克的一篇有关经典力学和量子力学之间关系的短文，这篇文章根本没有引起任何反响。狄拉克在文中指出，由数学家约瑟夫–路易·拉格朗日在18世纪末提出的经典力学的一个版本可以直接推广到量子世界。费曼没花多少时间就把狄拉克的这番洞见发展成了一种相当直观的量子力学新方法，并且这种方法给出的预言与基于薛定谔方程的传统方法是一样的。

费曼这个方法的思想基础是这样的：在量子世界中，我们可以通过“作用量”来计算某粒子从一个点运动到另一个点的可能性。用数学术语来说，这个量是由粒子在两点间所有可能路径的贡献之和产生的，包括那些无比曲折的路径。[21]费曼的方法解释了为什么经典力学和量子力学对大尺度物体行为做出了相同的预测，但对微观粒子运动所做的预测就不尽相同。这个方法后来成了理论物理学家描述原子尺度物质运动不可或缺的工具。然而，数学家们觉得费曼的这次成功简直就是个谜。他们抱怨说，费曼对发生在粒子身上的无穷多的过去事件进行数学描述完全没有意义。而费曼则对此不以为然：对他来说，真正重要的是他的方法总能给出正确的结果。

第二次世界大战后，费曼成了发展电子间电磁力理论的领军人物。狄拉克等人之前就已经建立了这个理论，但事实证明它完全无法使用，因为相关计算总是得到显然没有意义的无穷大结果。费曼发现了一个运用这个理论做系统性计算的方法。这个方法涉及一种图示，每张图都代表一个数学表达式，综合起来就能给出总体结果。[22]这种图示方法一开始并不流行——沃尔夫冈·泡利称它为“感性的绘画”。[23]不过，大多数物理学家认为这是个非常高效的计算方法。大约也在此时，理论物理学家朝永振一郎和朱利安·施温格也发明出了各自的方法，他们的方法与费曼的方法互为补充，得到的结果是一模一样的，但费曼的方法要简单得多。

1947年，时年30岁的费曼正在康奈尔大学努力发展电子的图示方法。就在此时，他第一次见到了刚来此地的英国研究生弗里曼·戴森，这位年轻人注定要成为量子电动力学的专家。沉默寡言但说话得体的戴森出生于一个富裕的音乐世家，来康奈尔大学之前在温彻斯特公学和剑桥大学求学。正是在剑桥大学，戴森的天赋被三一学院的数学精英们发现了，其中一位就是《一个数学家的辩白》一书的作者，戴森是在苏联数学家阿布拉姆·贝西科维奇（Abram Besicovitch）住处的台球桌旁结识他的。[24]

虽然戴森对狄拉克的传奇量子力学课程感到失望，但他对量子电动力学产生了兴趣。当时似乎没有人知道如何处理那些困扰着实际计算结果的无穷大结果。在最理想的情况下，它们也会让计算结果变得不可靠；而在最糟糕的情况下，它们可能让计算结果变得完全无法理解。并且，戴森和当地所有专家都觉得现代数学对解决这个问题毫无帮助。戴森后来告诉我，剑桥大学的物理学家当时甚至称布尔巴基数学为“法国病”，这是梅毒的一种委婉说法。[25]

戴森认为，量子电动力学的不完备状态为一流数学家进入物理学领域、扫清障碍提供了机遇。于是，戴森在25岁之时毅然投身其中，把自己的关注重点转向了真实世界。这是一个明智之举：虽然戴森起初对物理学所知不多，但他在几个月内就成了这门学科的顶尖学者之一。在康奈尔大学，他夜以继日地研究着量子电动力学，但仍每周抽出几小时在学生实验室中做经典的物理实验，以此扩展他对物理学的了解。在一项实验中，他监测了附着电子的油滴的运动，以此研究电子的性质。这段经历让戴森反思了数学与现实之间的关系："这就是油滴上的电子，它们并不知晓我的计算结果，却深知该如何运动。难道真的有人认为电子在乎我的计算究竟是这样，还是那样？"[26]实践证明，电子真的"在乎"——它的运动与数学预言的分毫不差。

抵达康奈尔不到一周，戴森就对费曼崇拜不已。这位朝气蓬勃、才华横溢、独树一帜的年轻美国人让戴森这个沉默寡言的英国人惊呆了。戴森后来告诉我，费曼疯狂的幽默和对权威的蔑视，他怎么看都看不够。[27]戴森当时经常给父母写信，他在其中一封中写道："费曼带着他头脑风暴的最新成果冲入房间，然后又用最响亮的声音配合最夸张的手势加以解释。"在戴森看来，费曼"一半是天才，一半是小丑"。[28]

尤其让戴森着迷的是费曼只运用极少的数学工具就能创造性地研究理论物理学的独特能力。"数学上的严谨是费曼最不关心的事情。"戴森后来如是说。[29]然而，费曼总能以某种方式运用他的知识和物理直觉进行快速计算，速度快到常常令他最聪慧的同事都呆若木鸡。戴森说，费曼在发展量子电动力学时并不使用公式进行演算，他"就是直接写出了答案……他用物理学图示描述事件是如何发生的，而这种图示只需用最少的计算就直接给出了答案"。[30]

在开始专注于量子电动力学研究后不到两年，戴森就成了这门学科的顶尖专家。他的一大成就就是证明了费曼、施温格和朝永振一郎的理论其实是同一个理论的不同版本，物理学家们可以通过它以任何精度计算相应的物理量。困扰着狄拉克等人的无穷大问题于是以一种物理学家完全可以接受的方式被彻底掩盖了起来。纯理论数学家（以及狄拉克本人）都不确信这个方法在逻辑上自洽，但大多数物理学家都对戴森的方法相当满意。约25年后，其他数学物理学家解释了这些无穷大量是怎么被消除的，但狄拉克从没有接受。

有了戴森的方法，所有物理学家，包括那些数学才能平平的物理学家，都能计算基本粒子的电磁相互作用的效应了，并且还能准确预言电子的磁效应以及氢原子的能级。更令人兴奋的是，用这个方法得到的结果符合当时最准确的实验测量结果，并且这个情况一直持续到了今日：量子电动力学仍然与精确到小数点后多位的最准确实验数据一致，并因此成为科学史上与实验符合得最好的理论。[31]

戴森在30岁时成了普林斯顿高等研究院的研究员。罗伯特·奥本海默一直对他赞赏有加。奥本海默在曼哈顿计划中的工作让他成了国家英雄，他本人也是一位杰出的理论物理学家，虽然他在理论物理学方面的成就不那么广为人知。这位神秘莫测、能言善辩的“奥皮”（大家对奥本海默的昵称）前一秒可以像宫廷大臣那样慷慨大气、魅力四射，后一秒也可以变得尖酸刻薄、惹人生厌。戴森后来回忆说，“奥本海默的一大盲点是高等数学”，而这个盲点的一大后果就是奥本海默经常“与研究院内的数学家发生摩擦”。[32]

早在爱因斯坦于1949年从普林斯顿高等研究院研究员任上退休之前，奥本海默就已经在物色才智足以进入研究院并且有助于维持研究院理论物理学及纯数学世界中心地位的年轻理论学家。在招募戴森后两年内，奥本海默又签下了另一位年轻的理论学家——中国人杨振宁。按照戴森的预想，杨振宁注定要成为继爱因斯坦和狄拉克之后的又一位“20世纪物理学的杰出设计师”。[33]

杨振宁1922年出生于中国东部的一座中等城市，年幼时就展现了极强的数学和物理学天赋。他的父亲是一位一流数学家，在现代数学引入中国的过程中发挥了作用。父亲鼓励杨振宁继续深入学习这两门学科。青少年时期的杨振宁沉浸在爱因斯坦、狄拉克和意大利人恩里科·费米（少有的既精通理论又擅长实验的物理学家）的著作中。[34]杨振宁本质上是一位自上而下式的理论学家：他更喜欢先发展包罗万象的基础原理，然后再将原理的预测结果同对真实世界的观测相比较。当时更普遍的是自下而上式的方法，即从新的实验结果出发归纳出理论思想，这与杨振宁的方法背道而驰。

后来，杨振宁决定跟随父亲的轨迹，前往芝加哥大学攻读博士学位。领衔曼哈顿计划的顶尖科学家之一费米当时就是这所大学的杰出物理学家。显而易见的是，杨振宁并非做实验学家的料。在实验室里，他的同学们经常会嘲笑他笨手笨脚。“哪里搞砸了，哪里就有杨振宁。”他们总是会喊这样的口号。[35]于是，杨振宁明智地把研究重心转向了纯理论研究。为了尽快适应美国的生活方式，他总是白衬衫加领带，西装笔挺，神采奕奕，并且还根据他最喜爱的作家、博学思想家本杰明·富兰克林的名字取了一个相当常见的英文名“弗兰克”（Frank）。杨振宁是一个书生气十足的学生。虽然他的天赋中不含幽默，但他总是挂着笑容，和蔼可亲的举止之下潜藏着走向成功的坚定决心。

和大多数风之城①的新同事一样，杨振宁的兴趣主要是研究原子核内将粒子紧紧束缚在一起的力。盟军在日本上空引爆的两枚核武器证明了科学家能够运用这种力量产生毁灭性的效果，但他们还不知道如何用基本数学定律描述它。杨振宁试图通过研究支配核粒子相互作用方式的对称性来攻克原子核内作用力的问题。1948年6月，他完成了这个研究课题，并且把它写成了一篇只有24页的顶尖理论物理学博士论文。[36]此后不到2年，他就成了普林斯顿高等研究院的研究员，并且在那儿度过

① 风之城是芝加哥的别称。——译者注

了接下来的15年。

长期以来，杨振宁一直在思考麦克斯韦电磁方程组的对称性，并且好奇这些对称性是否会对现代物理学家有所启示。这个思路和狄拉克及爱因斯坦的信念如出一辙，即努力发展那些已经以某些方式解释了真实世界的数学理论是完全值得的。不过，杨振宁后来回忆说，这个方法让他“陷入了混乱”。[37]在1953年夏天造访布鲁克海文国家实验室后，他的研究进展飞快，他也因此为我们对这个世界的理解做出了极为重大的贡献。

突破并不是在杨振宁与实验室研究人员仔细讨论实验数据时出现的，而是出现于他与年轻的美国理论学家、同处一个办公室的同事罗伯特·米尔斯（Robert Mills）谈话之时。在他们开始认真对待这个课题之后，杨振宁和米尔斯想写出麦克斯韦方程组的更一般的形式，他们做了一些有根据的猜测，但似乎仍没有什么进展。最后，经过几天紧张的工作，事情终于有了眉目。这两位理论学家想到了一种建立场论的方法。在这一理论中，即便是场中每一点都在时空中发生了特定变化，它的方程组也仍旧会保有原来的形式，这就是我们现在所称的“杨–米尔斯规范对称性”。杨振宁和米尔斯清楚地知道，这个规范场论是对数学家赫尔曼·外尔在1929年率先写下的理论的进一步发展。[38]他们对麦克斯韦电磁方程组的自然概括，可以被用来描述其他种类的力，比如原子核中的强力。[39]杨振宁后来回忆说，这个想法看上去很美妙，但似乎和真实世界没什么关系。[40]杨–米尔斯理论的最尴尬之处在于，它暗示存在一种没有质量但仍会发生相互作用的粒子。由于我们从来没有探测到这样的亚原子粒子，唯一合理的解释似乎就是这个新理论不可能是正确的。

杨振宁答应在1954年2月23日星期二下午的研究院研讨会上谈谈他和米尔斯的这个理论。[41]杨振宁通常十分自信，但这次很可能有些担心：他要介绍的是一个明显还不够令人满意的理论，而台下坐着的几位物理学家对马马虎虎的思考结果是不会容忍的。其中就包括烟瘾很大的奥本海默，当时他正在从政府对他的耻辱性的安全审查中慢慢恢复过来。奥本海默反复无常、冷酷威严，并且总是令人生厌地热衷于表现自己的博学多才。爱因斯坦并没有出现，但听众中的确出现了刚获得终身教职的弗里曼·戴森，他坐在身材魁梧的沃尔夫冈·泡利身旁，而泡利会尖锐地批评所有他认为不完善、有谬误或存在严重误解的想法，直言不讳地称其为“连错误都算不上”。[42]这几个月来，泡利一直在思考同一个问题，并且在半个月前就在研究院内发表演讲谈论自己的进展。他也遇到了那些从来没有任何人观测到过的令人头疼的粒子，也因此认为这个尝试最终不会有任何结果。杨振宁刚开始在黑板上书写没几分钟，泡利就尖锐地问他这些粒子的质量，而杨振宁只小声地给出了回答。几分钟后，泡利又重复了这个问题，杨振宁回答说，他和米尔斯还没有得到确定的结论。“这不是借口。”泡利嘲笑说。研讨会陷入了僵持状态，直到奥本海默打断了泡利的长篇大论并提出应该“让弗兰克继续”后才恢复。此后，听众逐渐散去。很明显，大多数人根本不相信杨振宁和米尔斯以“过人的胆识”提出的这个理论。

尽管遭受了诸多此类批评，杨振宁和米尔斯还是在几个月后发表了他们的想法。当时几乎没有人认真对待这篇论文，这部分是因为连这两位理论学家自己都对正在研究的问题困惑不已。不过，这篇论文并没有对声名鹊起的杨振宁造成任何伤害。此后不到一年，他就得到了普林斯顿高等研究院的教职，他的办公室和戴森在同一条走廊的两头。[43]杨振宁正式就职时，爱因斯坦已经离世，新一代理论物理学家接管了研究院。虽然这些新一代成员既有能力也有潜在意愿同数学家同事讨论想法，但物理学与数学充分合作、开花结果的时机仍不成熟。下午茶的时候，杨振宁偶尔会和天性乐观的赫尔曼·外尔展开讨论，但似乎他俩从没讨论过规范理论这个由他俩开创的学科。[44]外尔在1951年回到了苏黎世，4年后因心脏病离世，完全不知道杨振宁和米尔斯在他具有划时代意义的洞见之上取得了何等的成就。而杨振宁很清楚外尔厥功至伟，并且从没有忘记这一点：他和他的家人在普林斯顿的住所就是外尔当年长期居住的地方。

加入研究院后不到两年，杨振宁就声名远播。成就他名声的并非他被广泛忽视的在规范理论方面的工作，而是他与中国理论物理学家同行李政道共同提出的一个成功预言。长期以来，几乎所有物理学家都坚信自然世界在本质上并不会对左和右有任何偏爱——为什么上帝的双手不是同样灵活的呢？而李政道和杨振宁率先公开提出，这种对称性并非牢不可破，在亚原子粒子通过亚核尺度上的“弱力”产生相互作用时就可能出现破缺。几乎所有身处理论物理学前沿的同行都认为这个观点有些荒唐。然而，这些质疑者都错了：包括吴健雄在内的实验学家们很快就证明了弱相互作用的确会区分左和右。李政道和杨振宁就此一举成名（但吴健雄没有）：全世界的报纸、杂志都刊登了李、杨两位理论物理学家笑容满面的照片，就像电视剧《广告狂人》中刚刚拿下了大生意的高管那样。[45]他们两人率先提出，人们一直以来认为牢不可破的自然对称性实际已经破缺，因而完全有理由开怀大笑。

然而，直到近20年后，人们才充分认识到了杨振宁和米尔斯提出的亚原子粒子规范理论的重要性。到那时，人们才明白，这是纯理论物理学研究方法取得的一大重要胜利，而不是对某种令人惊奇的实验结果的回应。不过，这个洞见并非毫无瑕疵。英国理论物理学家戴维·唐（David Tong）在2015年告诉我：“杨振宁和米尔斯对规范理论的阐述，很好地体现了出发点完全错误的论文是什么样子。不过，他们的确为未来100年理论物理学的发展铺平了道路。”[46]

*

“二战”后，对反直觉亚原子世界的研究（由电磁力、强相互作用力和弱相互作用力支配）蓬勃发展，对引力的研究则是一潭死水。1948年，当雄心勃勃、立志要在理论物理学领域做出一番事业的弗里曼·戴森抵达普林斯顿后，他在写给身处英国父母的信中这样描述引力研究这门学科当时的现状：

> 大多数人都相当清楚，广义相对论是目前最没有前途的研究领域之一。从物理学的视角看，这门学科完全没有任何不确定之处，并且也完全符合所有实验结果。物理学家们普遍秉持的观点是，这个理论会一直保持现状，直到有它无法解释的新实验结果出现，或者量子理论进一步发展，将其囊括进去。[47]

戴森的这番话实际上代表了这一代物理学家的普遍观点。爱因斯坦的引力理论当时就像一座纪念碑一样矗立在那儿，其美丽让人敬而远之：很难看出有什么可以改良的地方，至少在可预见的未来里没有。

检验这个理论的前景也不再光明：当时的技术限制使得实验人员无法测量出爱因斯坦和牛顿理论预言结果之间的微小偏差。

在戴森对广义相对论的发展前景发表悲观评论的10年后，普林斯顿的顶尖学者仍旧觉得研究这门学科是死路一条。[48]确实也有一些理论物理学家进入这个领域，他们中的许多人——其中包括理查德·费曼和保罗·狄拉克——还在1962年7月末于华沙斯塔希奇宫举办的一个国际会议上碰面并回顾、交流了各自的进展。在费曼发表以引力场量子理论为主题的演讲前夜——引力场量子理论是这次大会的一大主题——他给他身处加利福尼亚的妻子写了一封信，为引力理论研究的现状感到悲哀。他说，这不是一个蓬勃发展的研究领域，“因为没有任何实验与这个理论相关”，所以，“最顶尖的物理学家几乎都没有在做这方面的研究”。结果就是，“这场会议上坐着一群笨蛋——这对我的血压不太好”。[49]

费曼做出这番评论后不久，大家对引力理论的热情就又回来了。普林斯顿大学的两位物理学家在激发人们对这一领域的兴趣方面发挥了主要作用。一位是费曼的博士导师、理论物理学家约翰·惠勒（John Wheeler），另一位是天才的实验主义者罗伯特·迪克（Robert Dicke），他的门徒们自称“迪克鸟”。[50]爱因斯坦的引力理论在经历了漫长的婴儿期之后，终于逐渐成为主流物理学的一部分。理论学家在这一理论的发展上取得了巨大进展，而实验学家最后也掌握了更仔细地检验它的能力，如对背后的等效原理进行超高精度的检验。[51]

费曼认为，物理学家们如果要增进自己对引力的理解，就必须源源不断地接收新的天文学数据，但他从来没有表现出任何想要与数学家合作的兴趣。然而，惠勒没有把自己局限得那么死，并且他预感物理学家很有可能会从数学家那里获益。问题在于，物理学界和数学界已经分道扬镳太久了，这也是物理学家塞西尔·德威特（Cécile DeWitt）的观点，她比大多数同行都要更早地认识到现代数学对物理学的价值。惠勒和德威特认为，数学和物理学的发展和多样化造成了比“两种文化”更糟糕的后果。“两种文化”是自命不凡的作家C. P. 斯诺（C. P. Snow）在几年前提出的所谓科学与人文的分裂。惠勒和德威特认为，物理学和数学中存在着差不多“100种文化”，简直就是“现代版的巴别塔”。1966年，他们决定做些事情改变现状，便计划在第二年夏天于西雅图举办一个会议，召集数学和物理两个领域的30多位年轻专家共同参加。[52]

会议最终在1967年7月中旬至8月末于巴特尔西雅图研究中心召

开。会上，一些物理学家和数学家开始打破他们之间存在多年的坚冰。巧合的是，这个夏天正赶上“爱情的夏天”，10万年轻人（许多穿着嬉皮士的着装）在旧金山聚会。而在旧金山以北800英里（约1 300公里）的西雅图，物理学家和数学家们正在享受一种更加克制的爱情。

德威特和惠勒邀请的专家中有两位是宇宙学领域最有想象力的研究者：一位是36岁的伦敦数学教授罗杰·彭罗斯（Roger Penrose），另一位则是意气风发的剑桥新星史蒂芬·霍金，当时他刚刚博士毕业。由于霍金无法出席，在会议上为现代宇宙学研究发声的重任就落到了彭罗斯肩上。他在整个会议期间做了一系列讲座，介绍了爱因斯坦引力理论当前的应用状况。彭罗斯本人因将这个理论应用于这类天体而享有国际盛名：它的引力场非常强，强到包括光在内的任何物质都摆脱不了它的引力拉拽。这类天体就是后来人们熟知的黑洞。早在18世纪，皮埃尔–西蒙·拉普拉斯和英国哲学家约翰·米歇尔（John Michell）就设想过类似天体的存在，但爱因斯坦的引力理论提供了更为生动且数学上更为精确的描述。[53]

彭罗斯利用描述引力场扭曲、弯折的新拓扑技术，研究了黑洞内奇异的时空性质。有几位同行接受了他的方法，但大多数人还是觉得这种方法有些荒谬。彭罗斯还得努力劝说愤怒的数学家同事，让他们相信自己的计算过程并没有违反数学逻辑。而包括霍金在内的宇宙学家则要有远见得多。彭罗斯回忆说：“我的理论只适用于局部时空中的物体，而霍金把我的想法一般化了，使它能应用于大爆炸。”[54]

彭罗斯和霍金的首次相遇是在1965年。在那之前，他们各自独立地用不同的方法研究着类似的宇宙学问题——直到两年后，他们的研究方法才趋于一致。在巴特尔会议上，彭罗斯做了一系列理论宇宙学的讲座。在准备最后一次讲座的时候，他取得了突破。那一夜，他思考着艰深的几何学问题直到黎明将至，最终发现了一个强大的理论。它不仅能拓展彭罗斯此前的理解，还能将霍金最近发表的所有成果都包括进来。这个理论证明了彭罗斯等人长期以来的猜测——在特定条件下，爱因斯坦理论对时空的描述会出现数学上的奇点。在这些点处，数学理论会变成脱缰的野马，完全不受控制，时空曲率和区域能量密度不仅变得极大，甚至可以变成无穷大。这是表明时空的概念会在某些极端条件下崩溃的第一个迹象。

彭罗斯回到英国后，就听说霍金也已经独立发现了相同的结论。最终得到了一个能应用于许多方面的经典定理，它能解释他们此前有关爱因斯坦引力理论奇点的几乎所有发现。

彭罗斯和霍金的研究是爱因斯坦引力理论在20世纪60年代复兴的早期亮点之一。虽然当时天文学家还没有确证黑洞的存在，但预言它们存在的这个理论是如此清晰，在数学上又是如此准确，所以许多理论学家在怀疑了几年之后便开始像谈论月球这个确实存在的天体一样讨论起了黑洞。印度裔美国天体物理学家苏布拉马尼扬·钱德拉塞卡一针见血地指出了黑洞的魅力：黑洞是宇宙中最简洁、最完美的宏观物体，因为“构成它的唯一要素就是我们的时空概念”。[55]这种独一无二的“干净”环境——举例来说，它比原子内部的环境简单得多——让黑洞成了物理学家最钟爱的实验室。他们以黑洞为背景开展了许多有关强引力场中物质和辐射行为的思想实验。爱因斯坦的广义相对论帮助物理学家发现的天体，也为检验自己提供了一个理想环境。

*

罗杰·彭罗斯后来还为物理学和数学做出了许多其他创造性的贡献，它们全部都是几何想象力的产物。1967年，彭罗斯提出了一个新的理论框架，希望它能帮助理论物理学家以统一的方式研究量子力学和爱因斯坦引力理论。该框架使用了一种他称之为“扭量”的数学对象，他认为扭量很可能会成为研究自然世界新方法的基础。[56]温文尔雅的彭罗斯像看待自己的“孩子”那样看待扭量，他认为处理和应用它是一件快乐的事，尽管别人觉得扭量很难处理。[57]彭罗斯解释说，从数学角度上看，扭量构成了一类非常基本的空间，寻常的四维时空就在其中演生①出来。[58]

委婉地说，这个概念……很有挑战性。即便是能够理解这个概念并且擅长数学的粒子物理学家也会发现它真的很难，并且，由于科学家们当时对这个概念并没有紧迫的需求，它没有迅速融入主流科学。

但彭罗斯没有因此而止步不前。他凭借自己的谦逊和热情成功地推广了这个想法，就这个主题在全世界做了无数场讲座，并建立了一个研究扭量的学派。“我从一开始就很有信心，这个想法实在是太美了，很难想象没有它的自然世界仍会如此伟大。”他后来这样对我说。[59]

罗杰·彭罗斯的工作充分表明，纯数学和理论物理学的研究风向都在发生变化。在20世纪60年代对扭量和爱因斯坦引力理论的研究中，彭罗斯反复证明了现代数学对物理学新思想的发展至关重要，而理论物理学也可以激发数学中的新思想。这段漫长的离异终于要走到尽头了。

*

20世纪60年代，弗里曼·戴森越来越关注数学与物理学之间的关

① 英文版原文为“emerge”，又译“涌现”“突现”“呈展”等，此处采用著名华人科学家、量子多体理论专家文小刚的翻译。——编者注

系。1971年，当美国数学学会邀请他在第二年年初做一场有关数学及其应用的讲座时，戴森决定讲一讲这两门学科错失的机遇。[60]

大约就在此时，戴森开始把工作重心从计算转向科学写作。他的文章流畅自然，活泼生动，颇具鼓动性，不同寻常，因而很快就赢得了一大批读者。1972年1月17日晚，他在拉斯韦加斯撒哈拉酒店对大约1 500名数学家发表的讲话就很好地展现了上述所有特质。一开场，他引用了物理学家同事雷斯·约斯特（Res Jost）对这段物理–数学离异时期的评价："正如这类事件中经常出现的状况那样，有一方明显已经受到了最严重的伤害。"戴森认为约斯特说得没错，在此前20年中，数学家一路飞奔，步入了黄金时代，而"理论物理学则变得有些寒酸、乖戾"。[61]

虽然戴森毫不怀疑新实验结果的重要性，但他提出，物理学家和数学家如果能从此时起关注对方的工作，必定会有所收获。为了证明这点，他举了几个因数学家和物理学家"不愿相互倾听而导致严重阻碍进步"的例子。其中最有力的例子是麦克斯韦电磁理论方程组。戴森认为，如果19世纪末的数学家能够关注麦克斯韦的理论，他们将会得到巨大的回报——"20世纪物理学和数学的很大一部分成就可能因此而提前至19世纪"。[62]他提出，如果19世纪的数学家这么做了，就很可能击败物理学家，率先发现狭义相对论。此外，如果他们能够对麦克斯韦方程组中没有被彻底研究的对称性多加关注，就会为广义相对论（爱因斯坦的引力理论）"铺平道路"。

戴森在这次讲话中反复强调了对称性对物理学家和数学家的重要性。对称性是群论这个数学分支研究的主题，而群论则是另一个经典的例子，这个数学理论长期被大多数物理学家忽视，他们始终觉得自己的研究不需要群论，甚至觉得它是"天大的麻烦"，直到最后才发现它是不可或缺的数学工具。[63]群论起源于19世纪初对微分方程的研究，但后来数学家们发现，它非常适合用于描述和分析数学理论中的对称性。数学家赫尔曼·外尔和尤金·维格纳在20世纪20年代将群论引入了量子力学，但最顶尖的理论物理学家却觉得它无足轻重——爱因斯坦觉得群论只是细枝末节，而泡利更是称它是“一群害虫”。[64] 40年后，人们知道，群论绝对不是“害虫”，而是每个年轻理论物理学家都必须学习的必备知识。

事实证明，群论在我们研究质子、中子及其他受强相互作用力约束的相关粒子［这些粒子被统称为“强子”（hadron），这个词源于古希腊语“*hadrós*”，意为“结实”或“厚重”］的性质和行为时特别有用。物理学家默里·盖尔曼和乔治·茨威格（George Zweig）正是凭借部分基于群论的论证，各自独立地提出了这样一种观点——强子由基本粒子夸克及其反粒子反夸克构成。运用这个思想，科学家们就能轻松解释许多观测到的粒子的性质，甚至还能准确预测许多“新”粒子的存在。然而，他们无法解释为什么夸克和反夸克从来都不单独出现。这些粒子似乎只存在于质子、中子和其他强子内部。因此，在许多物理学家看来，夸克就是某些理论学家高度活跃的想象力构造出来的产物。

截至1972年，还没有出现任何描述强相互作用力的理论，并且戴森进一步预言，这种理论至少在一个世纪之内都不会出现。[65]物理学领域的这类预言都要冒很大的风险，事实证明，戴森的这个也不例外。不到一年，戴森在以“错失的机遇”为主题的讲座中透露出的悲观情绪就似乎不合时宜了，理论物理学和纯数学之间的这段漫长离异，结束得比所有人预料的都要突然。

第6章　革命启航

最后，粒子物理学家拥有了坚实的理论，乘着一切就绪的数学之舟，扬帆起航了。

——戴维·格罗斯（David Gross）

1974年11月12日，星期二，在吃完午饭几分钟后，我就发现自己已身处一场革命之中。在利物浦大学理论物理学家公共休息室中吃完三明治后，我在走廊上撞见了几位情绪显然处于高度亢奋状态的资深同事。他们一边讨论，一边时而爆发出笑声。他们在谈论一种刚发现的亚原子粒子及其不同寻常的性质——比类似粒子重大约3倍，寿命则比预期的长1 000倍。[1]这个后来被叫作J/ψ的粒子最近由相隔千里的两个美国实验小组分别独立发现。几天后，一位美国访客带来了一张近期《纽约时报》头版的剪报，上面的报道是这样写的："理论物理学家们正在夜以继日地工作，他们想要把这种粒子嵌入我们现有的基本粒子知识框架。"[2]

这个发现还只是物理学家所称的"11月革命"的一部分，后来我才知道，"革命"这个说法并不准确。规范理论花了很长时间才证明它在亚原子世界中的价值，而那个秋天的一系列事件只是这段漫长过程中最有戏剧性的一幕而已。物理学家总是喜欢给他们研究领域内的惊人进展贴上“革命”的标签。这个词通常与突然出现的剧烈变化或政权交替有关，但物理学家口中的许多“革命”其实更像是公路上的急转弯，能够让车上的乘客看到新景色，并把之前的景象迅速抛诸脑后。[3]

1974年11月之后，人们已经清楚地认识到，塑造原子的所有力都可以用一种规范理论来描述——这个理论是一种场论，是詹姆斯·克拉克·麦克斯韦电磁学理论的直系后代。现代场论整合了麦克斯韦完全不了解的两个理论——量子力学和狭义相对论，而它的方程则体现了杨振宁和米尔斯提出的对称性，他俩正是在使麦克斯韦方程组一般化的过程中得到了这个灵感。这位伟大的苏格兰科学家逝世近一个世纪后，他的见解还在不断开花结果。

初看起来，现代规范理论中涉及的数学内容似乎勾不起专业数学家的兴趣，但事实证明，这个看法未免太过短浅。富有创造力的理论学家可以借助这些数学内容对真实世界做出许多准确且令人惊喜的预测，比如新粒子，甚至亚核事件。许多顶尖理论学家充分挖掘了这类数学内容的所有价值，并且取得了傲人的成绩。引力理论的进展也很好地体现了这点，彭罗斯、霍金等人正是借助了理论背后的数学做出了准确且振奋人心的预测。很明显，理论物理学家和数学家“破镜重圆”的时机已经成熟。

*

虽然齐格·星尘①光彩夺目，但20世纪70年代前几年发生的事在很

① 摇滚明星大卫·鲍伊在1972年复出，并宣称自己是一位名叫齐格·星尘（Ziggy Stardust）的外星来客，还出版了同名专辑。这张专辑大获成功，齐格·星尘的名号也就此流传开来。——译者注

多方面都令人沮丧。我们几乎每天都能看到这样的新闻：中东、东南亚发生战事，美国笼罩在水门事件的阴霾中，以及“欧洲病人”（这个词常用于描述当时经济不景气的英国）哀叹不已。[4]再回来看看粒子物理世界，我通常就会宽慰不少——虽然外界风评认为这门学科艰深且难有发展，但随着数十年的混乱走向终结，这个领域目前洋溢着兴奋与乐观。

物理学家们很是高兴，因为他们终于建立起了关于强力的场论——强力就是把原子核内的质子和中子束缚在一起的力。就在两年前，弗里曼·戴森还草率地预言，物理学家要想发现这种理论，至少还得等100年。[5]这个新理论描述的并不是人们早已知晓的核粒子之间的强相互作用，而是构成核粒子的夸克之间的作用力。传递这种相互作用的是被称为“胶子”的没有质量的粒子。胶子正是人们此前认为绝不可能出现于真实世界的粒子——正是它们让杨振宁和米尔斯大惑不解。虽然这类粒子不能被直接探测到，但它们在这个理论中发挥了至关重要的作用。

1973年，也就是11月革命前的那一年，物理学家发现了强力理论的关键性质。这个性质也让大部分物理学家惊奇不已。取得这项成就的是美国理论物理学家戴维·格罗斯、戴维·波利策（David Politzer）和弗兰克·维尔切克（Frank Wilczek）。他们指出，描述任意两个夸克间强力（传递这种力的正是后来所说的“胶子”）的杨–米尔斯理论拥有一种值得注意的奇特性质：当两个夸克靠得足够近时，它们之间的相互作用会变得非常小，它们的表现就会变得几乎同自由粒子一模一样。于是，斯坦福大学直线加速器中心的实验者们前不久观测到的核粒子令人大惑不解的反常现象，成了对夸克–胶子场论的有力证明。

不过，夸克相距遥远（核距离尺度上的遥远）时的性质就要难懂得多了。[6]这不仅是因为传递强相互作用力的胶子似乎根本没有质量——与杨振宁和米尔斯此前预测的一模一样，还因为在这种情况下，夸克之间的强相互作用力大到完全不可能把它们分开。然而，由于这个理论涉及的数学内容实在过于复杂，理论物理学家也没法证明夸克永远都逃不掉强力的禁锢。这个“夸克禁闭问题”自那时起就成了物理学的一大艰深难题，直到今天也仍是如此。不过，几乎所有物理学家都接受了核粒子（比如质子）内夸克的简易模型：不考虑人性和工作效率，位于核粒子中的夸克监狱里的囚犯，它们几乎完全自由，但就是没办法逃出囚笼。

在这个新的强相互作用力理论形成的过程中，物理学家在另一个规范理论上也进展神速。这个理论给出了描述弱相互作用力和电磁力的通用框架，而这两种力也掌管着原子内部的工作机制。用同一种理论描述这两种力是一项艰巨的任务，因为弱相互作用力和电磁力的强度和作用范围差别很大。1967年，美国人史蒂文·温伯格（Steven Weinberg）和巴基斯坦人阿卜杜勒·萨拉姆（Abdus Salam）沿着先辈谢尔登·李·格拉肖（Sheldon Lee Glashow）等人的研究思路，借助修正版的杨–米尔斯理论，率先提出了一个可能的方案，也就是人们后来所称的“温伯格–萨拉姆理论”。这个理论的特点是运用了一种对称性破缺机制。虽然许多物理学家都觉得这个机制不够优雅，但它的确能解释为什么只有在亚原子粒子通过弱力发生相互作用时，左右对称性才会破缺，而这正是杨振宁和李政道此前预言的。

温伯格–萨拉姆理论预言了三种当时还未观测到的粒子。它们异常重，负责传递弱相互作用力，并且实验学家应该能够发现它们的存在。这个理论还预言了一种当时未观测到的场。这种场弥漫在整个宇宙中，是1964年英国理论物理学家彼得·希格斯（Peter Higgs）和比利时人弗朗索瓦·恩格勒（François Englert）、出生于美国的罗伯特·布鲁

（Robert Brout）分别独立提出的对称性破缺机制的直接结果。[7]他们提出的这个亚原子相互作用机制起源于对超导固体理论的类比。彼得·希格斯后来强调，来自这一物理学分支的想法几乎完全可以应用于亚原子粒子标准理论的关键部分。[8]后来，我们就把这种与弥漫在全宇宙中的场有关的粒子称为“希格斯粒子”，因为是希格斯第一个指出，如果理论正确，那么这样一种粒子就应该存在，哪怕实验学家很难探测到它。

在最初的几年里，物理学家忽视了温伯格–萨拉姆理论，他们的理由也很充分。这个理论的计算涉及大量无穷大量，因而不可能做出有意义的预测（这也正是此前长期困扰量子电动力学的问题）。1971年，温伯格–萨拉姆理论重现曙光。当时，荷兰研究生赫拉德·特霍夫特（Gerard 't Hooft）发现了一种能够系统性去除无穷大量的方法，进而证明温伯格–萨拉姆理论大有可为。为了达到这个目的，特霍夫特应用了费曼处理亚原子场的“历史求和法”。温伯格相当不信任这个方法，因而他一开始并不相信特霍夫特得到的结果。[9]然而，特霍夫特是对的。消息传开后，物理学家对温伯格–萨拉姆理论的兴趣迅速蹿升。在实验开始给出能够证明理论预言的结果后，温伯格的论文更是成了现代科学史上被引用最多的文献之一。[10]

见证规范理论的逐步建立是一段令人振奋的经历。虽然这个理论的许多细节都超过了我的理解能力，但它的建立过程就是我心目中科学研究应有的样子：实验学家和理论学家在不断挑战对方的过程中逐渐使理论完善。正是在这样一种过程中，理论物理学家建立了一个牢不可破的理论，证明了引发11月革命的J/ψ粒子并不是出人意料的新粒子。J/ψ粒子可以被看作是由一种此前从未被观测到过的夸克与它的反粒子紧紧地束缚在一起，这样就解释了J/ψ粒子的性质。[11]不过，并不是所有实验结果都与规范理论的预测相符。在接下来的几年中，理论与实验之间的一些差异为质疑和不确定性留下了空间。

到了1976年，几乎所有物理学家都认为，他们已经得到了一个坚实、可靠的理论。它能描述所有基本亚原子粒子和作用于这些粒子的强力、弱力以及电磁力。这个理论威力强大，并且成功解释了成千上万个有关亚原子粒子的实验，于是，它就成了著名的“标准模型”。就当时来说，用这个名字多少还有些名不副实，因为实验学家还未观测到这个模型预言的几种粒子（传递弱力和强力的粒子，以及希格斯粒子）。不过，这个模型对实验结果的诠释无疑要比拿破仑时代和维多利亚时代的“标准模型”成功得多。相比它的“前辈”，粒子物理学标准模型在阐述上精确得多，基础也牢靠得多。原因也很简单，标准模型这座大厦矗立在量子力学和狭义相对论的坚实地基之上，而这两个理论已经被无数独立实验反复证实了。

随后几十年里，事实证明，标准模型对原子世界的诠释比它最为热忱的支持者原先设想的还要出色。不过，这个理论自建立之初就有一些明显的瑕疵。例如，标准模型不能应用于早期宇宙中携带着巨大能量的粒子，它也不能解释为什么各种基本粒子的质量差别如此之大。最糟糕的或许是，这个模型包含了至少19个数值尚待解释的物理量。虽然标准模型有很多优点，但它并不具备爱因斯坦相对论那样的必然性。就像理论物理学家戴维·格罗斯说的那样，标准模型“就是不够漂亮”。[12]

*

弗里曼·戴森喜欢把顶尖科学家分为两类。一类是翱翔在智力天空中的鸟儿，另一类是蹲在地上随时准备从一个问题跳转到另一个的青蛙。戴森说，爱因斯坦和狄拉克显然是鸟儿，而他自己是青蛙，费曼则是“想要变成鸟儿的青蛙”。[13]在戴森看来，每一家学术机构都应该为这两类学者留下空间，因为他们在物理生态圈中扮演着同等重要的角色。

戴森的分类与我在20世纪70年代对物理学界的第一印象相符。那个时候，我与很多“青蛙”共事过。他们中的很多人都对物理学做出了贡献，不过，由于青蛙的数量大大超过了鸟儿，鸟儿的稀缺性使其总是获得更多的赞誉。生活在乌得勒支的荷兰人赫拉德·特霍夫特和生活在莫斯科的俄罗斯人萨沙·波利亚科夫（Sasha Polyakov）就是那个时代的两只颇为出名的鸟儿。他们常年在规范理论的天空中翱翔，经常能够几乎在同一时间提出类似的睿智想法：他们似乎一直在用相同的速度推动物理学的边界，即便有时他们推动的方向不同。

生活在乌得勒支的特霍夫特在还是个博士生的时候就已经在物理圈子里出了名——他证明了规范理论终究还是能够摆脱无穷大量的困扰，用于计算。自那之后，特霍夫特很快就成了国际会议上的明星。他在会议上的讲话虽然有些难懂，但总能启发听众的深思。特霍夫特对物理学有自己的看法，像狄拉克一样对其他观点漠不关心。他的性情举止也像脱水饼干那样干巴巴的。波利亚科夫则大为不同，他不拘小节、心性顽皮，对一切有前途的新想法（不论哪个领域）都颇感兴趣。由于波利亚科夫生活在苏联，他偶尔才有机会前往西方参加国际会议。就在这些次数有限的会议上，波利亚科夫成了一位名人，因为他总是热衷于分享自己的想法。

一些物理学家在11月革命前几年就开始专注于发展规范理论，波利亚科夫和特霍夫特正是这个群体中的成员。他们面对的一大严峻考验是，以杨–米尔斯对称性为特征的规范理论的量子方程组实在太难解了，甚至有人怀疑完全不可解。解决这个问题的一个潜在方法是用当时最先进的量子形式分析这些方程组，力图找到能够用经典理论描述的解。[14]正如前文介绍的那样，粒子物理学家为了达成这个目标，引入了描述固体内部数万亿原子集体行为的理论，也就是“凝聚态物理学”。这些理论的原理和方程组应用于亚原子世界也同样奏效——显然，大自然喜欢用同一种曲调编排物理学交响乐的各个篇章。

在特霍夫特和波利亚科夫职业生涯的初期，也就是在他们发展规范理论的时候，他们共同完成了两项成就。第一个成就是，他们运用前面提到的想法重新认识了磁单极子。早在1931年，狄拉克就已经证明可以用初等量子力学描述磁单极子（参见第4章）。在此基础上，特霍夫特和波利亚科夫更进一步，证明了这类粒子在整合了杨–米尔斯对称性的规范理论中拥有同样自然的特性。[15]根据这些理论，磁单极子就是一团极其微小的物质，可以想象成与希格斯粒子有关的场中的一个微小扭结。这种看待磁单极子的方法与狄拉克理论的观点密切相关。后者认为，从较远距离处观察两个磁单极子时，它们看上去并无不同；但凑近了观察时，它们就显得很不一样了。

波利亚科夫和特霍夫特提出的理论比狄拉克更好。他们证明了几乎所有拥有杨–米尔斯对称性并且超越了标准模型描述范畴的规范理论都涉及磁单极子。换句话说，他们证明了狄拉克提出的“磁单极子或许存在”的看法并不完全正确——按照现代规范理论，这些粒子一定存在。遗憾的是，那个时代的实验学家无法探测到磁单极子，失望的狄拉克只能得出结论：他的修正版量子力学无法应用于真实世界。然而，特霍夫特和波利亚科夫没有就这么轻易地放弃。

特霍夫特和波利亚科夫共同完成的第二项成就是确定了一种新的亚原子事件，从而开辟了一个研究亚核世界的新视角。这个故事开始于1975年年初，当时波利亚科夫和合作者正在研究夸克禁闭问题。他们运用现代规范理论提出了一个详细的理论框架。这个理论或许可以通过一种涉及波利亚科夫所称的“时空闪光”的复杂机制解释夸克禁闭问题。“这些闪光将夸克置于随机推动和拖拽之下。”他后来这样向我解释，为支撑这个想法的复杂数学内容蒙上了一层面纱，“结果就是，单个夸克不能自由运动，而是在某个地方固定了下来，就好像它们持续受到了一种力的限制一样。”[16]

大约一年后，特霍夫特以另一种方式提出了这个想法，并且给波利亚科夫口中的“闪光”起了一个表现它存在时间短的名字——“瞬子”（instanton）。“我们不应该把瞬子当成粒子，应该把它看作在时空点上发生的事件。”特霍夫特后来这样对我说。[17]虽然没人可以用肉眼看到这类事件，但实验学家在原子深处发现了它们存在的证据：只有瞬子才能解释 η 介子（最轻的粒子之一，并且没有自旋）的质量问题。[18]此外，特霍夫特还证明了，瞬子的存在让一些此前不可预见的部分亚原子粒子的衰变方式成为可能，这也让实验学家有了检验这个理论的能力。对理论学家来说，虽然只有训练有素的眼睛才能看到，但瞬子的确是真实发生的事件，并且充分体现了规范理论的数学内容。虽然我们并不能直接观测到这些事件，但它们似乎非常重要，决定了亚核世界中互相交织的各种场的形状。

特霍夫特在提交给期刊《物理评论快报》的论文中第一次提到了瞬子这个新术语。编辑的答复令他吃惊。他们要求特霍夫特放弃使用这个新术语的想法，并且礼貌地告诉特霍夫特，他们正在努力降低物理学家增加术语的速度。不过，瞬子这个术语实在是很生动且有用，很难让人放弃。于是，在特霍夫特的坚持下，编辑们最终妥协了。如今，许多理论物理学家每天都要用到这个词，它甚至成了《牛津英语词典》中的一个词条。

波利亚科夫至今仍旧记得他第一次得知瞬子具有数学意义的那一天。在从莫斯科市中心前往研究所的这段漫长、颠簸的公交车通勤时间中，根据波利亚科夫的回忆，他和同事会谈论“新书、最新的酒会——除了政治之外的一切”。那一天，他正思考着他和同事一起研究的瞬子方面的问题，并且同世界级数学家谢尔盖·诺维科夫（Sergei Novikov）讨论了起来，后者的理解速度是出了名地快。[19]诺维科夫听到了波利亚科夫的描述后，转向他，微笑着祝贺他做出了一项数学发现。“这是什么意思？”波利亚科夫不解地问。原来，诺维科夫一听介绍就立刻意识到瞬子与拓扑学之间存在着重要联系。波利亚科夫当时并不知道詹姆斯·克拉克·麦克斯韦以及其他19世纪理论物理学家早就对这个数学分支产生了兴趣，他也不知道拓扑学在不久之前刚刚进入了现代物理学的主流领域。对许多物理学家来说，拓扑学似乎是一个奇怪的数学分支，它的主题似乎是分类而非式子。分类学家给生物和化石分类，对研究对象的详细物质结构则不感兴趣。和他们一样，拓扑学家的目标是在任意给定维数中将可能的空间类型进行分类，至于空间形状这种细节，他们丝毫不感兴趣。不过，这两门学科之间还是有很大的不同：分类学家用文字和数字将他们的对象分类，而拓扑学家使用的则是大量抽象概念，这些抽象概念能与数学的其他分支很好地融合在一起。

“刚开始的时候，我对拓扑学一无所知。”波利亚科夫对我说，然后补充说，在和诺维科夫的那次对话中，他意识到自己“别无选择，只能好好学习这门学科”。大概一年后，波利亚科夫“觉得自己很像是莫里哀笔下的人物，惊奇地发现自己一直说的都是散文”。波利亚科夫告诉我：“我们这些物理学家惊奇地发现，自己已经做了多年的拓扑学研究了。”[20]

赫拉德·特霍夫特发展瞬子理论的方式则是专注于研究这些事件如何帮助我们理解亚原子粒子的行为。虽然对大多数物理学家来说，他在这个课题上的学术工作看上去像是部令人生畏的数学巨著，但特霍夫特坚称他只是把数学当作工具。“数学是一种描述事物的抽象方法，并且非常简洁，如果没有它，描述起来可就复杂多了。”他说。但他坚信物理学家必须“时刻关注真实世界”。[21]

*

虽然大自然浑然一体，但是科学家们还是喜欢把研究对象划分成彼此相对独立的几个分支，也就是专业化。各分支之间的界限有时会阻碍信息的流动。我开始读研究生几个月后就发现，20世纪70年代初的粒子物理学和天文学间几乎没有任何联系，它们的研究对象迥然相异，使用的方法、研究人员的习惯也大相径庭。当时的我还是个初出茅庐的粒子物理学家，从没有人要求我研读天文学家的著作，我也从不参加天文学方向的讲座，甚至从来没有遇到过天文学家。我记得，1977年年末，在我的期末考试来临之前，导师开玩笑地说，非本专业的考官或许会想找点儿乐子，比如在考卷里加上个关于黑洞的出人意料的问题，或者关于宇宙终结的问题。我很走运，主考官安分地在传统学科领域之内出题。其实，如果他当时考我关于爱因斯坦引力理论的最新应用，我也真的没什么好抱怨的：那时，粒子物理学和引力理论之间的界限已经开始模糊了。[22]

等到20世纪70年代末，也就是弗里曼·戴森对父母说广义相对论是“理论物理学中最没有前途的一大领域”的30年之后，这门学科终于结出了硕果。[23]爱因斯坦的引力理论构成了现代宇宙学的基础，而现代宇宙学即将走向繁荣，哪怕当时的望远镜技术还不支持天文学家做出准确的测量。然而，天文学家还是相当乐观，他们自信未来有一天我们可以回顾宇宙早期发生的事件，从而验证爱因斯坦理论的部分预言，其中就包括引力波。1974年，美国天文学家拉塞尔·赫尔斯（Russell Hulse）和约瑟夫·泰勒（Joseph Taylor）发现了第一个能够证明宇宙天体能够发射这类波的证据。当然，当时的大多数专家认为直接探测引力波难于登天。[24]

探测黑洞则更有希望。这种天体的理论研究要比观测简单得多。这也没什么好奇怪的，因为爱因斯坦的引力理论预言，黑洞完全是黑的，会吸收任何靠它太近的物体。不过，史蒂芬·霍金证明（他的大多数同行当时对此持怀疑态度），爱因斯坦的这个经典理论并不正确：量子力学表明，黑洞会释放辐射，并且每个黑洞都有温度，用简单的方程就可以计算出来。霍金在一次大胆的计算中，巧妙地结合了量子力学和爱因斯坦引力理论，避开了通常会出现的矛盾之处。虽然完整的量子引力理论还遥不可及，但霍金证明了量子力学概念的确可以启发我们重新认识这些我们最为熟悉的基本力。

天文学家多年之前就已经发现，宇宙起始于约140亿前的一场大爆炸中，之后就不断膨胀且冷却。早期宇宙堪称一锅由基本粒子构成的热汤。这些粒子携带的能量非常大，即便是人类历史上功能最强大的粒子加速器也创造不出来。天文学家和粒子物理学家有很多可以互相学习的地方，到了20世纪70年代末，他们之间的跨学科合作已经开始蓬勃发展。

这门“天体粒子物理学”背后的一大主要驱动力是理论物理学家史蒂文·温伯格撰写的科普书《最初三分钟》。温伯格是开创标准模型的先驱，同时也是引力理论方面的专家。[25]他创作这本书，是为了向那些理性的怀疑论者证明，物理学家有充分的理由认为自己了解宇宙诞生之初发生了什么。[26]在书中，温伯格只用简单的数学语言就证明了，以过去几百年的观测结果为基础的物理学定律可以用于推断上百亿年前发生的事，从而揭开宇宙诞生之谜。这个论断背后的含义是：只要我们承认物理学定律永恒不变（这个假设并不激进），那么物理学家就可以安坐在办公桌旁，仔细研究上百亿年前发生之事的每一个细节；出于同样的原因，预测上百亿年后发生之事也不在话下。所有这些都证明了用数学框架描述自然理论的威力。温伯格指出："（作为物理学家）我们的错误并不是对自己的理论太过认真，而是对它们还不够认真。"[27]他的《最初三分钟》获得了出人意料的成功，甚至让许多粒子物理学家都对宇宙学产生了兴趣。

*

到了20世纪70年代末，理论物理学家已经相当自信。许多人都确信他们即将实现梦想，也就是建立一个整合了大自然所有基本力和粒子的统一理论。史蒂芬·霍金就是这样的一位乐观主义者。1980年4月，在成为剑桥大学卢卡斯数学教授（这是牛顿和狄拉克此前担任过的教职）之后，他发表了自己的就职演说，题为："我们是否已经看到了理论物理学的尽头？"[28]霍金用他惯有的睿智和华丽的辞藻让这次演说大获成功。他在概述了一些理论物理学家令人鼓舞的进展之后，做了一个谨慎的预测："在座的听众中，应该有一些能够亲眼见证我们建立统一理论（整合了所有物理学基本相互作用）的那一天。"这番话引发了在场物理学家的一阵骚动，他们中有些点头表示赞同，有些则提出警告，任何胆敢预测任何科学分支未来的人，都面临着被还未预见的发现嘲弄的巨大风险。

当时，大家的确在朝着这个整合了所有已知基本力的伟大统一理论迈进，霍金对这一趋势的预言并没有错。以量子力学和狭义相对论为基础，理论物理学家发展出了在宇宙的最深层面上思考问题的革命性新方法。我们离理解大自然统一性的梦想从未如此之近，似乎已经唾手可得。然而，霍金没有预见到的是——他也不可能预见到——粒子加速器做出的那些令人吃惊的新实验发现将会逐渐减少，理论物理学家要想在真实世界中检验自己的想法，也就越发困难了。于是，理论物理学家被迫越来越多地使用以数学为指导的纯思想来发展自己的理论。物理学充斥着天马行空的想法，却没有人提出能够验证它们的方法，这点很是令人沮丧。

接下来，我会介绍在几乎完全没有新实验发现刺激的情况下，一些理论物理学家是如何用自己的方法想象出新概念和新的基础理论的。值得一提的是，本书之前的部分——从牛顿力学到粒子物理学标准模型——时间跨度接近300年，而后面的部分，也就是你即将看到的那些，跨度只有40年左右。

我想强调的是，接下来我要讲的并不是一个思路清晰、简洁明了的通往伟大胜利的故事。相反，我要讨论的是一系列关系紧密的发现，正是因为有了它们，科学家对宇宙运作方式的理解才会稳步提升。这些理论中大多数并不遵循传统科学发现的流程（传统科学发现过程即科学家提出预言并为实验所证实）。它们还只是思维的产物，仍处于发展之中，并且往往还无法通过观测得到证明，但它们也是科学，扎根于20世纪两大伟大理论——量子力学和狭义相对论。任何违背这两个理论的新想法都不可能正确，而把这两个理论统一起来又极难做到。或许，这就是现代理论物理学如此具有挑战性的根本原因。

必须让量子力学和狭义相对论相一致，这一要求反复地将理论物理学家引向长期以来只被纯数学家占据的领域。理论物理学家常常发现，理论的内在逻辑总是迫使他们运用那些自己不熟悉的陈旧数学工具。这些工具虽然过时，却很有潜力。还有些时候，物理学家会得出一些专家们此前认为与现实世界毫无干系的新数学洞见。最值得注意的是，理论物理学世界和纯数学世界同时涌现出了许多相同的想法，这充分体现了两门学科之间本就存在的内在和谐——莱布尼茨早在数个世纪前就指出了这点。[29]

我认为，这个交叉领域的理论物理学家在很多方面都体现了爱因斯坦1933年斯宾塞讲座和狄拉克1939年斯科特讲座所提出的数学议程的精神。爱因斯坦曾提出，要用“自然”方法拓展潜藏在既定基础理论背后的数学模式，而他的继任者别出心裁地发展了他的这种方法。爱因斯坦要是能活着见到这一天，一定会赞赏不已。同样，狄拉克若是能看到现代物理学前沿产生了如此多的优美的数学理论，也一定会非常满意——但不会惊讶。他常常劝慰物理学家，不要因为自己的理论没有立即得到实验的证实就郁郁寡欢。狄拉克还常常这么说：“方程组是否优美，比它们是否与实验结果相吻合更重要。”[30]

在把重心转向当代理论物理学的进展之前，让我们先看看理论物理学和纯数学是如何破镜重圆的。弗里曼·戴森在1972年年初向拉斯韦加斯的听众宣告，理论物理学家和纯数学家已“背道而驰”。但是，不到6年，这两门学科就开始以相同的步调沿着相同的路径一道前行了。[31]

第7章　全新的数学之路

一些数学家同事觉得我交了狐朋狗友，这些狐朋狗友不仅让我的理论推导变得马虎起来，还玷污了数学的纯洁性。

——迈克尔·阿蒂亚，

在80岁生日庆祝会上的讲话，2009

1976年春天，我平生第一次见到一位纯数学家给一群物理学家做讲座。当主持人像介绍外星人一样介绍他时，我不禁觉得有些好笑。这次讲座的主讲人就是现代几何学宗师迈克尔·阿蒂亚，他因对柏拉图世界天马行空式的探索为人们所熟知。他的讲座主题是关于规范理论方面的内容，但我对那次讲座已经没什么印象了，只记得阿蒂亚兴高采烈的样子以及那些难得像天书一样的数学方法。虽然他当时演讲的主题都是在座听众熟悉的理论，但几乎没有人明白他在讲什么。

不过，我倒是抓住了一个重要信息，那就是：一位当世顶尖的数学家正把自己的主要精力投入到许多物理学家觉得自己已经研究透彻了的理论中。几个月后，我才突然察觉，阿蒂亚和他的合作者们正在开辟一条全新的数学之路。不仅数学家对这条路产生了浓厚的兴趣，物理学家也同样如此。

虽然现在想来真的颇为羞愧，但我还是得承认，我当时认为——甚至是希望——数学和物理学之间的这种交叉只是出于学术兴趣，只能成为这两门学科历史中的注脚。然而，不到两年，我就意识到自己是多么愚蠢。事实证明，规范理论和纯数学之间的共同土壤不但比大多数人预想的更加肥沃，而且还在迅速扩张。在这片土地上耕耘的不仅有数十位顶尖数学家，还有几位首屈一指的理论物理学家，其中还包括一位即将引领这个领域数十年的大师。我们将在本章中看到，当时参与这项跨学科研究的专家虽然不多，但他们对数学和物理学这两门学科都做出了巨大贡献。也正是他们，终结了数学和物理之间的漫长离异状态。

*

2014年，在我第一次与迈克尔·阿蒂亚面对面交流的前几分钟，我就明白了为什么他能让这么多数学家把研究重心转向物理学理论。要想给一门学科带来如此剧烈的改变，领导者的智慧必须得到所有同僚的认可。阿蒂亚显然做到了这点，他在诸多数学领域都做出了突破性的贡献。不过，成为杰出开拓者所需的品质远远不止这些，尤其还需要高度的积极性和高超的口才，这两点阿蒂亚也都具备。阿蒂亚一点儿也不像是人们刻板印象中的数学研究者。他总是衣着时髦，乐观积极（甚至还很会开玩笑），时常发表针对自己研究领域的大胆观点——在部分同行看来，他的这些观点不太成熟、不合时宜，根本不应该说出口。[1]“朋友对我说，我太想激发人们对狂野想法的热情了。”阿蒂亚一边开怀大笑一边这样对我说。[2]

阿蒂亚很喜欢谈论数学史以及他自己走向数学前沿的心路历程。在我们2014年的那场对话中，阿蒂亚慷慨激昂地表示，他永远不会在数学之路上停歇，哪怕到生命的最后一刻。他说这番话时的样子，就像一位友好但异常健谈的军事训练官。我想，这种人格特质或许起源于他早年的部队生活。阿蒂亚在第二次世界大战结束后不久参军服役，他后来称这段时间为“平凡的军旅生涯”。[3] 1949年，阿蒂亚在服完兵役后，前往剑桥大学三一学院求学，开启了他的数学生涯。他的母亲出生于苏格兰，父亲则是黎巴嫩人，他们一直觉得，阿蒂亚就是为数学而生的。[4]

阿蒂亚在本科时上了狄拉克主讲的量子力学课，还选修了一些其他物理学课程，但他最喜欢做的还是数学研究。数学对他来说，就像呼吸一样自然。阿蒂亚还意识到，他对几何的兴趣要比代数大得多——处理以可视化现实为基础且与空间相关的概念时，他得心应手；处理抽象的x和y时，就没有那么轻松愉快了。那个时候，越来越多的现代物理学理论以几何数学为框架，因此，阿蒂亚的基础很适合他为现代物理学做贡献。

在阿蒂亚成为他自称的“准物理学家”将近40年后，他仍旧记得（带着些许困惑）“二战”后纯数学家和理论物理学家之间长达数十年的隔阂。他把这两个领域的学者比作在隧道两头工作的工人，谁都不知道隧道另一头在干什么。“隧道挖通的那一天，双方都惊奇不已，”阿蒂亚如是说，“两段隧道之间的衔接是那样优美，就好像是天才的土木工程师设计的一样。”[5]

阿蒂亚说的并不是20世纪70年代初的所有数学家和理论物理学家，而只是几何学家和规范理论物理学家。虽然研究角度不同，但他们发现双方的确是在同一领域内工作。当时，理论物理学家正在研究支配原子世界的基本力，而数学家的兴趣则在高等的拓扑学形式。拓扑学这门学科很适合研究描述原子内部四处涌现的各类量子粒子的场的各种可能的形状和结构。规范理论和现代几何学不仅彼此相容，还可以互相促进。规范理论方面的研究得出了深刻的几何学新洞见，而几何学领域的一些最新发现也提供了研究规范理论的新视角——再多的实验数据都提供不了这样的视角。

近当代所有促进了物理和数学间联系的思想家中，最有创造力的当属规范理论的先驱赫尔曼·外尔。他也是阿蒂亚最欣赏的20世纪数学家，哪怕两人从未谋面。[6]阿蒂亚和外尔两人对数学的看法有诸多相似之处，尤其是，他们都认为数学应该努力成为一个整体，而不是一门不同的领域各自为战的学科；数学家则应该注重提出富有创造力的想法，而不是为了严谨而止步不前。同外尔一样，阿蒂亚也认为做数学研究的最好方法不止一种："数学家的类型有很多，他们都是不可或缺的。"[7]他们两人也都认为，数学家应当同其他领域的专家多交流观点，尤其是物理学家。

阿蒂亚在20岁的时候曾前往法国南部，出席了布尔巴基学派的一次会议。会上，他亲眼见证了有关会议日程细节的数次争论。不过，这种分歧从未失控，阿蒂亚回忆说：夏日的阳光和友好的氛围"在预防口头分歧演变成武装械斗方面起到了很好的作用"。[8]虽然阿蒂亚看到了布尔巴基学派成果的价值，但他不想被这个团体的条条框框束缚。相反，他像外尔一样张开了双翼，在数学的许多领域都颇有建树，并且成为其中一个领域中最有影响力的天才。

外尔对理论物理学所做的贡献主要产生于职业生涯初期，而阿蒂亚在对现实世界产生兴趣的20年之前就已经是颇有名望的数学家了。"并不是我改变了研究领域，转行去研究物理学，”他说，“而是，物理学在20世纪70年代中期进入了我的研究方向。”[9]当时的数学界兴起了一场运动：一些顶尖数学才俊大胆地走出舒适区，将自己的专长应用于科学领域，并且鼓励学生以更开阔的思路做自己的学问。阿蒂亚正是这场运动的一分子。这些勇于冒险的顶尖思想者中，还有美国数学家凯伦·乌伦贝克（Karen Uhlenbeck）。她到现在还记得当时迫不及待想用纯数学家的“开阔新思路”大干一番的心情。这种潮流开始于20世纪60年代末。“我们是这股新潮流的一部分，喜欢观察数学之外的世界，并且很乐意与物理学家、天文学家，甚至经济学家合作研究。”[10]

“当时，布尔巴基学派的影响力正在迅速减弱。”乌伦贝克说。那些反对这个学派的知名人士的声音越来越大——既然布尔巴基对那些显然重要的数学分支，如几何学、概率论、逻辑学，都没有什么杰出贡献，那为什么还要如此看重他们呢？[11]如布尔巴基学派最知名的前成员亚历山大·格罗滕迪克所说，当时，这位拿破仑时代将军的名字不仅成了精英主义和教条主义的同义词，还意味着这个组织正在“阉割反自发性”（格罗滕迪克语）。[12]虽然布尔巴基学派还没有咽下最后一口气，但它的半只脚已经踏进了坟墓。

新一代数学家对布尔巴基的紧身衣毫无兴趣，他们发展了大量新的数学理论，并且热衷于探索它们在现实世界中的应用。其中一个例子是“混沌理论”的快速发展。这个理论研究那些后期发展结果对初始状态十分敏感的系统。如今，最为人们熟知的数学混沌就是所谓的“蝴蝶效应”——蝴蝶扇动几下翅膀就能影响几天后千里之外某处的天气。[13]这个例子背后的数学概念为我们看待现实世界提供了新洞见：从动物种群的演化，到土星卫星的稳定性；从计算机代码加密，到股票市场波动。[14]

乌伦贝克说，数位无可争议的世界顶级数学家欣然与其他学科的专家合作，这让“满怀壮志的年轻数学家大胆进入粒子物理学领域成了一种颇受尊崇，甚至有些时髦的行为”。乌伦贝克回忆说，在20世纪70年代初的加州大学伯克利分校，纯数学和理论物理学之间的漫长“离异”状态即将终结。她看到，虽然许多传统数学家仍对这种跨学科合作嗤之以鼻，但后来，物理与数学的成功合作证明持怀疑态度者“彻底错了”。乌伦贝克牢牢记着从这段经历中学到的深刻教训：“数学研究者需要物理学家的想法。你甚至可以说，没了他们，我们没法开展工作。”[15]

*

阿蒂亚在20世纪70年代中期把目光投向了物理学。当时他46岁，在牛津大学安顿了下来，已然是一位顶尖数学家，并且正朝着英国顶级学术人物的圈子稳步迈进。阿蒂亚为数学做出了许多颇有影响力的贡献。宽泛地说，这些贡献主要集中于几何学领域。他还常常和那个时代的顶尖数学家合作。按照弗里曼·戴森对物理学家和数学家的“鸟与青蛙”分类法，阿蒂亚就是一只典型的鸟儿，在各个数学领域中疾驰，不断寻找各分支间的联系。

大约就在此时，亚原子物理学规范理论的成功抓住了阿蒂亚的眼球。标准模型能完美地解释高能粒子加速器得出的几乎所有实验数据，但阿蒂亚对此并没有太多兴趣。令他着迷的是构成标准模型基础的规范理论的数学结构。他清楚地看到，物理学家只是初步掌握了这些数学框架，而数学家可以帮助他们深耕下去。30年前，戴森捕捉到了一个数学家帮助物理学家解决量子电动力学难题的机会。30年后，阿蒂亚自信地认为如果他进入规范理论领域，一定能和戴森一样大获成功。

阿蒂亚至今仍清晰地记得第一次对规范理论“倾心”的时刻，那是1976年的秋天，他在马萨诸塞州剑桥市造访数学家同行期间，意外地接到了麻省理工学院理论物理学家罗曼·贾基夫（Roman Jackiw）的求助电话。当时有几个严峻的问题不断困扰着规范理论，其中一个问题是：物理学家无法预测某些发生强相互作用的粒子的寿命，包括质子的亲戚、物理学家熟知的不带电介子。贾基夫就是研究这个问题的权威。人们在1948年首次发现了这些不带电介子，它们的寿命不长——每个不带电介子诞生后，通常只能“存活”一亿分之一秒，之后就会衰变成两个光子。

长期以来，理论物理学家一直在研究介子的这类性质，而规范理论并没有给出这个问题的答案。贾基夫和其他理论物理学家——包括著名的约翰·贝尔（John Bell）和史蒂夫·阿德勒（Steve Adler）——之前就已经意识到，这个问题的根源在于经典力学和量子力学之间的根本差异。举例来说，描述网球运动的方程的一些对称性并不适用于描述亚原子粒子方程。如果规范理论真像理论物理学家说的那么好，那么它就必须能解释这些“量子反常现象”，即令人大惑不解的不带电介子衰变行为。[16]贾基夫在深思熟虑后认为，要想彻底弄清楚这个问题，就需要数学家的协助。于是，有一天，他突然造访了麻省理工学院数学系——它与物理系只隔着一扇上了锁的门。

贾基夫在数学系走廊里待了几个小时，希望能勾起数学家对这个问题的兴趣，但所有人都只是出于礼貌而表达了些许“兴趣”。不过，贾基夫马上就转运了。数学物理学家杰弗里·戈德斯通（Jeffrey Goldstone）告诉他，“伟大的阿蒂亚”就在剑桥市，或许可以帮上忙。[17]一听这个消息，贾基夫立刻为之一振，他早就觉得阿蒂亚和伊萨多·辛格（Isadore Singer）在1963年（大约就在披头士乐队发布第一张密纹唱片前后）发表的理论或许可以解决这类量子反常现象。[18]这个理论在此前似乎毫无关联的两个数学分支（拓扑学和微积分）之间建立起了一种完全意想不到的联系。[19]因此，贾基夫邀请阿蒂亚向一些具备数学思维的理论物理学家（包括他自己）做个报告，讲讲这个理论及其在亚核粒子领域可能的应用。

几天后，满面春风的阿蒂亚走进了贾基夫宽敞的办公室。办公室内座无虚席，坐满了渴望聆听“神谕”的年轻理论物理学家，书架上则摆满了书、纸和中美洲手工艺术品。[20]在礼节性的介绍之后，阿蒂亚开始了大约2小时的讲课，时而停下来在黑板上写写画画，时而回答听众的问题。“这正是我们渴望的那种清晰的讲述。”贾基夫回忆说，讲课后来很快发展成了一场气氛活跃的对话。[21]现场的物理学家们偶尔会插话，询问阿蒂亚–辛格定理能与原子核中的量子场形成何种联系，而阿蒂亚则以他一贯坚定的态度予以回答，显然，他已经对这个物理学问题产生了兴趣。很明显，这个理论适合处理量子反常问题，并且很可能能够产生实验学家可以验证的预测。果然，几个月后，几位理论物理学家就证明，运用阿蒂亚–辛格定理分析电中性介子量子场的方程就能理解“量子反常问题”。很快，粒子物理学家都获知：自己研究领域内的一大棘手问题——“量子反常现象”，可以用他们中的大多数人从没听说过的现代数学方法解决。而阿蒂亚本人也很高兴自己和辛格发现的这个定理在亚原子粒子研究领域如此有用。许多物理学家则惊叹，自己研究领域内如此艰深的一大难题竟然可以被联系了拓扑学和微积分的数学定理如此轻易地解决。

阿蒂亚后来告诉我，他在和辛格发展这个定理的时候，“从没想过我们的数学成果会和现实世界产生联系”。他还遗憾地补充说，他俩在研究这个定理时，发生了一些奇怪的事：在整个抽象几何推演过程中——这个过程和现实世界毫无干系——突然跳出了狄拉克方程中描述电子状态的数学算子。“我们当时只觉得这是巧合，”阿蒂亚说，“结果却失去了一个做出重大物理学发现的良机。”[22]

事实证明，贾基夫办公室内的这场聚会对那个时代的数学和物理学都意义重大。在聆听阿蒂亚讲课的理论物理学家中，就包括年轻的爱德华 · 威滕（Edward Witten）。当时的他虽然年纪只有阿蒂亚的一半左右，却注定要成为一代数学物理学宗师。阿蒂亚还记得威滕不凡的仪态：6英尺（约1.83米）高，背挺得直直的，自信但说话柔声细语，声音音调则要比他这个体格应有的高近一个八度。40年后，阿蒂亚跟我说起威滕在这次聚会上给他留下的第一印象：“显然，他比在座的其他所有物理学家都更清楚当时的状况。他的思维快得惊人，对现代数学思想的掌握也非常牢固，并且还一直在寻找将这些思想运用于物理学的方法。”[23]

和50年前的狄拉克一样，威滕走向理论物理学生涯的道路也与众不同——他也是直到研究生才转行进入物理学领域。受到父亲（引力理论方面的权威）的影响与鼓励，威滕从小就喜欢天文、物理和数学。起初，年轻的威滕并不想沿着父亲的足迹进入理论物理学领域。相反，他在本科生阶段学起了历史和现代语言，并且为乔治 · 麦戈文并不走运的总统竞选工作了一年，随后又开始了经济学研究生课程，但只过了一个学期就放弃了。直到那时，25岁左右的威滕才开始在大学里学习科学。

一开始，他并不确定究竟要学物理还是数学，但他对亚原子粒子的奇特性质很感兴趣，这让他决定专攻理论物理学领域。尽管当时的威滕连本科生的科学水平都没达到，普林斯顿大学还是把他招进了竞争异常激烈的研究生课程。事实证明，这些课程对威滕来说是小菜一碟，他在1976年顺利毕业。[24]之后，威滕前往哈佛大学担任初级研究员，与两位杰出的理论粒子物理学家史蒂文 · 温伯格和谢尔登 · 格拉肖共事。这两位专家总结亚原子粒子实验新数据并得出新想法的专业水平令威滕印象深刻。此外，威滕还和理论物理学家悉尼·科尔曼（Sydney Coleman）走得很近，而后者对如何将现代数学应用于基础物理学很感兴趣。威滕显然受到了这种兴趣的感染，不到一年，有关他非凡才能的故事就在全球理论物理学界传得沸沸扬扬了。阿蒂亚评论说："威滕这类思想家不只能影响一门学科的天气。他能改变整个学科的气候。"[25]

*

到了20世纪70年代中叶，全世界的物理学家和数学家都注意到了规范理论和几何学之间的联系。第一个看到这种联系的就是现代规范理论的发现者之一——杨振宁。他已于1966年离开了普林斯顿高等研究院。当时43岁的杨振宁作为一名华人物理学家，在长岛北岸的纽约州立大学石溪分校任教。[26]邀请他的是该校数学系雄心勃勃的新领导、青年拓扑学家吉姆·西蒙斯（Jim Simons）。他俩很快就熟络了起来，并且相处愉快，还为反对美国参与越南战争在校园里筹集了破纪录的资金。他们的下一次合作更加成功。这次合作的起点是，西蒙斯告诉杨振宁，规范理论方程组的形式和爱因斯坦的引力理论似乎都表明，它们与拓扑学的一个名叫"纤维丛"的分支有关——当时的杨振宁对这个术语一无所知。西蒙斯推荐杨振宁阅读这个领域的标准入门著作——普林斯顿数学家诺曼·斯廷罗德（Norman Steenrod）撰写的《纤维丛拓扑学》。杨振宁发现这本书他根本读不懂，但他也没有放弃，转而请求西蒙斯花上几天的午饭时间在物理系从基本原理开始给他好好上上这门拓扑学课。经过这次突击培训，杨振宁终于掌握了这个数学思想，并且在20世纪70年代中叶得出结论：规范理论的最佳表述语言是拓扑学。

几个月后，杨振宁和他的朋友、哈佛大学理论物理学家吴大峻做出了一个具有开创意义的发现。他们找出了规范理论中数个核心概念与现代拓扑学对应概念之间的联系。[27]这个发现后来形成了著名的“吴–杨字典”。有了这个字典，物理学家和拓扑学家就能互相交流各自在这个领域的工作成果，并朝着对规范理论物理和数学的统一理解不断迈进。虽然只有专家才能读懂这本字典中的条目，但这两门学科的核心概念间存在一一对应关系这一事实本身就对所有物理学家和数学家颇有助益。数学家可以运用他们的数学直觉研究规范理论，而物理学家也可以运用他们的物理直觉研究拓扑学。

这个发现是纯数学家和理论物理学家的研究领域之间的联系日益紧密的又一大例证。杨振宁本来是位完完全全的物理学家，一直坚持明确区分数学和物理学：数学处理的是柏拉图世界中的抽象概念，而物理学研究的则是对现实世界的定量测量结果，如仪表盘、计时器等实验仪器上的读数。不过，随着杨振宁对数学和理论物理学关系的认识逐渐加深，他对数学的兴趣也越来越大。杨振宁知道，第一个建立数学场论的詹姆斯·克拉克·麦克斯韦早在一个世纪前就已经预见，要想对场论有更深刻的认识，除了对运动的描述之外，还必须运用“几何学思想”。[28]杨振宁还知道，狄拉克在1931年建立磁单极子理论的时候就率先在量子力学中运用了这种对物理学家来说全新的几何学思想。然而，吉姆·西蒙斯的一番评论让杨振宁大吃一惊：狄拉克在提出这些想法的时候，其实也发现了拓扑学的一大关键定理。实际上，狄拉克使用的这个基础拓扑学定理，在整整20年后，才被国际顶尖数学家陈省身正式发现。[29]陈省身之前在中国给学生时代的杨振宁上过课，后来移民去了美国，在加州大学伯克利分校安顿了下来，并且成了一位数学“大人物”（阿蒂亚对他的评价）。虽然陈省身的学术论文不算简单易懂，但许多数学家都很欣赏他的博学、权威与幽默。[30]

自20世纪50年代开始，杨振宁和陈省身就会不定期地碰面，但他们从来没有深入交流。1975年，杨振宁觉得是时候纠正错误了，就驱车前往位于旧金山湾东岸的陈省身家中，畅聊了几个小时。谈话开始后没多久，话题就转向了数学与物理学之间的关系。杨振宁评论说，他惊奇地发现，有关亚原子力的规范理论竟然可以用陈省身等人"凭空"想象出来的数学语言书写出来。然而，陈省身断然否定了这种说法。"不，不是这样。这些概念并不是凭空想象出来的，"他抗议道，"它们是本就存在于自然世界的真实之物。"[31]

话毕，杨振宁呆若木鸡。对于他这样的物理学家来说，现实这两个字在本质上代表着物质世界——经验是真理的唯一来源。[32]然而，陈省身现在却宣称，抽象的数学也同样真实。

*

在阿蒂亚给贾基夫办公室的麻省理工学院物理学家讲完课后不久，贾基夫就问他："你觉得数学和物理之间的这段新恋情会是一晌贪欢，还是长长久久？"[33]阿蒂亚当时的回答模棱两可。不过，等到他于1977年年初回到位于牛津数学研究所的家中时，阿蒂亚已经满怀乐观，并且决心开始钻研规范理论涉及的数学。几个月后，爱德华·威滕开始了他对牛津数学研究所的长期访问，还有其他理论物理学家也加入了同数学家的对话。数学家和理论物理学家终于挖通了这条隧道。

当时，阿蒂亚刚接受了现代引力理论先驱、扭量理论提出者罗杰·彭罗斯的邀请，成了牛津大学数学系的一员。[34]大约就在此时，阿蒂亚的密友和合作者伊萨多·辛格也在牛津大学数学系开始了学术休假，并从纽约州立大学石溪分校带来了杨振宁将规范理论和拓扑学联系起来的新发现。辛格就这个问题在牛津大学做了一系列讲座，吸引了许多听众。讲座的主题从“吴–杨字典”开始，阿蒂亚后来称这场讲座为“一个重要时刻”。[35]此后的数周，整个数学系都在讨论瞬子，也就是现代规范理论预言的亚核事件。阿蒂亚和其他几位数学家拿出了几何学方面的看家本领，甚至还运用了一些新方法，只为研究物理学家赫拉德·特霍夫特和萨沙·波利亚科夫提出的理论。很快，他们就明白了瞬子有不同种类，并且可以用拓扑工具分类，而阿蒂亚–辛格定理则在其中发挥了至关重要的作用。

阿蒂亚把研究重心转移到规范理论上后不久，就感受到了文化改变带来的冲击。在此前的几十年中，阿蒂亚已逐渐习惯了数学界庄重严谨、深思熟虑的生活节奏，但物理学研究令人窒息的节奏令他第一次感受到了紧张和焦虑。在物理学研究中，一篇以不成熟想法为主题的亮眼文章也会激起一连几个月的热烈讨论，并带来许多看似前途光明但最终不了了之的推论。[36]阿蒂亚在和合作者完成了第一个项目后不久，就发现其他地方的理论物理学家也得出了几乎一模一样的结论，只不过后者运用的数学手段比较少。在物理研究圈内，这样的事情多如牛毛。

1977年春天，纯数学和理论物理学之间的这段新恋情已经全面开花。在当年于华盛顿特区举办的美国物理学会的一次会议上，罗曼·贾基夫以规范理论涉及的数学内容为主题做了一个报告，并在结尾处邀请伊萨多·辛格上台，为大家介绍数学家的观点。由于时间有限，辛格决定不再多谈具体的技术细节，而是念了自己最近作的一首诗：

今岁今日

物理圣哲

笔耕不辍

时下
规范理论如日中天。
短视的数学家
亦步亦趋
虽头脑聪慧
但定理
已刻上他人的痕迹。
然规范理论生有缺陷
上帝踟蹰着
给他的物理学定律
拉上了帷幕
这或许注定是一场失败之旅。[37]

这首诗反映了部分数学家的担忧：规范理论或许不是一个完全可靠的思想来源。不过，就当时而言，这个理论对数学家有百利而无一害。

可以想见，阿蒂亚很快就成了这个新合作领域的“魔笛手”，鼓励所有来访者都试一试，加入这个数学和物理学交叉领域的创新者行列。第二年，也就是1978年，阿蒂亚在哈佛大学做了一系列讲座，重点介绍他和合作者发现的发展磁单极子理论的新方法。[38]“举办讲座的屋子里挤满了人。”戴维·莫里森（David Morrison）回忆说，他当时还只是个纯数学领域的研究生，对规范理论没有任何兴趣。不过，他觉得“不应该放过聆听阿蒂亚讲座的机会”。听众中，数学家和物理学家大概各占一半，莫里森回忆道：“我之前从未听说过有什么场合能把这么多数学家和物理学家聚到一起。”而主讲人阿蒂亚也没有令到场的观众失望：“他的讲座引人入胜，让在场的许多物理学家确信，这是一个非常值得进入的学术领域。”[39]

不过，也有许多理论物理学家心存疑问。例如，爱德华·威滕后来就说，他不相信数学家能研究清楚他感兴趣的物理学问题。[40]然而，在数学家取得了一系列令人眼花缭乱的有关空间性质的理论成就（阿蒂亚说，“这些成就震撼了整个数学世界”）后，理论物理学界也改变了看法。[41]发现这些理论的正是师从阿蒂亚的一名腼腆的二年级研究生——西蒙·唐纳森（Simon Donaldson）。他当时正默默研究规范理论除了能给物理学提供灵感以外，是否也能成为数学的思想源泉。1982年，他证明了这个问题的答案是肯定的，并且发掘了大量能对部分数学分支产生革命性影响的新思想。“我之前就知道唐纳森聪慧过人，”阿蒂亚对我说，“但他的成就还是令我难以置信。”[42]

连唐纳森本人都被自己的成功吓了一跳，看着令人惊喜的发现不断涌现，他几乎无法相信自己的眼睛。“我猜想，这样的研究可谓千载难逢。”作为数学家，唐纳森运用规范理论方程组的方式与大多数物理学家预想的大相径庭。他解这个方程组的目的并不是研究场论，而是研究场在四维空间中的性质。唐纳森对我说，他一开始并没有想这么做，只是在研究的过程中才突然冒出了这个想法：“在和同事讨论之后，我才意识到这个方法原来如此有用。”[43]经过大约一年艰辛但令人振奋的工作，唐纳森终于把自己的预感变成了牢不可破的定理。

唐纳森发现，描述瞬子的规范理论方程组解表明，四维时空拥有一些特殊性质，也就是我们现在熟知的不变性。这些性质相当有用，因为它们能以数学家此前从没见过（乃至从未想过）的方式区分各类四维空间。这个技巧还让唐纳森发现了一种只在四维存在的新空间。[44]按照阿蒂亚的说法，唐纳森提交他的第一批成果时，这些想法“对几何学家和拓扑学家来说实在太过新鲜和陌生，他们只能以带着钦佩而困惑的表情呆呆地望着唐纳森”。[45]唐纳森在描述物理学家认为发生在原子核内部深处的瞬子事件的过程中，也打开了柏拉图式数学思想世界的新视野，并且对数学产生了巨大影响，虽然物理学家们很少注意到这点。[46]

杨–米尔斯理论起初是作为麦克斯韦电磁理论的一般化理论而发展起来的，而唐纳森运用这个理论成功地研究了空间的本质。电磁方程组的数学形式看上去与时空本身具有四维这个观测事实有关。唐纳森认为，这种联系表明“其中存在一些我们尚不了解但更为基础的性质”。

几十年前，狄拉克就已经预见到了这类概念上的联系。他一直督促数学家要特别关注四维空间，因为我们所处的时空就是四维的：从某种意义上说，这是大自然在提示数学家，这类空间很重要。狄拉克还在1933年题为“数学与物理学的关系”的斯科特讲座中提到了这点：“未来的发展很有可能表明……四维空间要比其他任何空间都重要得多。”[47]不过，狄拉克第一次提出这个想法是在亨利·贝克的一次茶话会上，当时他还只是个研究生。[48]我在采访唐纳森时——距他开始在这个领域耕耘的那天已经过去了35年——递给他一本记载狄拉克当年谈话内容的影印本。唐纳森表示自己此前从不知道此事，摇着头评论说：“不可思议。”[49]

*

数学与物理学的关系在20世纪70年代发生的转变令几乎所有专家都感到惊讶，包括弗里曼·戴森。前文提到，他在1972年的那次讲座中表达了对数学与物理的离异感到遗憾，也为这两门学科因此而错过的互相促进的机遇感到可惜。7年后，他的态度转变了。[50]在1979年7月普林斯顿高等研究院为庆祝爱因斯坦100周年诞辰而举办的一次会议上，戴森试着猜想了数学与物理学的未来。这次会议云集了许多数学及物理学大师，如迈克尔·阿蒂亚、陈省身、史蒂芬·霍金、罗杰·彭罗斯、史蒂文·温伯格和杨振宁。他们一同出现在了会议的闭幕式上，而研究院院长则宣读了当时美国总统吉米·卡特的贺信。

与会者对宣读总统贺信之前的环节记忆犹新，这是一场对物理学未来的热烈讨论。发言者之一就是持乐观态度的戴森，他预言“（高等）数学与物理学之间的关联会日益紧密且坚实”。他还更进一步，再次提出了一个大胆的预言：“我预测，在未来25年内，我们就能看到物理学统一理论——广义相对论、群论（有关对称性）以及场论以纯数学为纽带紧密结合在一起。”[51]

戴森还小心翼翼地给这个大胆预言加上了一个附加条件。“用过去的经验推断未来永远不是明智之举”，他补充说，提这点只是想“为后续讨论做铺垫”。[52]戴森的这次预测是准确的——不到5年，物理学家就找到了与他描述的新物理学框架很相似的理论。我们马上就会看到，这些新理论为理论物理学家和纯数学家提供了更多机会，让他们互相促进、共同茁壮成长。

第8章　弦论，魔法还是玩笑？

这个理论极有可能不正确，但我们还是会严肃对待它，因为它具有真正的数学魔力。

——彼得·戈达德（Peter Goddard），2016

粒子物理学标准模型是人类在20世纪取得的最伟大的集体成就之一。从人类历史的时间尺度看，这个模型成形得相当快。在实验学家确定无疑地证实了原子的存在后，只过了70年，理论物理学家就建立了一个在数学上堪称精确的成功理论，描述了粒子在这些微小物质组分中的运动。尤为重要的是，这个理论以量子力学、狭义相对论和一些数学对称性为基础。

1983年春天，粒子物理学家正在欢庆标准模型的最新成果——实验学家观测到了传递弱力的全部3种粒子，它们的性质与规范理论物理学家预言的分毫不差。不过，只过了15个月，物理学家就开始认真思考标准模型的一个潜在继任者了。按照这个全新的理论研究方法，宇宙的基本单元并非粒子，而是极其微小的弦。

本章介绍的就是弦论的起源。它是现代物理学史上被研究得最为深入但仍未被证实的理论。我们将会看到，一位意大利物理学家在寻找亚核粒子行为模式的过程中第一次捕捉到了通往弦论的关键线索。虽然这些后来被称作“对偶模型”的理论在描述自然方面只能算是差强人意，但它们的特性还是勾起了理论物理学家（后来还有数学家）的极大兴趣。这些模型的一大显著特征是一类此前从没有人注意过的数学对称性。正是这种对称性促使理论物理学家提出了超对称的概念，而超对称则是我们这个故事中的重要角色。正如我们即将看到的那样，这种对称性光芒四射，在数学和物理学中都非常有用，因此，很多理论物理学家都觉得这一定是大自然宏伟计划的一部分，哪怕实验学家找不到证明它存在的任何直接证据。

对偶模型的贡献远不止于此，例如，它还提供了一个运用弦论从基础层面描述整个宇宙的新视角，这个视角很可能具有革命意义。1984年，对偶模型首次成了物理学家的主流观点，这一转变后来被称为“第一次弦论革命”。与每一次真正的革命一样，对偶模型也令大部分专家大吃一惊。在此前的10年中，亚原子领域的大多数研究都只关注少量所谓的基本粒子，它们似乎都比较符合标准模型的描述。对许多物理学家来说，对偶模型的研究更像是一种家庭手工作坊：有一小部分聪慧的理论物理学家参与其中，要用到许多艰深的数学知识，但似乎得不出什么成果。在深入了解第一次弦论革命之前，我们先把时钟拨回20世纪50年代末60年代初，去看看一种研究亚原子世界的冷门老方法是如何以更加高级的形式重回舞台中心的。这对我们后续的故事颇有指导意义。

*

“1959年的时候，有很多人觉得场论就是垃圾，”标准模型先驱阿卜杜勒·萨拉姆后来回忆说，“且只有蠢人（指他自己）才会讨论像规范场论这样的东西。”[1]当时，许多顶尖理论物理学家认为，一些亚原子粒子无法用詹姆斯·克拉克·麦克斯韦发现的场论的现代版本解释，哪怕现代版本的场论得到了狭义相对论、量子力学和特定对称性的强化。将场论应用于受到强相互作用力约束的粒子（如原子核中的质子和中子）时尤为困难。这类粒子之间的相互作用极其强烈，以至于场论的标准研究方法失效，无法做预测性的计算：唯一的希望似乎是运用现在人们称为“散射振幅”的方法粗略描述这些粒子的行为。20世纪60年代，一小部分理论物理学家正在研究这些振幅，试图阐明它们的数学性质，以解释粒子加速器得出的实验数据。

以色列雷霍沃特（特拉维夫以南约20千米）的魏兹曼研究所有一个专门从事散射振幅研究的小组。1968年6月前后，第一个对偶模型就在那里诞生，提出者是年轻的理论物理学家加布里埃莱·韦内齐亚诺（Gabriele Veneziano）。这位随和的物理学家当时26岁，刚刚博士毕业。韦内齐亚诺后来回忆说，他当时正在研究所内的咖啡吧小憩，却发现自

$$\frac{\Gamma(a-\alpha' s)\,\Gamma(a-\alpha' t)}{\Gamma(2a-\alpha' s-\alpha' t)}$$

韦内齐亚诺的公式描述了某些强相互作用粒子间的碰撞。1968年6月前后，韦内齐亚诺第一次在纸上草草写下的这个公式（图中展示的是韦内齐亚诺手写在纸巾上的版本）后来被视为现代弦论的萌芽。这个公式的特点是结合了三个用希腊字母伽马（Γ）表示的相同的数学函数。式中的符号s和t与各粒子的运动状态有关，其他符号都代表常数。

已不自觉地展开了一场“思想实验”，深入思考描述π介子间碰撞的散射振幅会是什么样子。[2]在笔记本上整理想法的时候，他突然想到了一种特别简单的振幅数学公式，涉及一种100多年前的数学物理系学生就已熟悉的数学函数。

散射振幅公式价值连城，也让韦内齐亚诺成了粒子物理学界的名人。虽然他这个公式的本意并不是解释实验结果中的细节问题，但它极好地解释了实验学家在观测强相互作用粒子碰撞行为时发现的大多数关键趋势。在此之前，从没有人见过哪个公式能做到这一点。对此，韦内齐亚诺“相当兴奋，但又有些紧张不安”，因为这个公式看上去实在太好，令人难以置信。[3]这是幻觉吗？它会不会其实没有任何意义？几周后，韦内齐亚诺在造访欧洲核子研究组织实验室理论部时，同那里的几位同行讨论了这个公式。他们中的很多人都非常惊讶，亚原子散射领域的这么多已知内容竟然可以浓缩到如此简洁的数学表达式中。韦内齐亚诺在都灵举办的一个研讨会上做了报告之后，颇有影响力的物理学家塞尔焦·富比尼（Sergio Fubini）对这个异常简洁的公式赞赏有加，称它就像是“一个非常好的笑话”的笑点所在。

韦内齐亚诺在受到富比尼的鼓励后，决定发表这个公式。[4]相关论文正式发表于9月1日，当时他正在维也纳同近1 000名物理学同行一道参加第14届国际粒子物理学大会。韦内齐亚诺的公式成了众人讨论的焦点，成了一个神奇的主题。[5]多年以后，许多理论物理学家仍旧记得自己第一次遇到这个公式时的场景。物理学家戴维·奥利弗（David Olive）回忆说，他第一次听到韦内齐亚诺介绍这个公式是在奥地利首都中心霍夫堡（之前是奥匈帝国皇宫）恢宏的宴会厅举办的一次会议上：“虽然场地的音效很差，但这段经历改变了我的人生。”[6]不过，和许多重大科学进展一样，外行人并不理解物理学家这次又在

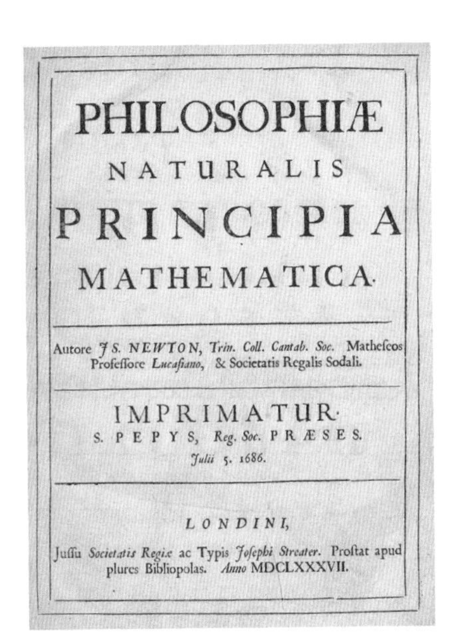
PHILOSOPHIÆ
NATURALIS
PRINCIPIA
MATHEMATICA.

Autore *J S.* NEWTON, *Trin. Coll. Cantab. Soc.* Mathefeos Profeffore *Lucafiano*, & Societatis Regalis Sodali.

IMPRIMATUR.
S. PEPYS, *Reg. Soc.* PRÆSES.
Julii 5. 1686.

LONDINI,

Juffu *Societatis Regiæ* ac Typis *Jofephi Streater.* Proftat apud plures Bibliopolas. *Anno* MDCLXXXVII.

牛顿《自然哲学的数学原理》一书封面。注意出版许可处的署名是因其日记而广为人知的作家萨缪尔·佩皮斯（Samuel Pepys），他在 1686 年 7 月 5 日以英国皇家学会会长的身份批准了《原理》一书的出版

皮埃尔–西蒙·拉普拉斯，有人称其为“法国牛顿”。这幅肖像画是索菲·费托在 1842 年绘制的，当时拉普拉斯已经过世（图片来源：Getty）

詹姆斯·克拉克·麦克斯韦、他的妻子凯瑟琳和他们的爱犬托比，照片摄于 1869 年前后（图片来源：Getty）

伟大的德国数学家赫尔曼·外尔，他对理论物理学做出了数项相当重要的贡献，尤其是开创了规范理论［图片来源：彼得·罗凯特博士（Dr. Peter Roquette）］

睿智的德国数学家埃米·诺特，她发现的诺特定理将描述物质的抽象数学理论所具有的某些对称性同实验学家可以检验的守恒物理量联系了起来

1933 年，普林斯顿法恩楼外的阿尔伯特·爱因斯坦。几个月后，他在牛津发表了著名的斯宾塞演讲。照片中，爱因斯坦正与美国数学家卢瑟·艾森哈特（Luther Eisenhart）和奥地利数学家瓦尔特·迈尔（Walther Mayer）闲谈。迈尔有时也被称作“爱因斯坦的计算器”（图片来源：Getty）

默瑟街 112 号，爱因斯坦在普林斯顿的住所，图中展示的是书房区域。值得注意的是，墙上的相框画中有一幅是迈克尔·法拉第（左），还有一幅是詹姆斯·克拉克·麦克斯韦（右），两人都是场论的先驱。而中间这幅画则是爱因斯坦好友约瑟夫·沙尔（Josef Scharl）的作品（图片来源：普林斯顿高等研究院）

普林斯顿高等研究院的富尔德楼，于 1939 年正式开放。自高等研究院于 1933 年建立以来，有许多探索过物理学与数学关系的思想家在该机构任教、工作或访问过

出生于英国的数学家和物理学家弗里曼·戴森，是量子电动力学的先驱之一，对数学与物理学间的关系有相当深刻的见解，照片摄于 1955 年前后（图片来源：普林斯顿高等研究院）

20 世纪最伟大的几何学家之一迈克尔·阿蒂亚。20 世纪 70 年代中期，用阿蒂亚自己的话说，他成了一名“准物理学家”，并且对基础物理学规范理论做出了重要贡献（图片来源：剑桥大学三一学院）

1957 年，普林斯顿高等研究院一间办公室内的杨振宁（左）和李政道。一年前，实验学家证明了他们“弱相互作用会破坏左右对称性”的预言（图片来源：普林斯顿高等研究院）

1968 年夏天，在法国安纳西湖畔小憩的加布里埃尔 · 韦内齐亚诺。此前不久，他首次写下了一个后来被视为弦论雏形的公式

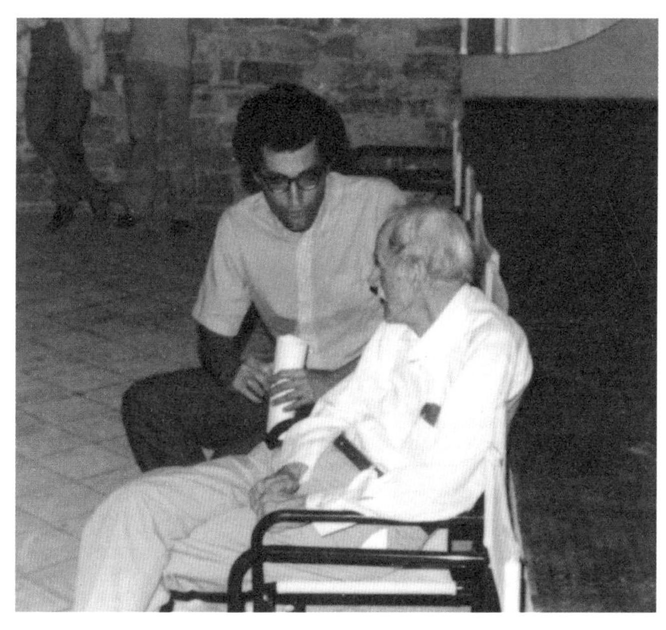

1981 年，在西西里埃里切的一期暑期活动上，当时 30 岁的爱德华 · 威滕与 79 岁的保罗 · 狄拉克正在谈话

1984 年夏天，迈克尔 · 格林（左）和约翰 · 施瓦茨在科罗拉多阿斯彭郊外远足。他们当时撰写的论文很快就掀起了弦论的复兴

萨沙 · 波利亚科夫，出生于苏联的理论物理学家，量子场论先驱

赫拉德 · 特霍夫特，荷兰理论物理学家，量子场理论先驱

胡安·马尔达塞纳，照片摄于1998年。他于拍摄照片的几个月前发现了对偶性：若两个理论虽然形式上差异很大，但本质上等效，那它们就具有对偶性

2012年7月4日，普林斯顿拂晓时分，数十位物理学家聚集在普林斯顿高等研究院布隆伯格楼大厅内，庆祝欧洲核子研究组织发现（于大约1小时前宣布）疑似（事实证明的确是）大家追寻已久的新粒子——希格斯玻色子。照片中，基娅拉·纳皮（Chiara Nappi，最左）、爱德华·威滕（左二）、尼马·阿尔卡尼-哈米德（左三）和罗伯特·戴克格拉夫（右二）正欣赏着玛丽莱纳·洛韦尔德（Marilena Loverde，最右）和她的朋友劳拉·纽伯格（Laura Newburgh）制作的欧洲核子研究组织阿特拉斯（ATLAS）探测器模型

尼马·阿尔卡尼-哈米德（左）和纳蒂·塞贝格，摄于普林斯顿高等研究院，2016 年

2018 年 5 月，韦内齐亚诺公式诞生 50 周年庆典大会晚宴。这场晚宴的举办地是托斯卡纳郊外名为“费迪南达”的美第奇别墅，但大会的大多数活动都在韦内齐亚诺的出生地佛罗伦萨举办

大惊小怪些什么。韦内齐亚诺既没有发现新的定律或原理，也没有解释那些扑朔迷离的实验观测结果，更没有做出什么预言，他所做的不过是鼓舞物理学家，让他们相信，之前看似遥远的目标——找到一个简单的数学模式，描述强相互作用粒子的碰撞行为——终究还是能达到的。

韦内齐亚诺的公式蕴含了被物理学家称为“对偶”的性质：当两个强相互作用粒子相互散射时，可以用两种不同方式计算结果并得到相同结果。在发现这个公式之后的几周里，韦内齐亚诺和几十位同行就开始发展其他对偶模型，希望能描述越来越多的粒子，并研究这种模型与实验学家收集到的新数据是否相符。[7]虽然对偶模型的基础是精确的数学语言，但它们并不能描述实验数据中的细节。不过，许多对偶模型专家都有一种预感，觉得自己一定能发现点儿什么，毕竟这些模型与现代数学的联系是如此紧密。

对偶模型显然和现实世界有关。问题在于，没人知道如何诠释这些枯燥的数学语言，才能帮助物理学家想象出对偶模型描述的粒子。1969年夏天，更为清晰的图景出现了。当时，理论物理学家南部阳一郎、伦纳德·萨斯坎德（Leohard Susskind）和霍尔格·尼尔森（Holger Nielsen）分别独立地使用了几种比喻，比如“长度有限的量子弦”“弹簧”“橡皮筋”“小提琴琴弦”“一维结构”，来阐述对偶模型的数学内容描述的物理现实。[8]不过，物理学家还需要找到一种与量子力学和狭义相对论一致的方式来描述这些微小实体的运动状态。南部率先做到了这点，他在一篇有关对偶模型的会议论文中提到了这种方法。他准备以这篇论文为基础，在1970年8月举办的哥本哈根会议上做一次演讲。不过，事有不巧，在驱车前往机场的路上，他的车在死亡谷内抛锚，因此错过了这次丹麦之行。结果就是，这篇论文只是直接分发给了那次会议的与会者，并没有得到广泛传播。因此，直到1972年，“弦论”这个词才成了对偶模型研究者们的日常用语。[9]

*

对偶模型的一大优点在于它们能激发很多新想法，其中的一部分不仅和亚原子粒子有关，还与整个宇宙有关。第一个这样的想法是，时空的维度可能远多于我们大部分人的日常经验。物理学家在试着用与狭义相对论和量子力学一致的方式描述弦运动的过程中遇到了这些更高的维度。问题在于，物理学家每次尝试描述弦运动，最后都会遇到“幽灵态”——在这类状态中，探测到某些粒子的概率可能会低于0。可是，负概率完全没有意义。[10]

要想让对偶模型对得起研究它们的那一篇篇论文，就必须把这些幽灵一个一个地清除出去。但是，要怎么做到这点呢？1969年年末，阿根廷物理学家米格尔·维拉索罗（Miguel Virasoro）观察到了一个似乎值得深究的结果：他证明了对偶模型方程组拥有无限维对称性，且这种对称性来自一种因非凡的数学美而广受赞誉的代数方法。这项进展给理论物理学家带来了一些驱除幽灵的希望，尽管与希望一起到来的还有一项令人不安的后果：如果维拉索罗的代数数学方法正确，那么这些模型就必定包含一种只有一个单位自旋的无质量粒子，它和光子很像，却并不完全一样。但根本没有迹象表明这种粒子存在。尽管如此，对偶模型的研究者还是把这种尴尬抛在了一旁，一头扎进了维拉索罗的这种方法。

出生于英国的南非理论物理学家克劳德·洛夫莱斯（Claude Lovelace）在三十五六岁的时候决心要找到一种让对偶模型在数学上自

洽的方法，并且想出了一个会产生奇怪结果的方案。1970年，在结束欧洲核子研究组织的工作后，洛夫莱斯在美国新泽西州罗格斯大学谋得了一个职位，他在那儿总以古怪的形象示人，留着长长的花白胡子，就像《圣经》里的先知。他曾短暂地把自己关在普林斯顿假日酒店的一个小房间里，努力寻找一种在数学上自洽的对偶模型建立方法。从身边堆满的书籍和纸张中——其中有很多是现代物理学书籍，还有一些则介绍了亨利·庞加莱和伯恩哈德·黎曼的数学工作——他找到了一种方法，可以找出对偶模型要想忠实描述现实世界必须满足的条件。最为重要的是，他提出，要想让对偶模型在强相互作用研究中确有意义，那么时空的维度数量必须是26，一个相当庞大的数字。

当时，时空可能不止四维的想法已经在物理学世界里流传了将近半个世纪。1919年，柯尼斯堡的德国理论物理学家特奥多尔·卡卢察（Theodor Kaluza）率先提出了这个想法。此后，在哥本哈根工作的瑞典理论物理学家奥斯卡·克莱因（Oskar Klein）又发展了这个概念。[11]他在1926年提出，空间肯定还有一个维度，只是这个维度因为太小而很难被观测到：这个额外维度中的运动局限在大约只有原子核直径一百亿亿分之一的极微小空间中——远小于实验可观测的最小尺度。爱因斯坦很看重这个想法，但它没有成为主流。与此同时，数学家们越来越习惯处理高维抽象空间。当然，他们并不关心这种高维空间是否与现实有关。

认为四维空间之外还存在一个未被观测到的额外维度已经是个大胆的想法，而认为这样的额外维度还有22个似乎就太过牵强，简直算得上荒唐了。在洛夫莱斯的记忆中，他在普林斯顿高等研究院的一次学术会议上第一次提出这个想法时，就是以“玩笑”的形式呈现的，并且效果很好：“大家都大笑起来。”[12] 40年后的2012年，洛夫莱斯在撰写有关自己对偶模型工作的回忆性文章时，仍旧对当年物理同行们对他这个想法的轻视感到痛心。洛夫莱斯在撰写这篇文章时已经78岁了，没有家人，也没有挚友，陪伴他的只有各种奇异鸟儿。写完这篇文章后不久，洛夫莱斯便与世长辞，留下各种长尾小鹦鹉在家中到处飞舞。[13]

如果洛夫莱斯的观点正确，那么在物理学家运用快速发展的高维空间数学方法建立新理论的过程中，多出的这些维度就会带来意想不到的灵活性。在洛夫莱斯公开发表26维空间这个想法之后的几个月内，其他理论物理学家运用这个理论做出了一项令人惊喜的数学发现，让这个理论看上去更加合理了。

在做出这项发现的理论物理学家中，有两位当时正在欧洲核子研究组织的理论部门工作。这个部门位于一座年久失修的实验室大楼内，深藏于廊道之中。1970年，这个研究小组吸纳了几位研究对偶模型的专家。当年9月，彼得·戈达德也加入了这个小组。戈达德时年25岁，却已经有了老派理论物理学家的风范。作为狄拉克方法的忠实拥趸，戈达德更想发展在数学上颇为有趣的宏伟理论，而不是尝试解释实验学家最新得到的令人惊奇的观测结果，大家有时戏称这种行为为“追救护车”。[14]戈达德在这个研究小组中度过了人生中最快乐的时光，组内的氛围令他振奋——开放、乐于合作，并且，正如他后来回忆的那样，他们“以温和的方式”颠覆了正统理论物理学研究方法。[15]

美国理论物理学家查尔斯·索恩（Charles Thorn）在1972年1月加入了这个研究小组，并开始同戈达德合作，希望能证明困扰着对偶模型的幽灵不过是幻象。与此同时，其他几名欧洲理论物理学家和美国同行也在研究这个问题。他们的研究十分重要：如果对偶模型无法摆脱那些幽灵的困扰，那么物理学家只能认为它们毫无意义并无情摒弃。经过数月艰苦卓绝的数学研究，一个春日的午后，戈达德和索恩在准备走进欧洲核子研究组织的自助餐厅时，突然想到了一个答案。戈达德后来告诉我："我到现在都还记得想出这个答案时我俩所处的确切位置。"他和索恩之前就已明白，如果建立对偶模型的背景不是寻常时空，而是26维时空（没错，就是洛夫莱斯提出的时空维数），那么这类模型就不会受到那些幽灵的困扰。[16]

戈达德和索恩证明——麻省理工学院的理论物理学家理查德·布劳尔（Richard Brower）也做到了这点——有一个定理可以保证对偶模型中不会出现那些幽灵，这个定理就叫作"无幽灵定理"。虽然他俩把这个结果发表在了《物理快报》（*Physics Letters*）上，但大多数读者还是把这篇论文归为高等数学方面的内容，事实也是如此。然而，如果对偶模型的确能可靠地描述自然世界，那么这些高等数学必须正确。[17]这个结果完全出乎纯数学家的意料。他们一直觉得物理学家太马虎，不可能想出这么严密的定理。然而，事实摆在眼前，物理学家就是证明了这么一个严密的数学定理，而且它看上去和现实世界完全不沾边。戈达德后来回忆说："无幽灵定理对我产生了深远影响。它的证明展示了一个优美的数学结构，而且是纯数学家此前无法企及的优美结构。"[18]物理学抛出了一个连数学家都不知道自己需要的数学证明。戈达德相信，对偶模型涉及的数学内容一定有些神奇的地方，并且认为，即便这类模型"取得成功的概率微乎其微"，也"值得好好研究"。[19]

20世纪70年代，纯数学领域各分支的一些艰深的前沿问题常常通过对偶模型与物理学联系在一起，这令戈达德颇为惊讶。他最感兴趣的一个例子与群论（研究对称性的数学分支）的一些怪异发现有关。而且，这些发现最终正是通过戈达德等物理学家发展的方法才得以解释。这个故事始于20世纪60年代末的剑桥大学。当时，戈达德还是那儿的理论物理学研究生，无意间听到数学系的朋友们讨论有关对称性的新研究。爱好广泛的数学家约翰·霍顿·康韦正和同事们尝试给离散对称（对某个具有对称性的数学对象进行离散变换而使该对象保持不变的方法）的所有基本构件分类。康韦猜测，24维空间中的一种特殊对象所具有的对称性就是这样的一种基本构件。他还证明了，这种对象具有的对称性总数超过800亿亿。

几年后，德国人伯恩特·菲舍尔（Bernt Fischer）和美国人罗伯特·格赖斯（Robert Greiss）推断，还有一种拥有更多对称性的更大的基本构件。准确来说，它所具有的对称性数量是808 017 424 794 512 875 886 459 904 961 710 757 005 754 368 000 000 000。这个基本构件存在于——或者更精确一点儿说，作用于——196 883维空间中。格赖斯称这个基本构件为“友好的巨人”（Friendly Giant），这个绰号来自很受欢迎的同名加拿大儿童电视节目，而且这个名字的两个单词的首字母正好与菲舍尔和格赖斯姓氏的首字母一样。[20]不过，这个基本构件更为人所熟知的名称却是康韦起的“魔群”（Monster Group）。后来，数学家又证明这个魔群的性质极其古怪离奇，康韦就改称它为“魔群月光”。

直到1981年夏天，魔群才得到严谨的证明，通过考验成为正规数学的一部分。[21]弗里曼·戴森听到这个消息后，激动得忍不住做了一个异常疯狂的猜测：“21世纪的某个时刻，物理学家会突然发现魔群以一种前所未有的方式根植于宇宙的结构中。”[22] 10年后，戴森的这个猜测看起来好像不那么疯狂了。英国数学家理查德·博彻兹（Richard Borcherds）用卓越的数学技巧证明了“月光猜想”。对偶模型专家比数学家更熟悉博彻兹在证明过程中用到的方法。在证明“魔群月光”特性的过程中，博彻兹大量使用了对偶模型涉及的数学内容，其中包括戈达德和索恩的“无幽灵定理”。

无幽灵定理对数学与物理学关系的重要性仍不明确。或许，这个定理只是对偶模型在粗略描述亚原子世界的过程中产生的一种颇受欢迎的数学副产品。这个定理会不会像一个世纪前从以太模型中兴起的扭结理论那样随后被证伪？又或者，无幽灵定理的成功会不会成为275年前莱布尼茨发现的数学和物理学之间存在“预设和谐”的又一个例子？

*

对偶模型的另一个产物是超对称。这个概念之前没有任何人想到过，但许多物理学家开始相信，超对称可以应用于自然世界的所有基本方程组。如果这种对称性真的能应用于现实世界，那么它就会给我们对时空的认识带来自爱因斯坦提出相对论之后最具革命意义的改变。

超对称的故事可以追溯到20世纪20年代。当时，量子力学的先驱做出了一项令人惊讶的发现：每种原子尺度粒子的行为都与它的自旋存在至关重要的关联。例如，光子（每个光子的自旋都为1）的行为就与电子（自旋为1/2）不同，这是实验学家们反复验证过的事实。事实证明，原子尺度的粒子可以分为两类。一类是自旋为0，1，2，3等整数的粒子，叫作“玻色子”；另一类是自旋为1/2，3/2，5/2等半整数的粒子，叫作“费米子”。玻色子和费米子的性质不同，这就引出了一个显而易见的问题：这两大类粒子可以用一种对称性来描述吗？

第一批对偶模型，包括韦内齐亚诺的在内，都有局限性，因为它们只适用于玻色子。怎么才能把它们拓展到费米子呢？在尝试回答这个问题的过程中，理论物理学家发现了超对称。有了这种全新的对称性，他们就能用一个理论框架描述玻色子和费米子。和许多伟大的科学思想一样，超对称的概念并不是某个人一时灵光乍现的产物。[23]其中的一条线索来自1970年圣诞节前不久芝加哥附近的费米粒子加速器实验室中。在这个实验室的理论部门中，出生于法国的年轻理论物理学家皮埃尔·雷蒙德（Pierre Ramond）——当时他刚刚拿到博士学位——兴奋地发现了一种将对偶模型拓展至费米子的方法。他后来告诉我，他是用电子的狄拉克方程“同已经建立的对偶模型做类比，以图建立一个同时适用于玻色子和费米子的模型”时有了这个想法的。[24]雷蒙德证明，狄拉克方程蕴含着一种新对称性的种子。他还证明，狄拉克方程可以从对粒子的描述推广到对弦的描述，而描述弦的方程组就蕴含着超对称。大约和雷蒙德同时，理论物理学家安德烈·内沃（André Neveu）和约翰·施瓦茨（John Schwarz）也独立提出了类似的想法。

1973年秋天，超对称离应用于现实世界又近了一步。当时，卡尔斯鲁厄大学的尤利乌斯·韦斯（Julius Wess）和欧洲核子研究组织的布鲁诺·朱米诺（Bruno Zumino）将这个想法应用到了四维时空中。[25]如果现实世界的确有这种对称性，那么粒子物理学标准模型就必须拓展。按照超对称的要求，一个不可避免的后果就是，自然世界中存在的粒子种类要比之前人们认为的更多。这是因为超对称要求标准模型中的每一种粒子都有对应的新粒子，后者被称为“超粒子”（sparticle）。在超对称标准模型中，轻子和夸克家族的每一个成员（都是费米子）都有对应的玻色子粒子；同样，每一种规范粒子（都是玻色子）也都有对应的费米子粒子。例如，自旋为1/2的电子和夸克都有自旋为0的对应超粒子，分别被称为标量电子和标量夸克。同样，自旋为1的光子和胶子也有自旋为1/2的对应超粒子，分别被称为光微子和胶微子。难怪人们嘲笑超对称术语为“超语言”。[26]

要想探测到这些假定的超粒子并不是一件容易的事。物理学家面对的问题在于，对称性几乎没有给出任何有关超粒子质量的信息，因此，实验学家根本不清楚去哪里捕获它们。这就意味着，当物理学家为了在前所未有的高能量下研究粒子相互作用而建造新加速器时，没人可以确定超粒子会出现。

超对称成为物理学家宠儿的一大主要原因在于——暂且不论检验它的技术条件是否已经成熟——它并不是传统意义上的数学对称性：超对称独一无二。[27]要将时空对称性（由爱因斯坦狭义相对论描述）拓展到量子世界，超对称是唯一有可能成功的方法。在这个修正版的时空中，表征“空间”每个方向上“长度”的不再是可以从测量仪器上读取的寻常数字了，而是被称为量子算符的抽象数学对象。这意味着，超对称描述的量子时空概念与我们日常经验中可以用尺子和钟表测量的时空大相径庭。这又一次证明理论物理学家在用新思路思考亚原子世界的过程中有时会产生新的世界观——当然，最为重要的是，这种思考是在数学的辅助下展开的。

超对称的独特性还体现在另一个方面。只有整合了超对称，大自然才能赋予基本粒子所有可能的自旋：如果超对称只是理论物理学家集体虚构出来的产物，那么大自然就会错过至少一种基本粒子，也就是自旋在0~2之间的粒子，而它们是狭义相对论和量子力学允许出现的。[28]

用更通俗的语言来说，超对称的作用就像一种魔力符咒，有了它，物理学家就能运用标准模型做一些非常麻烦的计算，比如粗略估计希格斯粒子的质量。在许多支持超对称的科学家眼中，超对称太美了，因此绝对不可能是错的——大自然要是不利用这种性质，那真是太不可思议了。

然而，目前还没有任何实验证明超对称的存在，并且有一些理论物理学家，包括美国的几位顶尖学者在内，并不相信超对称在大自然的规划之内。例如，谢尔登·李·格拉肖后来就对我说：“在欧洲，超对称似乎成了一种宗教。”[29]如果把超对称看作一种宗教，那肯定出现了一些叛教者，其中最出名的应该是赫拉德·特霍夫特，他对我说：“我没看到大自然给物理学留的位子中有超对称的一席之地，所以我对这个概念还是敬而远之比较好。”[30]

超对称不只是理论物理学家的福音，对纯数学家来说也是如此。可以想见，第一个证明这种新的自然对称性在当代数学中也有威力的就是物理学家爱德华·威滕。1981年夏天，他在科罗拉多州阿斯彭的一个游泳池里突然有了一个想法。[31]那个时候，威滕已经成了理论物理学界公认的超级天才。虽然威滕平日里不怎么说话，但当他对某些技巧特别有感觉时，他的语速就会变得很快，并且毫不犹豫、没有偏差、绝不重复，就像是在念预先写好的稿子一样。威滕显然很欣赏自己的精湛技巧：我还记得有一次看到他在结束讲座时春风满面的样子，那个笑容很像几十年后罗杰·费德勒用胯下击球赢下一分后的表情。

在游泳池里，威滕凭直觉想到，超对称可能与数学中的莫尔斯理论有关。莫尔斯理论主要研究的是数学函数与其描述的空间形状之间的关系，以美国数学家马斯顿·莫尔斯（Marston Morse）的名字命名。50多年前，莫尔斯率先提出了这个理论的许多主要思想。很久以前，詹姆斯·克拉克·麦克斯韦也发现了这个理论的许多元素。在利物浦刑事法庭举办的1870年英国科学促进会年会上，麦克斯韦做了题为“小丘和山谷”的演讲，并在演讲中第一次公开讨论了他的这些发现。在那个周六上午举办、到场人数不多的讲座中，麦克斯韦解释了数学推理在研究乡村地貌特征时提供的独特视角。[32]后来，有几位听众反馈说，麦克斯韦能把一个听上去如此简单的课题翻译成许多人都多少有些恐惧的数学语言，这令他们大吃一惊。[33]

不过，参与这次讲座的几位专家却有幸看到了麦克斯韦这位自然哲学家开创了一个新数学分支，也就是后来人们知道的莫尔斯理论。一个世纪后，这个理论成为数学界一个比较热门的理论。在科西嘉岛上举办的一期暑期课程中，威滕第一次听说了这个理论。当时，能力过人的数学家拉乌尔·博特（Raoul Bott）在开始讲课前对听众说，他接下来要介绍的这个理论是自己最喜爱的一个理论，并且未来有一天或许会对台下的各位有所帮助。[34]威滕一直都觉得这个理论和现实世界没有什么关系，直到他在游泳池中灵光一闪。几年后，他在莫尔斯理论和超对称之间建立了完全意想不到的联系。

拓扑学家们都十分震惊。他们很难相信一个大多数数学家知之甚少甚至一无所知，且未经证实的物理学理论，竟然可以给对高维抽象空间形状的研究带来全新的视角。[35]毕竟，这个领域似乎怎么看都和现实世界没有任何关系。威滕的一大洞见是，整合了超对称的改良版量子力学方程组与50多年前几何学家威廉·霍奇（William Hodge，迈克尔·阿蒂亚的研究生导师）发现的方程组一模一样。也就是说，物理学家又一次踏上了数学家在几十年前铺设好的道路。狄拉克在1939年的斯科特讲座上评论道："数学家觉得有趣的规则正是大自然选用的规则。"此时，这番评论比以往任何时候都更能引起共鸣。

威滕在职业生涯初期对过多强调物理学与数学之间的关系持谨慎的态度。他后来回忆说，自己"只是逐渐"看到了向数学家学习带来的好处。他在20世纪70年代中期偶然发现量子场论和现代数学交汇时，只觉得那是一种"例外"，一种难得一见的奇怪现象。[36]不过，到了20世纪80年代初，威滕越发相信前沿数学可以不断地促进前沿物理学的发展，反之亦然。

20世纪80年代中期，我察觉到许多具有数学头脑的理论物理学家认为，超对称在数学领域的成功至少间接证明了这种对称性是大自然的一种根本特征。当时，我常常听到理论物理学家对会议听众说，现在的问题并不是超对称是否能够得到证实，而是何时能得到证实——超对称预言的“新”粒子早晚会出现。

不过，这样的夸张说法并不能打动大部分实验学家，比如直率的意大利人卡洛·鲁比亚（Carlo Rubbia）。1986年，在一次理论物理学家和实验学家都参加的会议上，他直言不讳地说：“我感觉自己就像这场理论狂欢中的濒危物种。我真的很惊讶。理论学家们发明了一个接一个的粒子。现在好了，每一种已发现的粒子都有对应的未发现粒子，而找到它们的重任当然应该落到我们实验学家身上。我觉得自己就像住在一幢烂尾楼里，墙壁只有一半，地板也只有一半……理论物理学界看待物理学的方式和楼下实验学界眼中的真正情况大相径庭。”[37]

结果，所有物理学家一致同意，确定超对称是否适用于现实世界的唯一方式就是让宇宙通过实验结果来告诉我们。同往常一样，吹嘘自己完全了解新理论价值的物理学家总是面临着被大自然狠狠打脸的风险。

*

1974年，在加布里埃尔·韦内齐亚诺偶然间提出第一个对偶模型的6年后，物理学家开始意识到他们诠释这个模型的方法并不正确：这个模型并不仅仅适用于强相互作用力，而是适用于所有自然基本力，包括引力。换句话说，弦论的研究对象并不局限于原子核内部，而是包含了整个物质世界。[38]

弦论适用于所有基本力的想法首先出现于两位顶尖对偶模型研究专家——美国人约翰·施瓦茨和法国人若埃尔·舍克（Joël Scherk）撰写的一篇文章中。他们用极其冷静的语言——几乎没有展露自己的兴奋之情——解释说，把超对称包括在内的传统弦论，如果采用这种全新的诠释方式，就可能成为在最精细层面上全面描述自然世界的统一理论的基础，而这种统一理论正是理论物理学家一个多世纪以来梦寐以求的。

弦论的核心是描述自然世界最深层面的具有革命意义的全新图景。它表明，电子、夸克、光子以及其他所有实验学家已经探测到的所谓基本粒子其实并不基本。如果弦论正确，那么就只有一种真正的基本实体，也就是弦：粒子只是弦振动的产物，就像拉动小提琴琴弦时产生的音符一样。物质宇宙其实就是弦上奏出的音乐。

这种方法以精确的数学为框架，似乎很有效。最令人印象深刻的是，弦论的形式天然就包含引力，而这是此前那些描述亚原子力的场理论做不到的。弦论只在引力同其他基本力一道存在时才有意义。换句话说，弦论本身就表明了引力的存在。这个理论的另一大优点在于，它不包含把爱因斯坦引力理论同量子力学结合在一起时突然出现的无穷大量。事实证明，这些无穷大量在弦论中奇迹般地消失了，因此，它在数学上是有意义的，这点令大多数专家都感到惊喜。

然而，弦论也有一些令人忧心的缺点。它在技术上的一大明显缺陷在于，它的数学结构似乎表明，这个理论与左右对称性破缺似乎并不相容，而这种破缺在李政道和杨振宁预言后，已被实验学家在20世纪50年代中期证实。[39]如果理论物理学家不能修复这个问题，那么弦论就完了。

另一大重要缺陷在于，弦论似乎并不能被实验验证，至少在可预见的未来不行。自牛顿的研究方法成为物质科学研究的基本方法以来，在将近250年的时间里，任何提出新科学理论的人都应该做出实验学家可以检验的预言。然而，就弦论来说，这种检验并不可行，因为只有将它应用于大爆炸的最初时刻，也就是时间本身开始的那一刻，极高能粒子的相互作用时，弦论才能做出清晰的预言。在这种能量（也就是“普朗克能量”）上下，物理学家用来描述日常世界的物理量，比如长度、时间、质量，都开始失去自己的固有含义，而物理学定律也就失效了。[40]

在这种能量水平上，量子理论和狭义相对论需要共同描述自然力，或许弦论的框架可以帮助它们做到这一点。问题在于，没人知道在现代粒子加速器所能产生的这种相对低的能量水平下，如何运用弦论做出详细的预测。除非实验学家能够验证弦论物理学家的预言，帮他们悬崖勒马，否则他们就有可能坠入纯思想的深渊，也就是虽然有高等数学的优雅描述，但它和现实世界仍然毫无瓜葛。

*

1974年春天，施瓦茨和舍尔克很是兴奋，因为弦论可能是统一场理论的圣杯。[41]他们在全球大学的物理系和物理学会议上做讲座，听众总是会礼貌性地倾听，哪怕他们其实无动于衷。当时，大多数粒子物理学家并不觉得研究引力是自己工作的一部分，而大多数引力专家则对亚原子物理学知之甚少。[42]

舍尔克和施瓦茨认为弦论适用于所有自然力的观点正式发表于1974年10月，“11月革命”的3周之前。对那些胸怀大志的粒子物理学家来说，规范理论仍是唯一的研究对象——现在可不是研究推测性理论的好时候，无论它看上去多么有前景。在当时看来，最好的研究策略就是在新实验结果的指引下发展标准模型。

研究弦论的圈子一直都很小，11月革命后，这个圈子就更小了。物理学家通常都更看重那些能在规范理论和实验数据之间建立联系的机会，也有人如前文介绍过的那样，侧重于发展理论背后的数学内容。施瓦茨和舍尔克是少数几个信奉弦论的物理学家，且后者于1980年离世，年仅33岁。施瓦茨则在加州理工学院继续研究弦论，主要合作伙伴是迈克尔·格林（Michael Green）。这两人此前在欧洲核子研究组织的自助餐厅吃午餐时偶遇，之后便迅速重拾了10年前于普林斯顿初见时的友谊。[43]格林在伦敦大学拥有讲师的永久职位，而施瓦茨则为选择研究冷门课题付出了代价——虽然他是加州理工学院第一流的物理学家，但他并没有终身职位。

“那些日子里，”理论物理学家杰夫·哈维（Jeff Harvey）如今回忆道，“格林和施瓦茨真的身处荒郊野外。”[44]他们研究的是整合了超对称的弦论，或者说“超弦理论”，它能够将弦论描述的时空维数从26降至更容易让人接受的10，但这个理论离主流物理学的研究课题仍旧很远。即便是那时，施瓦茨研究10维空间的行为也没有得到大多数加州理工同事的理解，其中包括持怀疑态度的理查德·费曼，后者曾在走廊里开玩笑地大喊：“嘿，施瓦茨，你今天研究几个维度啊？”[45]

虽然施瓦茨等人在弦论领域确实取得了一些进展，但他们说服不了多少理论物理学家加入，即便是那些最具数学头脑的也不行。施瓦茨后来回忆说：“大家对这个领域仍旧毫无反应。”[46]威滕倒是为弦论做出了一些贡献，但这个理论的缺陷之深令他担忧，因此，他并不愿意全身心地投入进来。威滕担心，弦论可能成为一项战线极长的长期挑战。不过，1984年秋天，在读完一篇改变了物理学进程（某种程度上也改变了数学进程）的论文后，威滕对待弦论的态度发生了大幅转变。

第9章 偶然成为必然

20世纪80年代，弦论引起大家重视后，我不再认为现代数学和现代物理学之间的联系只是偶然。如果说是偶然的话，那这种偶然持续的时间也太久了，出现的频率也太高了。

——爱德华·威滕，2014

1984年9月中旬的一天，一件联邦快递包裹送达了爱德华·威滕在普林斯顿大学的信箱。包裹内装的是迈克尔·格林和约翰·施瓦茨撰写的一篇有关弦论的简短论文。威滕几天前就听说他们取得了重大突破，因此一直在盼望着这篇论文的到来。果不其然，威滕认为格林和施瓦茨提出了一个意义极其深远的理论。这个理论可能会从根本上颠覆传统的科学观点，当然也会彻底改变这两位物理学家的学术生涯轨迹。读完论文后，威滕抛开了他一贯的谨慎作风，一反常态地称这个发现“令人振奋”，是一项“惊世骇俗的成就”。[1]

几周后，弦论就成了整个物理学界的宠儿。它是量子力学和狭义相对论结合的最新成果，前途一片光明，并且为相关数学内容的发展做好了准备。在这一章中，我会介绍一些理论物理学家和纯数学家跨学科合作取得的重大成就，并不局限于弦论。出于一些不可知的原因，物理学家有时能促进数学的发展，而数学家有时也能促进物理学的发展。当一门学科的专家闯入另一门学科的领域时，文化冲突在所难免，而我们即将看到，物理学家迁徙到神圣的数学领域，也绝非例外。

我们就从格林和施瓦茨的故事开始。自1984年年初开始，他们就一直在朝着最后的胜利迈进，尽管后来格林告诉我，他们当时甚至都不确定自己在努力解决的是什么问题。之前就有几名同行表示他们觉得弦论可能有个致命的弱点：弦论无法解释在某些放射性衰变中产生的左右对称性破缺现象，而这是李政道和杨振宁在近30年前就已经成功预言了的。虽然总是有人提醒格林和施瓦茨，他们的努力可能是一场徒劳，但他们还是坚持了下来，并逐渐开始相信他们一定会得到一些有用的成果。格林至今还对当初同施瓦茨合作的时光记忆犹新："我俩当时都是单身，没日没夜地做研究。由于没人对弦论感兴趣，自然也就没什么竞争。（在我们物理学领域）几乎每个人都在研究超引力（爱因斯坦引力理论的超对称扩展版本）。"虽然对大部分物理学家来说，格林和施瓦茨那篇论文写的似乎都是数学内容，但格林记得，他们还是把物理学放在了核心且首要的位置："从数学角度上说，我们运用的方法并不复杂。我们的目标是找到一种行之有效的弦论版本。"[2]

当年7月和8月，格林和施瓦茨参加了在科罗拉多阿斯彭物理学中心举办的暑期项目。这个每年举办一次的项目会集了几十位物理学家，大家共同做上几周的研究，中间还穿插一些音乐会和在附近山脉的远足活动。和其他参与者一样，格林和施瓦茨偶尔也会休息，但他们仍旧把工作日程安排得相当紧密，并且取得了缓慢但稳定的进步，他们也日益确信，自己即将发现一个切实可行的弦论版本。没有灵光乍现，有的只是不断追寻中的总结和感悟。在这个过程中，他们逐渐意识到，如果给弦论添上一种额外的对称性，那么那些有问题的数学项就全部互相抵消了，只剩下一个确有意义的神奇理论，妥帖地解决了左右对称性破缺问题，而这是此前别人认为弦论永远无法解决的缺陷。

阿斯彭物理中心于小城主街一家奢华宾馆举办了一场夏末庆典。在欢快的歌舞表演环节，施瓦茨同大家分享了这次突破带来的喜悦。他跳上舞台，俯视众人，激动地宣布："这个量子引力理论没有无穷大量！它解释了所有力！全都自洽！"在场的大部分观众迅速意识到，这场突如其来的炫耀早有预谋，并非临时起意——当身穿白色外衣的场务人员架着施瓦茨走下舞台时，他们都大笑着鼓起掌来。[3]

虽然施瓦茨的举动夸张，但他的话并没有那么夸张。他和格林做出这项发现后，许多物理学家都开始相信弦的概念或许确实可以构成一种理论框架的基础，这个框架不仅在数学上自洽，而且还能描述包括引力在内的所有基本力。格林和施瓦茨提出的这个理论框架完全以量子力学和狭义相对论为基础，同时还体现了超对称。这个性质能将时空维数削减至10，事实证明，这对简化计算极有帮助。这两位理论物理学家提供了一个看待这些"超弦"的全新视角。

阿斯彭庆典结束几天后，格林和施瓦茨就相聚在加州理工学院，一起撰写论文。按照物理学领域的惯例，他们把论文预印本（即出版之前的版本）发给了物理学图书馆和可能对这个课题感兴趣的同行。其中就有爱德华·威滕，他后来对我说，这篇论文促使他改变了对弦论的态度，不仅是因为这篇论文确实体现了弦论的许多优点，还因为它体现了一种趋势，即弦论的潜在灾难性缺陷一个接一个地通过某种方式被解决了："这个奇迹比其他所有促使这个理论走向自洽的奇迹都更重要……这表明，弦论一定捕捉到了某种真相。"[4]于是，威滕立刻放下了其他课题，开始全力探索弦论的新世界。与他一道行动起来的还有成百上千名理论物理学家，他们共同推动了后来被有些夸张地称为“第一次弦论革命”的运动。

哪怕是在格林和施瓦茨提出他们的睿智见解之后，这个领域更准确的称法也只能说是弦框架，而不是弦论，但在物理学中，措辞不严谨早就成了惯例（所以，希望读者能原谅我在本书中犯下的类似错误）。例如，和麦克斯韦的电磁理论以及爱因斯坦的引力理论不同，对弦论的这个新描述并没有采用完全清晰的概念，并且也没有做出明确可以检验的预测。就像魅力四射的理论物理学家塞尔焦·富比尼后来敏锐指出的那样，弦论的框架超前于这个时代，它是“21世纪物理学的一部分，却因为各种机缘巧合在20世纪就出现了”。[5]同样千真万确的是，要想全面理解弦论的思想，理论物理学家需要使用来自下个世纪的数学方法。

*

收到格林和施瓦茨论文预印本后不到一周，爱德华·威滕就回了信。他用一篇简短的论文，研究了格林和施瓦茨新版弦论框架的一些特性，并且思考了一个被称为“紧化”的过程——十维空间如何缩减到我们居于其中的四维空间？威滕在研究这个问题时使用的方法以现代拓扑学技巧为中心，当时大部分理论物理学家对这一领域知之甚少甚至一无所知，但他们很快就学会了。很明显，如果物理学家想要探索弦论框架，那么他们就只能学习大量高等数学知识，别无选择。创立标准模型的先驱之一戴维·格罗斯在1984年秋天转向了弦论研究，他后来对我说：“这是我人生中第一次被迫做那些繁重的数学推演。”[6]

对弦论框架潜力的乐观情绪还在不断上涨。戴维·格罗斯和普林斯顿的同行杰弗里·哈维、埃米尔·马丁内克（Emil Martinec）和瑞安·罗姆（Ryan Rohm）提出了一个看似古怪的全新弦论，这一理论可能为亚原子粒子和引力的现实描述提供了基础。[7]因此激起了弦论研究圈的更大热情。“那段时间，我们欣喜若狂，”哈维回忆说，“戴维·格罗斯建议我好好品味那一刻，因为对大部分理论物理学家来说，这样的乐事很难遇到。”[8]

那些日子的确令人兴奋。距加布里埃尔·韦内齐亚诺提出弦论框架雏形（也就是第一个对偶模型）才16年，这个理论似乎就已经发展成了可以解释粒子物理学家和天文学家所有观测的成熟框架。而这一切都是通过纯粹的思考取得的，几乎没有参考任何新的实验结果。格罗斯后来对我说：“当时，找到一个可以解释大自然所有粒子和基本力的理论框架似乎已是一个触手可及的目标。在那几个月里，弦论物理学家真的觉得自己正不断接近物理学高山上的光耀之城。”[9]

保罗·狄拉克没能分享这种兴奋，他没有活到亲眼见证这个量子力学和相对论令人振奋的最新结合产物的那一天。1984年10月20日，同病魔做了几个月斗争的狄拉克在位于佛罗里达塔拉哈西的家中病逝。几周前，格林和施瓦茨才第一次成了理论物理学界的关注焦点。狄拉克花了50年时间哀叹把量子力学和狭义相对论相结合的场论竟然存在无法解决的无穷大量问题。而在这个全新的弦论框架中，物理学家们终于如愿得到了一种摆脱了无穷大量的量子引力理论。

同样遗憾的是，狄拉克没能亲眼见证基础物理学和随后诞生的弦论框架之间的交融达到了何种程度。狄拉克在很多公开讲座中都敦促理论物理学家，要把确保新理论拥有“扎实的数学基础”作为工作的重中之重，至于把理论调整得使其符合先入为主的哲学思想和物理学思想，则退居次要位置。[10]“物理学思想和哲学思想都可以修补，可以通过人为的修改适应数学，”1977年，狄拉克在新奥尔良对一位听众如是说，“但数学不能胡乱修补，它必须遵循极为严格的规则，并且受到逻辑的严格限制。”早些时候，狄拉克还把自己的信条写在一张纸上，并把它藏在家中的书桌内，显然是留给后代的。纸上的内容如下：“如果你谦虚好学……数学就会牵着你的手……沿着一条意想不到的道路引你步入新领域。在那里，你将打下新大楼的地基……规划未来的发展。”[11]

在狄拉克看来，理论物理学家应该专注于发展基于优美数学的物理学理论。20世纪70年代末和80年代初，我常常听到年轻物理学家控诉狄拉克，认为他的物理学思想“逐渐软化”。他们认为狄拉克的这番说法太过模糊，因为在物理学中，优美这个概念实在是太难定义了。[12]面对这些批评者，狄拉克寸步不让。虽然他承认，在艺术领域，美的概念很大程度上取决于受众的文化背景和成长环境，但数学之美“完全不同”：它“超越了这些个人因素。无论在哪个国家，在哪个时代，数学之美都是共通的”。[13]狄拉克甚至曾这么说，如果身为理论物理学家却不理解数学之美的重要性，那么他最好“不要当理论物理学家了”，转行做点儿别的事。[14]

*

狄拉克下葬的时候，他的后继者们正激动地规划着全新量子引力理论发展的下一阶段。这个新理论框架要解决的一大紧迫任务是将时空的维数从10削减到4。1984年年末，威滕、菲利普·坎德拉斯（Philip Candelas）、加里·霍罗威茨（Gary Horowitz）和安德鲁·斯特罗明格（Andrew Strominger）发现了一个借用现代微分几何学概念实施紧化的方法。爱因斯坦之前就曾利用微分几何这个数学分支描述时空曲率。威滕四人的想法是将弦论植入一种特殊的高维空间中。早在1957年，意大利人欧金尼奥·卡拉比（Eugenio Calabi）就已经预见到了这种空间的存在，但它在将近20年后才由华裔数学家丘成桐证明。卡拉比认为，这类空间完全是一种抽象概念——换句话说，他觉得这个领域“和物理学毫无关系”，因为它“严格属于几何学范畴”。但丘成桐可不这么认为。[15]他有一种预感，这类空间的性质表明它们在自然世界中肯定扮演了某种角色。他后来宣称，他“坚信最深邃的数学思想……几乎无一例外都会对物理学产生影响，并且会在自然世界中显露痕迹”。在这个高维空间的例子中，丘成桐显然是正确的：这些神秘空间非常适合用来将弦论涉及的时空维数从10削减到4。

大部分数学家认为，这类卡拉比–丘空间数量不多，而理论物理学家则希望它们中有一个可以应用于现实世界。数学家和物理学家开始并肩作战，尝试解决弦论紧化问题的过程中，他们也在暗暗地一较高下，看看哪门学科能为这类空间的研究带去更多启示。戴维·莫里森就是在这个过程中担任物理学家顾问的数学家之一，这段经历常常让他觉得非常恼火。他后来对我说：“物理学家总是不断地改变想法，根本没法知道他们究竟想从我们这儿得到些什么。他们一会儿希望我们解决这个问题，一会儿希望我们解决那个问题。”[16]通常来讲，数学家更喜欢小心谨慎、稳步向前的工作方式，习惯在开展下一阶段工作前将每个细节都做到完美，而物理学家则时时刻刻都在追寻新结果，如果有必要，他们完全不在乎走一些不那么完美但可以速战速决的捷径。

几个月后，形势已经相当清晰，卡拉比–丘空间要比大家预想的复杂得多。和数学家此前的看法不同，这类空间数量并不少，准确地说是有亿万个。[17]物理学家的计算则表明，弦论“处于”哪个卡拉比–丘空间决定了该理论天然预测的基本粒子族数。可惜的是，这个数字和实验学家的观测并不一致，并且，这种新技巧也没有把时空维数削减到4。虽然这些空间的细节特征并没有带来无可争议的胜利，但它们的研究前景实在太过诱人，让人无法忽视。物理学家和数学家很快就沉下心来，专注于研究这类空间，暗自希望自己的努力不会白费。

研究弦论的这股热潮还激发了物理学家对关于表面的抽象理论的兴趣。弦在移动时会在时空中扫出一个二维平面，这很像是一支笔直（一维）的铅笔在平坦的桌面上划出一个二维的长方形轨迹。要描述这类表面，弦论学家就要用到100多年前哥廷根数学家伯恩哈德·黎曼发现的数学思想和技巧，而这类表面就叫作黎曼曲面。于是，对黎曼曲面的研究就成了又一个物理学家和数学家并肩作战的领域。科学史学家彼得·加利森（Peter Galison）称其为“贸易区”。[18]后来，已故伊朗数学家马里亚姆·米尔扎哈尼（Maryam Mirzakhani）成了黎曼表面研究领域的顶尖学者，之后的发展证明，她提出的几大创新思想对物理学家颇有价值。[19]

1985年年初，罗纳德·里根总统连任后几个月，蓬勃发展的弦论领域达到了从未有过的繁荣，圈子内部也洋溢着乐观情绪。这个理论框架的存在确实很让人兴奋。但令人担忧的是，这个框架的所有特征都无法通过实验检验：要想把它发展为成熟理论还有很多工作要做。理论物理学家之前就曾陷入过类似的处境。例如，1927年，理论物理学家阿瑟·爱丁顿就评论说：“最好在量子力学这个新理论的房门上贴上告示‘结构调整中——闲人免进’，还要特别提醒看门人，别让那些爱打听的哲学家进来。”[20]差不多60年过去了，部分弦论学家产生了同样的感受，但实验结果引导他们取得进展的概率要比当年低多了。弦论框架的巨大悲剧并非如托马斯·赫胥黎在一个多世纪前提出的名言所说，是“丑陋的现实杀害了美丽的假设”。相反，真正的悲剧恰恰在于，似乎没有任何实验能破坏这个框架，甚至都不能伤它一丝一毫。[21]

一个反对弦论的常见理由是，这些看似优美的数学内容只有应用于极高能量环境中才最为自然，因此，在可以预见的未来，似乎完全不可能证伪这个理论，除非有人能建造一座比整个地球还大的粒子加速器。1986年5月，谢尔登·格拉肖和他在哈佛的同事保罗·金斯帕格（Paul Ginsparg）在一篇强有力的论辩文章中提出了这些挑战。这篇题为“追寻超弦的绝望之旅”的文章发表于美国物理学刊物《今日物理》（*Physics Today*）上，这份期刊在全世界都拥有大量读者。[22]这篇文章似乎是对弦论的直接攻击，至少也表达了对这个理论的强烈不信任。两位作者指出：“几十名最为睿智的顶尖学者在数年的努力工作后，仍然没有提出哪怕一个可以证实的预言。”金斯帕格和格拉肖担心弦论最后会无疾而终，并反问说：“难道数学和美学已经可以取代并超越纯粹的实验了吗？”

还有几位顶尖物理学家则对弦论持保留态度，其中包括理查德·费曼。在他逝世前几个月，他曾对一位来访者说：“或许我该说点儿什么，好让未来的历史学家乐一乐，比如说我觉得有关超弦的一切都太过疯狂了，这个研究方向完全偏离了正确的轨道……弦论无法检验，这点令我不太满意。更准确地说，我不喜欢任何与实验不符的东西，这类理论总会编造解释，模棱两可地说，‘它有可能是对的’。”[23]

大约就在此时，许多物理学家对我说，他们的研究方向似乎正不断朝着数学这片黑暗森林发展，这点令他们很是不快。我常常听到同行们抱怨，粒子物理学学生越来越擅长拓扑学了，但他们似乎忘了物理学才是描述现实世界的基础。有一位其他物理学领域的博士生主考官很担心学生对一些基本实验事实也不了解，便要求一位学生给出对电子质量的粗略估计。这位考生回答说：“没问题，先生，我可以告诉你准确值。”

说完她就拿起一支粉笔在黑板上草草写下了：m_e。[24]

不过，大多数弦论学家似乎都没有被这种趋势困扰：他们觉得，如果物理学家的确需要学习更多数学知识以增进对自然世界的理解，那就去学吧。对他们来说，现在就放弃这么一个大有可为的理论显然为时过早：至少，它在数学层面上是如此美妙，很难相信它其实一文不值。

20世纪80年代，数学和物理学在很多方面都起到了互相促进的效果，这类合作并不都与弦论直接相关。其中，最引人注目的例子或许是我们接下来看到的这个：爱德华·威滕发现了寻常时空、数学家的扭结理论和物理学家的量子场论之间意想不到的联系。

我们之前已经看到，数学家西蒙·唐纳森在运用规范理论寻找研究四维空间的新方法时开启了一场几何学革命。威滕在受到迈克尔·阿蒂亚的鼓励后，仔细研究了唐纳森的理论，并发现它可以被诠释为超对称的某个版本，进而把唐纳森的这些数学创新带到了理论物理学的前沿。[25]说得更具体一些，威滕证明了唐纳森的理论对应了一种特殊类型的量子场论（后来被称为拓扑量子场论），这种理论的特性完全取决于场的形状。威滕在唐纳森的空间理论和超对称之间建立起来的联系一开始看上去很奇怪：为什么一个有关空间的数学理论会和描述电子、夸克和胶子的物理学理论扯上关系？然而，事实证明这只是拓扑学与量子场论之间诸多深层关联的开始。

得出这些进展不久之后，威滕就拓展了他在量子场论和拓扑学之间建立的联系，以一个全新的角度研究了扭结理论。这是19世纪的物理学家为了研究假想中的以太第一次系统性研究的理论（参见第2章）。而在威滕的工作中，他运用了14年前由陈省身和吉姆·西蒙斯（杨振宁的好友，我们在第7章中第一次遇到了他）建立的数学框架。现代数学家使用的扭结概念完全基于我们的日常生活，也就是缠在一起的环圈，就像两端系在一起、打了结的鞋带一样。扭结理论的一大目标是描述各种扭结的特征，并且区分各类打结方式。

扭结理论在现代数学中声名鹊起，是在新西兰人沃恩·琼斯（Vaughan Jones）发现了一种全新的思考角度之后。琼斯在1984年证明了大部分扭结都可以通过一种数学函数分类，而这种数学函数又可以通过后来被称为琼斯多项式的公式计算。这个体系总能奏效，但没人知道其中的原因，而给出第一个直觉性解释的就是威滕。他运用了一种在数学家看来很奇怪（委婉地说）的方法研究这个问题。威滕并没有把扭结想象成各种长度的鞋带，而是想象成量子粒子在时空中走过的路径。理查德·费曼在发明计算量子粒子从某个点运动到另外某个点概率的相关技巧的时候就研究过这些路径。这类计算要求我们把粒子可能走的所有路径的贡献都加起来，包括那些折线形、之字形和扭结形的路径。正常来说，这些曲曲折折的路径不会对最后的结果造成较大的影响，但是，威滕证明它们的存在与扭结的某些深层性质有关。他发现，某个量子力学量（也就是振幅）的平均值和琼斯用来计算路径特征数的方程有关：它们完全相等。看起来，大多数扭结（包括日常生活中的那些）的分类方式最终都和亚原子领域的运动理论——量子力学有关。

数学家对威滕这番推演的成功感到困惑，因为他所用的费曼“路径积分”技巧在数学上并不严谨。然而，毋庸置疑的是，威滕的思路奏效了。他的方法率先解释了为什么琼斯的扭结分类方法能起作用，同时还开辟了研究扭结的新途径，这一点也同样重要。

此时，威滕已经成了人们疯狂崇拜的对象，这令他很尴尬。[26]物理学家在讨论他时，总把他说得像超人一样，还会逐字逐句地剖析他在午餐时不经意间说出的话，就好像这些话里有无穷的大智慧，一旦错过，将抱憾终身。威滕本人的水平已经成了这门学科的基准——我曾听到物理学家开玩笑地说，一个能够衡量理论物理学家水平的简便单位就叫作“毫威滕”（这个概念既是在夸赞威滕，也表明了许多物理学家是多么不擅长运用量化手段）。虽然没有哪位正经的物理学家会质疑威滕的能力，但有一些人总是抱怨说，威滕把物理学引向了一条不幸的道路——道路尽头是不必要的复杂数学，而且这些知识超越了大多数物理学家的学识范围。在我看来，这样的批评并不公平。威滕进入物理学领域的时候，这门学科的一些基础理论已经具备了在数学上进一步深化的条件，而他决定充分利用自己的才干——“将怪异的数学方法应用到物理学中”。[27]最终结果就是，他对这个领域做出的贡献比当时的任何人都多。如果这个时代真的还有推动理论物理学前进的更好的方法，那么以其他理论物理学家的集体智慧，这种方法早该被发现了。

*

威滕当然不是唯一一个对数学做出贡献的物理学家。随着理论物理学家开始越来越多地与数学家展开合作，这类贡献也日益常见，并且让这两门学科的专家都产生了一种感觉：他们好像都在同一个领域内耕耘。这方面最为显著的例子发生在20世纪80年代末，当时有一批弦论物理学家和数学家正在研究卡拉比–丘空间，确认它们是否在大自然的规划之中。

粗略地说，卡拉比–丘空间的形状像一件复杂但对称的雕塑作品——有点儿像是亨利·摩尔①（Henry Moore）的风格——光滑的表面上缀着许多形状、大小各异的孔洞。[28]不过，这类空间和那些我们看得

① 亨利·摩尔是英国雕塑大师。——译者注

见、摸得着的具体物件差异很大，因为它们的维数远高于我们进行艺术创作的空间。数学家很关心这类空间的抽象性质，而物理学家则一如既往地关注这类数学对象是否与现实世界有关。数学家和物理学家在这个领域内的合作一开始完全是单向的：数学家给物理学家上了这个新几何分支的速成课，解释了其中的微妙之处，纠正了物理学家的误解和错误，有时甚至还发展了物理学家必需的新数学概念。因此，就像我们接下去看到的那样，当物理学家运用弦论修正了有关卡拉比-丘空间的最微妙的数学计算过程之后，数学家无比震惊。

这个故事开始于1988年。当时，美国物理学家兰斯·狄克逊（Lance Dixon）提出，把两种完全不同的卡拉比-丘空间整合到弦论中，能得出完全相同的对现实世界的明确预言。换句话说，弦论可以用两种等效的版本描述，而这两个版本互为对偶。

其他理论物理学家进一步发展了这个想法，但数学家不以为意——卡拉比-丘空间成对出现对他们完全没有意义。物理学家则坚持了下去，最终意识到这类对偶性并非偶然，而是弦论的一项基础特征。做出这项发现的是哈佛大学的布赖恩·格林（Brian Greene）和罗嫩·普莱泽（Ronen Plesser），此外还有4名理论物理学家也各自独立地提出了这个想法，他们是菲利普·坎德拉斯、齐妮娅·德拉奥萨（Xenia de la Ossa）、保罗·格林（Paul Green）和琳达·帕克斯（Linda Parkes）。[29] 1990年，坎德拉斯惊喜地发现，有了这些对偶空间，弦论就能计算出卡拉比-丘空间的一种性质了，而这种性质正是数学家几十年来都一直关心的：在每个空间上能独立“绘制”的曲线的数量。这些空间就像派对上的气球，它们的形状可以通过把橡皮绳绑在它们表面上的绑法数量来衡量。数学家之前一直在用几何学方法计算这些“曲线数”，物理学家此时靠着对弦论的直觉提出了一些颇为不同的技巧。正如科学史学家彼得·加利森所说："坎德拉斯等人……发现了一条闯入几何学花园中的道路。"[30]

在大多数情况下，坎德拉斯等人计算出的这个数量和数学家得到的结果一致，但并非所有情况下都如此。在一个特别复杂的案例中，双方得到的结果差异相当大：按照坎德拉斯等人的方法，这个空间中的曲线数应该是317 206 375，还不到两位挪威数学家盖尔·埃林斯鲁德（Geir Ellingsrud）和斯泰因·阿里尔·斯特勒默（Stein Arild Strømme）利用计算机程序得到结果的1/8。这在数学家戴夫·莫里森（Dave Morrison）和他的同事看来，一点儿也不值得惊讶。莫里森后来对我说："在我们看来，物理学家的方法看上去根本就是无稽之谈。"[31]然而，物理学家自信自己没错。他们解释说，如果弦论框架对大自然的描述自洽，并且镜像对称就是这个框架的一大特征，那么他们得到的数字就肯定没错。如果错了，那要么是这个理论框架不自洽，要么它不具备镜像对称性。[32]

1991年5月初，在位于加州伯克利的数学研究所内，波及这场大争论的许多物理学家和数学家都聚到了一起，详细讨论各种有关卡拉比-丘空间的课题。丘成桐后来回忆说，现场的物理学家和数学家都在努力理解对方——他们都尽力"学习对方的优点和概念框架"。每天的讲座结束后就是漫长的对话和讨论，双方都致力于构建一种共同语言，这样的讨论有时甚至会持续至深夜。然而，直到这次聚会结束的时候，在曲线数量这个问题上产生的分歧仍旧没有解决。两位挪威数学家和坎德拉斯一方会后仍旧保持联系，频繁地交流、检验各自的结果，却还是徒劳无功。大多数数学家认为肯定是物理学家的计算出了错，而物理学家则确信自己没错。

当年7月31日，这个问题终于解决了。两位挪威数学家发现自己的计算机代码中有一个错误，立即纠正之后，他们得到的结果就和物理学家几个月前的计算结果完全一致了。埃林斯鲁德和斯特勒默举起了白旗，在一封题为“物理学胜利了！”的电子邮件中投降。收到邮件后，兴奋的坎德拉斯立刻给同事发去邮件，标题为“安拉胡阿克巴！”（阿拉伯语，意为“真主至高伟大！”）。物理学家很快就利用了这个大获成功的方法，在此后的几个月内开启了研究卡拉比–丘空间的规划。[33]“弦论物理学家的这种‘偏门’数学竟然如此成功，这让我们数学家很尴尬，也有些震惊，”戴夫·莫里森后来这么跟我说，还补充道，“毫无疑问，他们以物理学为基础的直觉的确有效，虽然我们根本无法理解。”迈克尔·阿蒂亚后来则这样评价物理学家的巧妙方法：“他们就像坐上了热气球，空降到几何学家的领地上，然后迅速占领了我们的首都。”[34]

抽象的数学和立志解释现实世界的物理学理论建立了深度合作，而上面这个例子就为这种合作提供了一些有益的深度思考。1959年，普林斯顿理论物理学家尤金·维格纳（狄拉克的妹夫）在纽约大学的一场讲座中就谈到这个话题。维格纳本来想把这场讲座的主题定为“理论物理学中的数学”，[35]但会议组织者明智地选择了维格纳提出的另一个方案，即“数学在自然科学领域不合理的有效性”。自20世纪60年代初以来，这句话就成了科学领域（尤其是物理学）的一大常备用语。维格纳这个夺人眼球的讲座主题表示当时数学与物理学之间的关系主要还是单向的：数学大大促进了物理学的发展。不过，到了20世纪80年代末，这两门学科就开始携手并进了。[36]量子力学在扭结理论领域的应用，以及弦论在研究卡拉比–丘空间时所起的关键作用都证明了维格纳的讲座主题只说出了事实的一半：数学的确在物理学领域发挥了不可思议的作用，但物理学在数学领域发挥的作用也同样不可估量。

*

并非所有驻扎在几何学前沿的物理学家都广受欢迎。我有时会听到一些偏激的数学家说出类似“我们应该自己解决自己的问题”和“物理学家应该把数学工作留给专业的数学家”这样的话，虽然没有人勇于实名发表这些评论。抛开山头主义这种思想不谈，这类摩擦出现的主要原因或许是物理学家和数学家各自都有自己偏好的工作方式。衡量任何数学创新的金科玉律都是铁一般的证明。而理论物理学家对完美的严谨并不感兴趣，他们为了增进对宇宙核心秩序的理解愿意做任何有必要的事。正如爱因斯坦所说，在知识理论专家看来，每个物理学家都一定且必须是“肆无忌惮的机会主义者”。[37]

现代几何学的走廊里出现了这么多物理学家，而且他们几乎都没有接受过专业数学训练，这一点令一些纯数学家相当恼怒，当然他们中的大多数只能把这番怒火埋藏在心中。然而，1993年夏天，数学物理学家阿瑟·贾菲（Arthur Jaffe）和拓扑学家弗兰克·奎因（Frank Quinn）在发表于《美国数学学会公报》（*Bulletin of the American Mathematical Society*）的一篇长文中公开表达了自己的不满。他们的这番表态引起了一场轩然大波，那些正在竭力促进数学和物理学跨学科合作的专家更是愤懑不已。虽然贾菲和奎因承认物理学的确促进了数学研究，但许多物理学家根本不知道自己在用数学干些什么，这让贾菲和奎因感到相当不快。这两位作者说，主要问题在于，在物理学和数学两大领域交界处工作的物理学家沉溺于“投机性数学”，很少把注意力放在细节的准确性上。“我们应该这么说，”贾菲和奎因写道，“对随意推演和严格证明不做区分，违背了做数学研究的职业道德。”[38]

虽然贾菲和奎因并没有刻意诋毁威滕（威滕是贾菲的合作者之

一），但他们的确把矛头对准了弦论物理学家。他们强调，弦论物理学家缺乏新实验观测证据的支持，更别提从中获得什么灵感了，因此，弦论物理学家“建立了一个新的实验圈子”。贾菲和奎因声称：“现在为他们的理论框架研究提供可靠新信息的是数学家。”[39]他们认为，真相就是弦论物理学家正在做的物理学研究缺乏新实验证据的支持：这一科学分支的发展与其说是对现实世界的观测推动的，不如说是由新数学工具促进的。

这篇文章戳到了很多人的痛点。[40]贾菲后来告诉我：“很多大人物对我俩很不爽，但我们也收到了不少年轻数学家的支持意见。有一部分人还用当时还是新事物的电子邮件发来了消息。”他和奎因提出的这个观点成了数学家和部分理论物理学家热议的话题——双方的对抗情绪日益高涨。《美国数学学会公报》的编辑从中发现了做特别专栏的机会，便邀请数学和物理学界的数位顶尖学者公开发表他们对贾菲和奎因这篇文章的回应。[41]

受访者的意见并不一致，但公正地说，有许多人都认为贾菲和奎因的观点并没有错。不过，受访者大多也都强烈认为，他俩夸大了事实情况。威滕只关注了他俩对物理学的评论，并且做了结论：“弦论的驱动力……远比贾菲和奎因所说的更为强大且集中。”迈克尔·阿蒂亚则强烈反对贾菲和奎因的“总体语气和态度，听上去很是霸道”。[42]阿蒂亚认为，虽然严谨很重要，但数学研究并不只有严谨，他还列举了一些通过灵感和直觉取得重要成果的例子。他认为：“我们现在正在几何学和物理学前沿见证的，是20世纪数学最令人耳目一新的一大事件。”[43]数学家卡伦·乌伦贝克思想深刻、性格温和，她赞同贾菲和奎因文章中的很多观点，但也敦促数学家不要把目光局限在自己的专业领域，要多多拓展自己的关注面：“因为知识面不够宽而止步不前的数学家要比因为不够严谨而走向末路的数学家更多。”[44]

现在回想起来，贾菲和奎因的这篇文章多少有些小题大做，它对改变物理学家和数学家的合作方式几乎没有产生任何帮助。数学和物理学前沿的交叉土地是如此肥沃，诱惑着物理学家和数学家冒险到自己的专业领域之外一探究竟。即便是在数学领域，愚昧无知也可以成为一种美德，只要它和学习的决心结合在一起。

*

20世纪初，闵可夫斯基和爱因斯坦等人发现，研究时间、空间和引力的最好方式是几何学。自此以来，几何学思维就开始兴起，并一直主导了物理学与数学之间的关系。这点倒是很对物理学家的胃口，他们通常都更喜欢运用自己的视觉想象力研究这个世界都发生了什么，而不是处理那些抽象的代数公式。

在过去的几十年里，拓扑学的重要性越来越高。这个几何学分支研究的是事物的整体形状。我们已经看到，以罗杰·彭罗斯和史蒂芬·霍金为代表的物理学家正是运用这种数学方法（当然还借助了其他数学手段）研究了黑洞周围的引力场形状。在物质尺度的另一端，特霍夫特、波利亚科夫等人则用这种数学方法研究了原子核深处扭曲（有时甚至会打结）的量子场。

在物理学的其他分支领域内，拓扑学也开始逐渐发挥作用。20世纪70年代的物理学发展表明，没有拓扑学，就无法解释寻常固体物质的某些观测结果——这门学科现在叫作“凝聚态物理学”。1980年，克劳斯·冯·克利青（Klaus von Klitzing）等人在慕尼黑工业大学做出了这一物理学分支的一大经典实验。[45]他们做到了每个胸怀壮志的实验学家都梦寐以求的事情：他们向大自然问了一个简单问题，然后得到了一个研究世界运作方式的绝佳新视角。

冯·克利青和他的同事们仔细研究了大自然的一个小角落。在那里，制约物质行为的环境非常极端，与日常体验中的任何环境都大不相同。这些物理学家将一种特别的固体冷却到接近绝对零度，再将它置于垂直于通过固体的电流的磁场中，然后就得到了一项举足轻重的发现。在充分改变磁场强度后，电流强度呈阶跃式上升，不再平稳：材料的电阻只能取一些特定值，与固体的大小和形状毫无关系。自那时起，这个现象就成了理论物理学家心中的一个谜，直到英国物理学家戴维·索利斯（David Thouless）和合作者们解决了这个问题以及相关问题。[46]索利斯证明，当电子场改变形状时，就会出现这些强度阶梯：最低一级阶梯对应固体内部平滑的电子场，倒数第二级阶梯对应的电子场有一个空洞，倒数第三级则有两个空洞，以此类推。冯·克利青及其同事观察到的电导性突变现象正反映了材料内部深处各种场的总体形状（也就是拓扑性质）的变化。研究这类奇异材料的理论核心在于陈省身和吉姆·西蒙斯提出的拓扑学框架，它构成了威滕拓扑场论的基础。拓扑学思想同固体材料的联系与同亚原子世界的联系一样紧密。

我们越来越清楚地看到，对凝聚态物质的研究可以产生对自然世界本质的新洞见。不过，物理学家仍旧需要以尽可能高的能量做亚原子粒子的对照实验：只有在这种情况下，掌管粒子相互作用的物理学定律才会变得特别简单。这类实验只能通过粒子加速器完成，支撑粒子物理学现代标准模型的许多观测结果也都诞生于这些能产生极高能量的仪器之中。20世纪90年代初，粒子物理学家自信地认为，他们建造功能日益强大的粒子加速器的要求，会像第二次世界大战之后那样一如既往地得到资助机构的大力支持。然而，我们马上就会看到，随后的发展令他们大吃一惊。

第10章　通往新千年之路

信息已经有点儿多了，文斯，不过，继续说下去吧。

——电影《低俗小说》，昆汀·塔兰蒂诺编剧，1994

如果你秉持这样一个信念：所有新理论都必须遵守量子力学和狭义相对论，那你一定会步入一些神奇的领域。

——胡安·马尔达塞纳（Juan Maldacena），2017

20世纪90年代初，美国物理学家的情绪不断高涨。在欧洲核子研究组织做出一系列令人印象深刻的发现之后，里根总统的科学顾问敦促美国粒子物理学家要“更加大胆、更有野心”地“重夺粒子物理学的国际领先地位”。[1]他们当然义不容辞，迅速制订了建造有史以来最强大粒子加速器（俗称“超级对撞机”）的计划。1989年，国会很快就以压倒性多数的投票结果通过了在10年内资助该项目59亿美元的计划。[2]物理学家们期待这个庞然大物能够继续推进理论物理学家和实验学家之间的对话，侦测标准模型缺失的拼图——希格斯粒子，兴许还能首次从实验上证明超对称。然而，不到3年，这个项目便夭折了。

超级对撞机项目失败的原因有很多，比如项目管理糟糕、招募国际合作伙伴失败等。苏联于1991年解体之后，美国国会议员不再那么确信粒子物理学对国家安全的重要性，因而对山姆大叔①是否仍应该资助超级对撞机项目也产生了怀疑。[3]在国会山的听证会上，数位颇有影响力的凝聚态物理专家提出，资助超级对撞机项目会削减其他物理学领域研究的资金，议员们听取了这个意见。最令人担忧的或许是，超级对撞机项目的成本上升得太快，并且有人担心物理学家无法承担如此重大的工程项目。1992年6月上旬，众议院的投票结果就反对资助这个项目，整个计划从此之后一直处于风雨飘摇之中。7个月后，关于是否继续资助的大讨论在华盛顿愈演愈烈。理论物理学家史蒂文·温伯格出版著作《终极理论之梦》（*Dreams of a Final Theory*）的部分原因也是为了支持超级对撞机项目，他认为粒子物理学家“迫切需要”这个新机器。[4]在温伯格看来，来自超级对撞机的实验结果能帮助物理学家发现自然世界的基础理论。他认为，这个理论已经触手可及了。

无情的国会议员对温伯格等物理学家的强烈呼吁充耳不闻：1993年10月19日，国会以压倒性多数的投票结果取消了超级对撞机项目。参议院中反对这个项目的头号人物本内特·约翰斯顿（Bennett Johnston）公开宣布，超级对撞机已经被“处死”，“我们现在要做的就是处理尸体”。[5]近半个世纪以来，美国政府一直慷慨支持对亚原子世界的实验研究，然而这一次，国会议员们决定彻底结束这个领域中的

① 山姆大叔指美国。——编者注

旗舰项目。在愤懑的理论物理学家默里·盖尔曼看来，这明显就是“人类文明的倒退”。但也有一些粒子物理学圈子之外的物理学家持不同观点，材料科学家拉斯特姆·罗伊（Rustum Roy）就对《纽约时报》的记者说：“高能物理学的报应早该来了。”[6]

就当时来说，除非欧洲核子研究组织在建的巨型粒子加速器能够探测到希格斯粒子或者发现超对称存在的实验证据（或者两点都做到），否则粒子物理学家就要面对至少10年内没有任何新实验线索的灰暗前景。[7]在第二个千年剩下的日子里（以及之后的10年多时间里），粒子领域的理论物理学家没有了现实世界证据的支持，只能依靠思想实验开展研究。在本章中，我主要介绍这一时期的物理学与数学的发展情况，尤其关注有关对偶性的研究，这个奇异的性质在量子场论和弦论中无处不在。物理学家发现，以量子力学和狭义相对论为基础的很多理论都能用两种方式表述，这两种表述虽然在数学上大相径庭，对现实世界的描述却完全一致。这看上去有些奇怪，毕竟，我们很自然地认为，真正令人满意的理论都应该以独一无二的方式呈现。

我们可以用类比的方法理解这些理论的怪异数学对偶性。想象一下，有一个侦探正在调查一件颇为复杂的案子，他宣称已经掌握的成千上万件证据都能完美地用两种方法诠释，注重实证的法官听到这番说法后会做何反应？他很可能会得出这样的结论：这个侦探还得深入调查，这个案件肯定只有一个合理的解释。在这点上，物理学和法学有相似之处，如果某个领域有两个截然不同却完全等效的理论，那我们完全可以合理地怀疑这两种解释都包含了“太多信息”。20世纪90年代，乌玛·瑟曼（Uma Thurman）饰演的角色在电影《低俗小说》中说出类似台词之后，这句话就成了流行语。[8]

*

对偶性绝不是物理学家近来才发现的。19世纪，迈克尔·法拉第、威廉·汤姆孙和詹姆斯·克拉克·麦克斯韦就在电磁学研究中窥见了这种性质。19世纪80年代，奥利弗·亥维赛则第一个强调了电磁场方程组中存在对偶性。[9]大概40年后，狄拉克开创的磁单极子量子理论方程组中也明白无误地出现了对偶性。[10]

1977年，欧洲核子研究组织的克劳斯·蒙托宁（Claus Montonen）和戴维·奥利弗提出，规范理论方程组也有对偶性。这两位理论物理学家提出，在两类规范理论中，单极子可以用两种等效的数学方法描述。在一个理论版本中，单极子呈点状；而在另一个版本中则相反，它们是复合粒子，每一个都有内部结构，可以通过实验来探测。这个例子凸显了对偶性并不只是一种数学性质——它的存在迫使物理学家反思方程组描述的理论究竟有什么含义。一个明显的问题是，这两种等效描述中，究竟哪个是正确的？答案似乎是，两种都不够基本——两种表述很可能都是从更基础的理论中演生出来的。毫无疑问，肯定还有一种——而且只有一种——更深刻的解释。蒙托宁和奥利弗的观点吸引了几位理论物理学家的注意，但很少有人认真对待。

直到1994年年初，印度物理学家阿肖克·森（Ashoke Sen）才用超对称的例子成功地说服了大多数理论物理学家。几乎一夜之间，对偶性成为规范理论和弦论都具备的性质。[11]正如我们将在本章中看到的，对偶性在接下来的两年中成了热门话题，在物理学和数学领域都催生了一些令人惊喜的新洞见。这又是一个现代物理学和纯数学紧密相关的绝好例证。

下面我会先从规范理论的对偶性开始说起。夸克为什么永远被禁锢在核粒子内部？规范理论的一种对偶性提供了研究这个问题的新视角。对偶性在得到承认之后的数个月内，就掀起了纯数学领域的一场剧变，其猛烈程度令部分专家都感到难以置信。然后，我会讨论一项基础层面上的进展，正是它让物理学家发现了不同版本弦论之间的大量新对偶性。最后，也是最令人惊喜的，我会介绍20世纪物理学的最后一大震撼性成就，这项关于对偶性的发现让我们对引力、空间和时间有了新的理解。

*

20世纪90年代，以色列裔美籍物理学家纳蒂·塞贝格（Nati Seiberg）是年轻一代理论物理学家中最有才华的一位。他回忆说："我们那一代人都把标准模型视作历史，应该封存起来，束之高阁。在实验给出更多线索之前，我们别无选择，只能选择研究那些看起来前景最为光明的理论，争取能更好地理解它们。"[12]

塞贝格1978年开始研究生的工作，当时他正在服兵役，为期5年，在以色列军队中担任气象学家的角色。在这段岁月里，塞贝格密切关注着各类实验观测结果，还做了一个没有什么成果的项目。到了1982年，在获得普林斯顿高等研究院的第一个博士后职位时，他早已做好了继续科研之路的准备。塞贝格决定对那些整合了超对称并且可能应用于现实世界的理论进行系统性的研究。[13]他是一名难得一见的天才，思想深刻、精通数学，对不成熟甚至滥竽充数的理论深恶痛绝。塞贝格在推导出新的理论结果方面也有非凡的能力，大多数他的同行需要几页纸的数学计算才能理解他得到的结果。因此，有人称塞贝格为魔术师。

塞贝格因发展了与已有的描述夸克、胶子（被禁锢在中子内部的粒子）、中子及相关粒子的理论相类似的超对称理论而为众人所知。这些理论包含很多变量（也就是可以变动的部分），比如理论背景时空的维数、描述的夸克种类数以及各类夸克间相互作用的强度。常常与人合作的塞贝格在没有明确目标的情况下，研究了依次改变每个变量引发的效应。他现在还记得当时的场景："我当时有点儿像一个小孩，玩着带有几十个可调节旋钮的机器，好奇地看看转动这个或那个旋钮会发生什么。"[14]运用这种条分缕析的研究策略，塞贝格得到了大量的新结果，用他自己的话来说，"从没见过的新结果不断地涌现"。塞贝格的发现证明，这些整合了超对称的理论能够给出数值明确的预测。

塞贝格现在（多少有些矛盾地）将他的理论物理学生涯描述为"一场投机取巧的随意漫步"，当然他也承认自己的确能"敏锐地发现"大有可为的多产的新研究课题。[15]塞贝格在场论和弦论的领域内耕耘了10年，后来却厌倦了超对称。不过，他发现新研究课题的敏锐嗅觉让他坚持了下来，并且开启了他个人最为成功的一大研究项目。这个项目最终催生出一种研究夸克间作用力和四维空间数学的崭新方法。[16]

1994年春天，塞贝格打算开启为期一年的学术休假，他回到了普林斯顿高等研究院，这项突破便诞生于此。在此之前，他和合作者在附近的罗格斯大学研究可能存在的最简单的夸克和胶子超对称理论。这类理论只有近似解，但塞贝格和他的合作者发现，在很多特定条件下，可以得到这类理论的精确解。当时刚刚加入普林斯顿高等研究院的爱德华·威滕一直都对超对称与四维时空间的关系很感兴趣，也一直关注着塞贝格的研究。[17]我们之前已经看到，数学家西蒙·唐纳森运用规范理论成功研究了四维时空，而威滕本人则证明了超对称量子理论是研究空间理论的一种有效方法。塞贝格研究完最简单的超对称理论之后，他和威滕两人决定携手合作，深入研究复杂性更高一筹的超对称理论。

这两位物理学家带着乐观的情绪开始了研究，对自己将要做出的发现一无所知。他们大部分时间都在办公室内碰面，互相参看笔记和计算过程，找出需要解决的难题。“在早期阶段，”威滕现在回忆说，“我们确实觉得某些对偶性可能很重要，但我们并不理解它们背后的含义。我们费了一些时日才意识到应该在何种框架下工作。想通这一点后，后面的进展就很快了。”[18]塞贝格则回忆说：“研究成果开始以令人咋舌的速度喷涌而出。我从没见过这样的事。”[19]这两位理论物理学家证明，有关夸克和胶子这两种只受到强相互作用力的粒子的超对称理论做出的预测，与描述各类与环境相互作用相对较弱的粒子（单极子）的场理论做出的预测，是完全一致的。这种对偶性为物理学的一大艰深难题——夸克禁闭提供了新线索。在物理学家发现第一个强相互作用规范理论后的将近20年内，没有人能定量地解释为什么所有夸克都被禁锢在核粒子内部。而塞贝格–威滕理论则提供了一个研究夸克禁闭问题的强大的新方法：不仅可以从连续交换胶子的角度对夸克禁闭问题进行理论描述，还可以等效地从单极子运动的角度进行描述。[在此之前，赫拉德·特霍夫特和南非裔美籍物理学家斯坦利·曼德尔斯塔姆（Stanley Mandelstam）就已经分别独立地预见了这种等效性。]

在1994年7月完成这个研究后，塞贝格和威滕就用不同方法各自发展了这个理论——塞贝格用的是物理学方法，而威滕用的是数学方法。威滕通过对瞬子（时空中的“事件”）的数学描述发现了超对称与纯数学最前沿领域的又一个关联。以塞贝格–威滕理论为基础，威滕建立了一整套能够区分各类四维时空的方程组，从而开辟了研究四维空间数学的新天地。塞贝格后来对我说：“我俩的直觉很明白地告诉我们，这个理论就是可以这么用，但我们的数学同行对此目瞪口呆。”

西蒙·唐纳森至今还记得塞贝格和威滕的论文给数学家带来的震

撼："他俩的方法对我们来说简直就像巫术。这篇论文是一个完美的圣诞礼物，它让我们得以解决此前相当棘手的那些与四维空间拓扑学有关的难题。应用他俩的方法，原先要用成百上千页纸才能证明的东西，现在只要寥寥几十行就能做到了。"[20]塞贝格和威滕的这个关于亚核作用力的理论，带领数学家来到了一片挂满了果实的果园。

数学家对这个理论感到难以置信的原因之一是威滕运用了理查德·费曼的"路径积分"版量子力学，这个方法在数学上并不那么严谨。虽然物理学家早就把运用这种方法做量子场论方面的计算当成了常规操作，但数学家觉得这就是胡扯。对后者来说，塞贝格–威滕理论在数学上的成功虽不可否认，但无法理解。

威滕在普林斯顿高等研究院的同事、比利时人皮埃尔·德利涅（Pierre Deligne）就是对此大惑不解的数学家之一。[21]德利涅师从伟大的法国数学家、布尔巴基学派成员亚历山大·格罗滕迪克，他一直是一位不折不扣的纯数学家，并且，就像他在2015年对我说的那样，他"永远都会保持这个身份"。热爱自然的德利涅并不缺乏实践能力，他常常在冬天自己动手建造冰屋，并且也很喜欢在里面睡觉。虽然德利涅温文尔雅，说话轻声细语，但在批评物理学家"试图计算那些他们还没有准确定义的物理量"时，他也毫不嘴软。[22]在他看来，物理学家这种漫不经心的研究方式正是纯数学家和理论物理学家交流困难的核心原因。[23]

德利涅对于物理学家吹嘘自己的理论如何成功无动于衷。他说："我无法理解物理学家口中的'理论'，比如他们口中的'弦论'在我看来就不知所云。"德利涅也不理解基本粒子的概念："我完全不知道它们到底有什么含义。"[24]

为了说明物理学家粗心大意、不严谨的特点，德利涅还对我说，他很欣赏出生于苏联的数学家尤里·马宁（Yuri Manin）的一个观察结果："数学家把城堡建在平地上，而物理学家则把城堡建在空中。"我后来又询问了马宁本人，这句妙语是为了表达什么，他回答说："和所有优秀的隐喻一样，这句话反过来说也同样正确，'数学家的城堡建在概念世界之中；而物理学家的城堡则以观测、测量、实验以及人类文化模因为基础'。"[25]

德利涅表示，物理学家可以用"从数学角度看稀奇古怪的想法做出令人意想不到的有趣数学猜想"，这点令他印象深刻。他还补充说："我只希望自己的学识足以让我依靠自身做出这类猜想。我想摆脱威滕理论的影响，但完全没办法逃出它的手心。"[26]

1994年，德利涅和威滕策划了一个包含多项活动的项目，希望借此促进数学家和物理学家之间的交流。威滕在准备有关四维空间论文的同时，还和德利涅一起写信给美国国家科学基金会（NSF）申请资助。[27]他们开启这个项目的一大目标是，训练出更多在"物理学和数学两个领域都如鱼得水"的年轻科学家。不过，科学基金会对这个计划并不是很感兴趣，一些评估员认为，资金更适合用在那些拉近理论物理学家和实验学家距离的项目之上，于是科学基金会驳回了威滕和德利涅的申请。一位评估员特别强调，如果这个项目继续下去，"很可能会颠覆"年轻科学家的学习体系。

德利涅和威滕并没有放弃，他们在1995年秋天提交了修改后的申请书，强调近期在数学–物理学交叉领域所取得的成功，并且坚称这个项目并没有浪费经费。他们说，我们对新基础理论的理解"很可能会塑造我们这个时代物理学的未来"。几经波折后，美国国家科学基金会同意资助修改后的提案，组织者随即在刚诞生不久的互联网上向年轻理论物理学家和纯数学家推广了这个项目。[28]随着科学家纷纷递交加入的申请，这个项目的明智之处就开始显现出来，因为那些具有数学头脑的物理学家掀起了又一场革命。

*

1994年秋天，在第一次弦论革命爆发10周年之际，相关庆祝活动却在一片悲观情绪中展开，即便是塞贝格和威滕的突破性进展带来的兴奋之情也没能改变这种状况。虽然理论物理学家此时已经运用几十种高产方法探索了弦论框架，但这个理论最具挑战性的问题还是没有解决，而且仍然几乎没有任何迹象表明弦论能得出实验学家在不远的未来能够检验的预言。理论物理学家迫切需要优秀的新思想，让这个理论重拾前进的动力。

值得提醒读者的是，对那些寻求能够描述全部基本力的统一理论的理论物理学家来说，弦论并不是唯一一个选项。有许多理论物理学家正在研究另一个颇具竞争力的理论，也就是超引力理论。这类理论研究的是整合了超对称的新版爱因斯坦引力理论。超引力理论框架和弦论框架之间的关系相当混乱——看起来至少有5种弦论和1种超引力理论拥有在最基础层面上全面、统一地描述自然世界的潜力。当时一个旷日持久的争议是：超引力理论表明存在一种奇异的物体，它既不是点状粒子，也不是一维弦，而是“膜”。研究弦论的数学家也计算出了这种假想物体的存在，但许多弦论物理学家（包括威滕在内）对这种膜的真实性持怀疑态度。超引力理论专家迈克尔·达夫（Michael Duff）后来回忆说，他当时读过很多标题类似“超膜：永别了”这样的论文，还听到一位弦论物理学家宣称：“每当我听到‘膜’这个词时，都想把耳朵堵上。”[29]

正是在这样一种前景稍显令人沮丧的状态下，第二届弦论物理学家年度聚会（1995年弦论大会）的筹划者们第一次碰面规划会议日程。大会将在洛杉矶的初春的阳光下召开，预计将有大约180位研究人员到场共同探索大会主题“未来展望”。[30]为了营造一种积极向上的氛围，大会组织者要求50位演讲者谈谈弦论的“宏伟蓝图”，同时又巧妙地安排了一场会议，让未获终身教职的研究员诉说自己在求职市场上遭遇的挫折，互相倾诉彼此的痛苦。[31]

大会第二天，也就是3月14日，物理学家们带着咖啡和百吉饼陆续来到早已预留的位置上，等待早上9点开始的威滕的讲座。威滕这个讲座的主题是“关于弦动力学的一些评论”。从字面上看，这似乎并不是最能鼓舞听众的主题。[32]威滕当然也知道大会组织者要求他们多谈谈“宏伟蓝图”，对此，威滕评论说，他会从各个维度讨论所有弦论，尤其是那些弦与弦之间相互作用十分强烈的情形，以此满足组织者的要求。在接下去的一个小时里，威滕快速地向听众们展示了大约60张幻灯片，其中的内容实质上引领了弦论框架发展之路上的又一次重大转变，我们通常称其为“第二次弦论革命”。

讲座一开始，威滕首先指出，在刚过去的几个月里，弦论和超引力理论出现了数项令人鼓舞的进展。他想以此为基础，提出“自然定律的超统一理论”（这是威滕会后才起的名字），这主要是借鉴了英国理论物理学家克里斯·赫尔（Chris Hull）和保罗·汤森（Paul Townsend）最新的研究成果，威滕近期一直在深入研究他俩的这些成果。在这次讲座上，威滕证明了5种不同的弦论和超引力理论都有效，但也都只适用于各自的领域——它们只是某一种包罗万象的理论在各个方面的外在表现。威滕给这个统一理论临时起了个名字——“M理论”。听众们不禁开始猜想这里的M究竟是指什么：神秘（mystery），魔法（magic），还是膜（membrane）？类似的猜测还有很多，但我在接下来的文字中还是简单地把它称作我们已经习惯了的“弦论”。[33]听众们怀着敬畏的心情注视着威滕，因为台上的这个男人以一种全新的角度重新审视了这个理论。其中最为关键的思想是，弦论充斥着对偶性，也就是描述同一事物的两种不同的数学方法。威滕阐明了同行们此前已经发现的对偶性的作用，并且还证明了其他几种对偶性的存在。弦论框架从此告别了单一描述的时代。

威滕讲完回到听众席上的座位之后，纳蒂·塞贝格满面笑容地走上台前，身体似乎有些微微颤抖。“我觉得该开辆卡车来，才能装下这么多崭新的东西。”他的这番评论引起了台下的一阵哄笑。一小时后上台的演讲者——约翰·施瓦茨延续了这个玩笑：“既然纳蒂都准备开辆卡车来了，那我也要开辆三轮摩托车才行。”[34]

威滕的这个综合理论重新激发了弦论物理学家的乐观态度，这种活力在两天后举行的宴会上表现得很明显。杰夫·哈维回忆说，弦论物理学家伦纳德·萨斯坎德在餐后演说中提出，即便没有新实验的帮助，他们也完全有能力继续发展这门理论。[35]如果说周二早上威滕的演讲重燃了弦论研究的希望，那么萨斯坎德的这番言论，在部分出席晚宴的物理学家看来，则是一种完全合理的对未来的祝愿。然而，哈维等人对这种完全用纯思想研究弦论的前景感到担忧，这毕竟违背了牛顿的思想。加州大学圣巴巴拉分校理论物理学研究所的弦论专家乔·波尔钦斯基（Joe Polchinski）就是这样一位怀疑论者。他总是能愉快地运用新方法研究老问题，也为自己做研究的务实态度感到自豪，并且坚定地认为应该“脚踏实地，不被花里胡哨的数学内容诱惑”。[36]

和大多数参与了1995年弦论大会的理论物理学家一样，波尔钦斯基回到家里时情绪高涨。他给自己布置了14道难题作为家庭作业，他知道只有解决了这些问题，才能说自己理解了威滕的讲话。[37]他希望利用这种新思想将他和两名年轻合作者在7年前孕育的一个概念发扬光大。他们提出了一种特殊的膜，出于技术原因，波尔钦斯基将其命名为D膜，这是他在运用基本弦论做相关计算时偶然得到的结果。科学家认为，这些在各种时空维度上振动的膜正是弦终止时所在的地点。[38]就像液体内的原子可以被作用于其上的力束缚在液体表面一样，弦的末端必须终止于膜上，这也会限制弦的行为。波尔钦斯基等人一开始并没有充分认识到他们这项发现的意义，同行们也普遍认为他们的这个想法只是出于好奇。然而，这一切都在1995年秋天发生了改变，波尔钦斯基澄清了D膜的概念，并且证明了可以用相对较为简单的方法计算这些假想对象的行为。

膜的概念很快就在弦论中变得无处不在，而它们几年前就进入超引力理论了。[39]威滕提出的M理论中涉及的数学内容不仅能描述D膜，还能描述在各种时空维度上振动的很多奇异对象。这听起来像是某些兴奋过度的寓言家虚构出来的产物，但这些刚诞生不久的理论对象并非无中生有——它们都是与量子力学和狭义相对论相谐这个必要条件的产物。在膜理论的支持者看来，D膜和这个新的综合性弦论预言的其他对象和狄拉克的反电子预言一样充满想象力。

D膜成为弦论框架的研究前沿和中心后不到3个月，它就第一次证明，自己的确能在可以经受实验检验的计算过程中发挥作用。理论物理学家安德鲁·斯特罗明格和卡姆朗·瓦法（Cumrun Vafa）运用膜的概念推导出了一个可描述黑洞某种性质的公式，也就是我们现在所说的“熵”。粗略地说，黑洞的熵就是位于黑洞影响力范围之外的观测者对黑洞内部信息的一种度量。在此之前，大多数物理学家都认为这种计算根本就无法进行，因而他们看到斯特罗明格和瓦法的研究结果后大吃一惊。此外，同样令他们震惊的是斯特罗明格和瓦法得到的结果，和将近

25年前史蒂芬·霍金和雅各布·贝肯斯坦（Jacob Bekenstein）分别用其他方法独立得到的公式完全一致。这是M理论第一次成功地描述与现实世界中真实之物类似的对象。

斯特罗明格和瓦法做出这项计算的消息很快就传到了普林斯顿，就在威滕和德利涅培养量子场论数学物理学家精英计划开始后不久。数学和物理学两种文化的融合一直都不容易，数学家戴维·莫里森后来回忆说“一连几小时的对话过程总是令人沮丧，两拨人马都在用自个儿的语言尝试与对方交流”。他还记得，当时有一群经验丰富的数学家在完成量子场论作业时举步维艰，令威滕相当受挫。手足无措的威滕突然大声说了一句：“我不懂，为什么这些物理学研究生都能学会的东西，你们就是不明白呢？”[40]

20年后，威滕对那些努力学习高等量子场论的纯数学家面对的困难有了更多同情。他指出，大多数物理学家在开始研究高等量子场论之前，已经花了数年时间学习基本量子力学，以及场论在现实世界中的应用。“这一切都能帮助物理学家培养一种直觉，而这种直觉至少能部分弥补当下的确还无法达到的严谨性和准确性。当时的那些数学家跳过了之前的所有步骤，直接学习高等量子场论这门抽象学科，这显然难度很大。”[41]

后来，正如德利涅和威滕期待的那样，越来越多的科学家开始从事纯数学和量子场论交叉领域的研究。这种繁荣不仅出现在传统理论物理学和纯数学研究机构中，还出现在了一些新机构中。其中有几家是在过去几十年中新建立的，常常会收到私人捐赠者的慷慨资助。20世纪90年代末，黑莓手机公司的创始人、慈善家迈克·拉扎里迪斯（Mike Lazaridis）就成了加拿大圆周理论物理研究所的主要捐赠人。这个研究所后来成为世界顶尖的研究中心之一，也成了部分顶尖量子场论专家的学术家园。20年后的美国，西蒙斯几何和物理中心在位于长岛的纽约州立大学石溪分校成立，它后来也成了物理学研究的重地。吉姆·西蒙斯（将现代拓扑学介绍给规范理论物理学家的数学家）和他的夫人于1994年创立的慈善基金会就曾资助这个研究所。西蒙斯于20世纪80年代初离开了学术圈，创立了一家对冲基金公司，这让他成为亿万富翁，并跻身美国最富有人群之列。

*

到了1997年年初，理论物理学家已经知晓对偶性将成为未来10年中的一大主题。他们已经发现了量子场论对和弦论对之间的诸多等价关系：无论是在哪种情形下，对偶性似乎都来自狭义相对论和量子力学的结合——这两个理论的结合又一次产生了意义非凡的成果。纳蒂·塞贝格自此确信，对偶性的确拥有深刻而神秘的内涵，并且理论物理学家完全有可能发现这种现象为什么会持续涌现。

1997年年末，20世纪最伟大的一大发现出现了，它的出现更是深化了对偶性之谜。提出这一想法的是时年29岁的阿根廷理论物理学家胡安·马尔达塞纳。马尔达塞纳在阿根廷出生、长大，20世纪90年代初前往普林斯顿大学攻读博士，并且对弦论框架产生了兴趣。虽然马尔达塞纳性格温和、内敛含蓄，但他的思想总是大胆新颖、富有冒险精神。那个时候，他在理论物理学领域的才华就已经显露无遗。1997年秋天，马尔达塞纳接受了哈佛大学助理教授的职位。他就职后不到几周，大家就都意识到哈佛大学招了一位杰出人才。马尔达塞纳提出了一种大家此前从未听说过的对偶性：并不是场论之间或者弦论之间的对偶性，而是某种场论与某种弦论之间的对偶性。

马尔达塞纳后来回忆说，实验学家在20世纪70年代发现，那些发生强相互作用的粒子，如质子和中子，都含有夸克，这是促使他提出那个想法的一大动因。他提出，夸克和附近的一个反夸克以力线相连接，这种力线也描述了它们之间的强力，就像连接马蹄形磁铁南极和北极的力线一样。这些力线与弦论中的弦很相似，因此，某些物理学家猜测，用弦论方法给出的对夸克间作用力的描述与用规范理论给出的对强力的传统描述之间可能存在对偶性。这个想法的一个问题是，弦论在我们熟悉的四维时空中并没有意义。不过，俄罗斯理论物理学家波利亚科夫意识到，如果把弦论建立在5个维度上，那么它与四维规范理论之间的对偶性最终仍能奏效。马尔达塞纳在初到哈佛大学的几周内就试图发展这种想法，以此尝试运用膜概念理解黑洞。[42]正是在这个过程中，他想到了那个创新想法。"如果在波利亚科夫提出的5个维度之外，再加上5个维度，"他后来对我说，"我们就能用弦论物理学家已经研究了多年的标准十维超对称理论思考问题了。"[43]

正是这番认识让马尔达塞纳在1997年11月初提出了一种将与他的名字永远联系在一起的新对偶性。这种对偶性的一头是一类现代化规范理论，它与描述夸克和胶子在四维空间中运动的完善理论相似。马尔达塞纳思考的这种规范理论拥有很多数学对称性，不仅包括超对称，也包括共形对称性。这意味着，无论应用于何种距离尺度，这个理论都会给出同样的结果。而对偶性的另一头则是一种整合了超对称的特殊弦论。马尔达塞纳把这种弦论建立在五维空间上，让它能描述某种特殊弯曲时空中的引力。[44]

虽然无论从数学角度上还是物理学角度上说，这两种理论看上去都很艰深，但马尔达塞纳提出它们完全等价——初看起来，这个想法似乎有些荒谬。按照他的说法，他研究的这两个理论之间的关系可以写成：

研究五维弯曲时空中引力的弦论=四维时空中的规范理论

马尔达塞纳至今还清晰地记得，当年11月27日星期四，正逢美国的感恩节，他第一次完成了对这种对偶性的描述。当大多数美国人都在享用烤火鸡和南瓜派时，他却忙着在马萨诸塞州剑桥市的单身公寓内写下自己的想法。[45]晚上8点不到，马尔达塞纳走过几幢楼，抵达他在大学里的办公室，打开台式电脑，连上网络，将这篇17页的论文提交到arxiv.org网站上。这个网站于6年前建立，目的就是方便理论物理学家发表他们最新的研究论文。[46]

马尔达塞纳还记得，当时物理学家对他这个想法的态度是“热情中夹杂着一些怀疑”。不过，这个想法一开始并没有激起任何波澜，部分原因是马尔达塞纳对这项潜在重大创新的描述实在太过温和。[47]此外，他的论文中出现了很多不应有的排版错误，也没有列出相关的理论思想。“我当时就是没有意识到这些问题，”马尔达塞纳后来对我说，“因此，我很快就修订了参考文献。”几个月后，全世界的理论物理学家才意识到马尔达塞纳的成果有多么重要。[48]

这种对偶性内涵丰富。在概念层面上，马尔达塞纳的理论意味着完全没有必要将引力理论作为基础理论，因为它能做出的预测，夸克理论同样也能得到。这还意味着引力在本质上并非基本现象——从理论角度上说，这种力发源于某些更为基础的东西。类似地，由于物理学家显然可以在四维时空或五维时空背景下做计算，时空本身也不可能是一种基础现象，它必然也发源于某些更为基础的东西。

马尔达塞纳的论文公开几个月以后，4位普林斯顿的物理学家（威滕、波利亚科夫、史蒂夫·古布泽和伊戈尔·克列巴诺夫）进一步发展了他的思想，使其更清晰且易于使用。在理论物理学家看来，马尔达塞纳提出的对偶性是一大奇迹，因为它在他们有了较深理解的（描述夸克的）规范理论和相较之下困难许多的描述引力的弦论之间建立起了等效关系。这种对偶性一下子就让此前颇为棘手的计算过程变得简单了起来。在此之前，与描述核粒子内夸克强相互作用的标准理论（已经经过了很好的检验）很接近的其他理论几乎是不可能进行相关计算的，但有了马尔达塞纳提出的这种对偶性，即便是研究生也能在引力理论的帮助下用寥寥几页A4纸完整地做出类似计算。这看上去简直就像魔法。

*

马尔达塞纳提交论文的7个月之后，他就成了圣巴巴拉弦论研究圈年会上的主角。在此前的几个月里，大多数参会者都研究了这种新对偶性，并且大获成功，因此，他们现在也的确可以开派对庆贺一番了。“每个人都在谈论马尔达塞纳的胜利，至于其他的，似乎都不重要了。”弦论物理学家杰夫·哈维回忆当时的场景时如是说。[49]哈维还临时出了个主意，让在场的所有人都歌唱他特意为马尔达塞纳改编的歌曲，原曲来自西班牙“河边人”二重唱的流行单曲《玛卡雷娜》（Macarena）。大会晚宴后，300名嬉戏打闹的理论物理学家——很多都穿着T恤衫、短裤和人字拖——在夜空下随着这首歌曲的14步玛卡雷娜舞曲版迈出了自己的曼妙舞步。理论物理学家克利福德·约翰逊（Clifford Johnson）用他的小号演奏了这首曲子，其他人则随着哈维的歌词翩翩起舞，歌词巧妙地编入了有关膜理论、杨-米尔斯理论和黑洞的新内容。马尔达塞纳本人当然也加入了狂欢的队伍，毫无悬念地成了有史以来极少数在公共舞会上庆祝重大发现的理论物理学家之一。[50]

目光从这场狂欢节上收回来，物理学家史蒂夫·吉丁斯（Steve

Giddings）总结了同行们此刻的感受。紧随着第二次弦论革命出现的这种新对偶性让所有人都深受鼓舞："我们弦论物理学家扬眉吐气了。我们想要立刻究明自然世界的所有基本性质。"[51]然而，要是认为所有理论物理学家都秉持同样的观点，那就大错特错了。部分理论物理学家认为，弦论框架并没有大家说的那么好——这个理论的确很睿智，但有可能与现实世界联系甚微，甚至毫无瓜葛。几个月后，对弦论一向不信任的赫拉德·特霍夫特评论说："对弦论的这些发展持冷漠态度并没有什么好奇怪的，因为它们的确没有解释任何可观测的物理现象。"[52]

马尔达塞纳对偶性这个故事还有一个奇怪的注脚。在马尔达塞纳发表论文的几个月之后，他惊讶地发现，早在20世纪30年代和60年代，狄拉克在探索他认为最终可能与物理学相关的数学思想时，就曾在这个领域遨游了一番。[53]然而，当时几乎没有人注意到狄拉克的这些研究，因为它们看上去很像是为了数学而做的数学研究。因此，当它们在几十年后于马尔达塞纳研究的字里行间重现于世时，大多数理论物理学家——包括马尔达塞纳本人在内——都对它们一无所知。

*

就像是为了证明大自然的指引在物理学研究中不可或缺一样，实验学家此前就已证明，理论物理学家建立的标准模型需要调整——和人们长期以来的观念相反，中微子并非没有质量。[54]更值得注意的是，在圣巴巴拉年会开始前几周，天文学家宣布了一项令人惊讶的发现。两个观测小组将望远镜对准了遥远恒星的剧烈爆炸事件，最终发现了下面这个惊人事实的第一项证据：宇宙膨胀并不像所有专家预料的那样在不断减速，而是处于加速过程中。

当时已知的理论无法解释这个现象，弦论框架和其他任何高级理论都不行。宇宙加速膨胀似乎是由空旷空间内的能量（也被称作“暗能量”）引起的。几十年前，理论物理学家就掌握了运用标准模型计算真空能量的方法。[55]但使用这种方法估算出的真空能量值并不令人满意——计算结果比天文学家的观测结果高出了10^{120}倍（也就是一亿亿亿亿亿亿亿亿亿亿亿亿亿亿亿倍）。[56]这很可能是现代科学史上以完善理论为基础做出的最不准确的定量计算了，它证明，我们对时空的理解存在重大偏差。

为了证实描述基本力和基本粒子的标准模型的有效性，物理学家迫切地需要找到该模型缺失的那块拼图并加以研究，这块拼图就是希格斯粒子。搜寻希格斯粒子是欧洲核子研究组织的首要任务。这个机构计划建造一座巨型加速器，它会以极高的能量迫使质子对撞，在极短时间内再现时间诞生之初大约十亿分之一秒内的宇宙环境。1994年12月，全世界的粒子物理学家都松了一口气，因为欧洲核子研究组织委员会批准了这个巨型加速器（也就是我们现在所说的“大型强子对撞机”，LHC）的建造计划。欧洲核子研究组织主任、英国理论物理学家克里斯·卢埃林·史密斯（Chris Llewellyn Smith）欣喜若狂。“我们终于可以查证标准模型缺失的那块拼图是否真的存在了，”他后来这样说，“我们或许还能找到超对称的第一批实验证据。同样重要的是，我们还能帮助天文学家朋友研究望远镜看不到的巨量宇宙物质，也就是他们追寻已久的‘暗物质’。”[57] LHC项目获批之后，来自美国和日本的重要资金支持加快了项目推进的步伐。

几年后，理论物理学家对LHC项目的愿望清单越列越长。有一项新增愿望就是：LHC探测器中或许还会出现此前未被观测到的空间维度。这个想法起源于对膜理论的巧妙应用，而提出这个想法的两位先驱

是丽莎 · 兰道尔（Lisa Randall）和拉曼 · 孙德勒姆（Raman Sundrum），他们建立了一种以扭曲时空为背景的膜理论。孙德勒姆后来告诉我："我们很兴奋，因为这个理论预言了一个惊人的实验结果，也就是大型强子对撞机有可能产生并且探测到带有引力的粒子，即'引力子'，它们活跃在另一个微观维度上。"[58] 兰道尔特别指出，他们认为，将他们的这个想法应用于大型强子对撞机通过极高能产生的粒子碰撞上，这个可能性是"真实存在"的。[59]

世纪之交，粒子物理学家们翘首期盼着大型强子对撞机计划的启动，期望它的探测器里能迅速出现大量此前没被观测到的粒子。在 LHC 启动前的准备阶段，理论物理学家以前所未有的细致程度深入研究了标准模型对探测器中可能出现的碰撞事件的预言，这形成了一项新的研究课题。我们将在下一章中看到，这些理论物理学家中有一部分相当意外地发现自己正在纯数学的前沿领域发光发热。

第11章 璞玉未琢

爱因斯坦发现引力理论的方式给我们这些凡夫俗子提供了启示：在研究基础物理学问题时，只要我们不断深挖下去，就迟早会进入数学的最前沿领域，不论我们主观上是否乐意。

——尼马·阿尔卡尼–哈米德，2013

在大型强子对撞机中发现新粒子并不容易。物理学家知道，当加速器中的两束质子迎头相遇时，每秒会发生大约10亿次碰撞，其中大部分碰撞都会产生大量之前已知的粒子。不过，物理学家期望这类碰撞能产生一些希格斯粒子，哪怕每天只有几个。[1]与实验学家合作紧密的欧洲核子研究组织理论物理学家约翰·埃利斯（John Ellis）评论说，在大型强子对撞机中寻找希格斯粒子很像是“大海捞针”。[2]

埃利斯这个比喻中的稻草就是物理学家口中的“背景”——质子中的夸克和胶子碰撞产生的数百万粒子。原则上说，所有这些“散射过程”的产物都可以运用粒子物理学标准模型计算，但这种计算通常都需要成百上千页的复杂代数推导过程。随着大型强子对撞机启动之日的临近，物理学家迫切地需要找到更高效的计算方式。失败的代价是惨重的，因为没有简便的计算方式，物理学家就无法从背景中分辨出未知粒子，也就很有可能错过重大发现。这就是为什么物理学家在20世纪80年代中期开始重点关注有关原子核内部基本粒子的简单问题，例如，它们相撞时究竟会发生什么?

物理学家可以用数学办法精确回答这个问题，也就是运用所谓的"散射振幅"，我们在第8章中提到了这个概念。每一个振幅都表明质子中的基本粒子（夸克和胶子）之间每种类型的碰撞事件造成特定结果的可能性。像这样的事件，包括无形状和大小的粒子的散射事件在内，都只是从虚无通向复杂之路上的小小一步而已，因此，我们的确可以期待描述这些事件的振幅成为我们理解大自然的基础。用美国散射振幅专家兰斯·狄克逊的话来说，事实证明，散射振幅"如同多面宝石，每一颗都完美对称，因而具有意想不到的数学之美"。[3]在他看来，这些振幅是"已知宇宙中最完美的微观结构"。[4]

我们将在本章中看到，理论物理学家通过研究散射振幅，敲开了通往亚原子世界的另一扇大门。有了处理繁杂计算的高效方法，实验学家得以应对海量数据，在夸克和胶子理论方面有了新突破。与此同时，我们再一次发现，研究一些我们能够想象到的最简单的物理过程，最终把我们引向了数个纯数学分支的前沿领域。

*

20世纪80年代中期，所有对未来粒子加速器有所思考的科学家都必须读一读题为"超级对撞机物理学"的综述文章。[5]它的几位作者——埃斯蒂亚·艾希滕（Estia Eichten）、伊恩·欣奇利夫（Ian

Hinchliffe)、肯尼思·莱恩(Kenneth Lane)和克里斯·奎格(Chris Quigg)提出了几十项对散射过程结果的预测。(理论物理学家认为，粒子在极高能环境下发生碰撞时，就一定会出现这类散射过程。)文章作者评论说，此前从没有人计算过两个胶子相撞产生四个胶子这个过程发生的概率。他们还补充说，这类计算的复杂性之高，“在可预见的未来，我们都无法评估”。这番评论引起了两名青年理论物理学家的注意，他们就是新西兰人史蒂芬·帕克(Stephen Parke)和出生于波兰的托马什·泰勒(Tomasz Taylor)，他们决心接受这一挑战。两人很明白，用描述强相互作用的规范理论和理查德·费曼的方法做这类计算相当困难。这种方法的主要思想是，按照一套简单的规则，将用图解表示的每一条路径都加起来，以此来计算散射振幅。问题在于，涉及夸克和胶子的计算，哪怕是最简单的那种，在现实时间尺度上都难以处理。因此，必须找到一种更高效的计算方式，否则物理学家就很可能会错过具有划时代意义的发现。

帕克和泰勒是费米实验室理论部门的研究员。费米实验室是美国最大的粒子加速器所在地，在芝加哥以西车程一小时处。两人希望证明《超级对撞机物理学》这篇文章中的论断过于悲观，于是开始尝试计算当两个胶子相撞并形成更多胶子时究竟会发生什么。这样的事件听上去似乎无关紧要，但它们无时无刻不在每个原子核内发生，包括构成我们人体的万亿原子。这些过程是自然循环的重要组成部分，正是因为有了它们，大尺度物质才得以存在，生命才得以繁荣。

帕克和泰勒计算了几种胶子间的碰撞事件(“胶子事件”)发生的概率，他们计算了每个事件产生2~4个胶子的情况。这项工作可不容易：每一种事件的计算都要花费他们几周的时间。计算两个胶子相撞最终产生至少4个胶子的过程至少要用到220张费曼图，涉及上万个数学项。

或许，这类计算根本就是不可能完成的任务。不过，在1986年年初的几周内，帕克和泰勒做出了重大突破。他们利用一些自己得出的相对简单的计算结果做出了一项有根有据的大胆猜测，得到了一个能够计算处于某种特定状态的两个胶子碰撞概率的普适公式。最重要的是，这个公式并不只适用于碰撞后能产生2个、3个、4个或5个胶子的事件，而且适用于产生任意数目胶子的事件，只要这些胶子同处于某种特定状态。此前，大多数物理学家都认为，这种公式即使存在，也一定极其复杂，但帕克和泰勒认为它应该比较简单。帕克回忆说："我俩从一开始就对自己的看法很有信心，但我们不知道为什么这个公式能够奏效，也无法从数学角度证明它正确。"[6]

对专家来说，这个方程的简洁性不仅很吸引人，还包含了大量信息。每当物理学家经过漫长而复杂的数学计算得到简洁得令人吃惊的结果时，这往往就意味着还有更加优雅、简洁的方法。或许，还可以有更好的方法来处理这个结果背后的理论？又或者，这个理论的另一种形式可以让计算过程变得更简单？按照托马什·泰勒的说法："我们得到的这个公式似乎在告诉物理学家，费曼图并不是此类计算的最佳方法，

$$\frac{(P_1 \cdot P_2)^4}{(P_1 \cdot P_2)(P_2 \cdot P_3) \cdots (P_6 \cdot P_1)}$$

这个描述散射振幅的帕克–泰勒公式给出了两个胶子通过散射形成4个胶子的概率。这个简洁得令人震惊的公式是将220幅费曼图按权重加在一起得到的净结果，这种标准计算方法需要成千上百页的代数演算。对于产生的胶子数多于4个的过程，对应的公式也同样简单。

它实在是太复杂了。”[7]帕克则以一种更加形象的方式表达了这一点：“这个公式正在大声疾呼：‘你们这些物理学家根本不懂我背后的那种理论’。”[8]

帕克和泰勒把他们的这个发现写成了一篇两页长的论文。文章结尾处这样写道：“我们给弦论物理学家提出了一项挑战，希望他们可以给出更严格的证明过程。”他们的发现给仍旧因第一次弦论革命而兴奋不已并且热衷于寻找弦论与标准模型间联系的弦论专家下了战书。

可以肯定的是，有几位弦论物理学家注意到了帕克–泰勒公式中的一部分很是眼熟。这个公式横线以下的部分（分母）很像是对扫过时空的弦的振幅的数学描述。纽约哥伦比亚大学的三位物理学家在做了一些合理近似后，运用弦论推导出了帕克–泰勒公式。然而，他们中的一位——印度物理学家帕拉梅斯瓦兰·奈尔（Parameswaran Nair）并不满足于这项成就。他称这个公式“非常诱人”，并决心继续深入挖掘它的源头。“我当时一直有种挥之不去的感觉，觉得这个公式之所以存在，一定有些简单的原因，”他后来说，“帕克和泰勒提出的这个极为简单的数学公式是从标准规范理论的种种复杂性之中演生出来的，我们应该能够理解这其中的原因。”[9]

在搜寻了几个月可能的答案之后，奈尔得出结论，研究这个问题的最佳方案是用寻常四维时空中的理论去考察散射现象。“这个自然框架相当于一种运用了罗杰·彭罗斯扭量的理论的超对称版本，而我的大多数同行对扭量这个概念几乎一无所知。”帕克–泰勒公式指引着奈尔走到了发现一种全新方法的边缘，但“这个项目开花结果所需的数学工具尚未被发现”，奈尔回忆说，因此，他无奈地决定将这个想法搁置一边。

几年后，奈尔的成果引起了爱德华·威滕的注意，后者于1990年邀请史蒂芬·帕克到普林斯顿高等研究院，在研讨会上讲讲他和泰勒发现的这个公式。他们在下午茶的时候讨论了帕克–泰勒公式背后究竟隐藏着什么，威滕评论说："这里面有一些很奇怪的东西，但我现在还不知道究竟是什么。我要好好想想这个问题。"[10]

*

兰斯·狄克逊是加州斯坦福直线加速器研究中心的一位颇有成就的弦论物理学家，也是将注意力转向散射振幅研究的众多物理学家之一。当我问他为什么不继续研究弦论时，他回答说："一个词，数据。"[11] 20世纪90年代初，狄克逊就已经开始担心弦论在他有生之年（甚至在他身后）都无法得到证明（或证伪）。其中，最主要的深层原因在于，大多数弦论专家认为，将弦论从十维紧化到四维可以用大量方法实现，但又似乎无法辨别哪一种可能的理论版本与现实世界相符。[12]狄克逊对我说，他之所以把关注重点转到散射振幅的研究上来，主要是因为他"想做点儿计算结果可以和实验直接比较的物理学研究"。[13]

狄克逊长于计算，也是一位深邃的思想者，虽然他总是谦虚地称自己所学甚少。狄克逊的研究信条是，在理论物理学领域，发明有效的方法通常要比在某个课题上做出单个发现更加重要，因为正确的方法总能引出更多甚至更重要的新发现。[14]"费曼的图解方法就是一个经典例子，它向我们展示了简化复杂运算的方法可以带来何种翻天覆地的巨大变化，"他说，"这个方法完全没有提出任何有关电子或光子的新理论，但它成了现代物理学的通用语言。"[15]

与帕克和泰勒在胶子事件中的发现很像，狄克逊和他的同事兹维·伯恩（Zvi Bern）和戴维·科索尔（David Kosower）发现，在夸克和胶子间的几种散射过程（得用成千上万张费曼图表示）的计算中，大部分复杂的数学项都会相互抵消，得到一个简单明了的结果。“这肯定不是什么奇迹，”狄克逊说，“而是我们用错了方法，就像用羽毛钉钉子一样。我们得把那把榔头找出来。”

狄克逊和他的同事寻找的并不是革命性的新理论，而是革命性的新方法。他们重点研究了费曼图中的两条大有潜力的线索。第一，每个散射事件都发生在局部，也就是时空中的某个特定点上；第二，任意两个粒子散射之后各种可能结果的发生概率之和一定等于100%。[16]这第二条性质，也就是所谓的“幺正性”，成了狄克逊及其同事开创的计算散射振幅的新方法的核心内容。[17]他们逐步地发展了这个“幺正性方法”，将计算多种散射过程所需的时间从数年削减到了数周——个别情况下能削减到数天，甚至数小时。

这个方法不涉及任何新奇的数学内容，相反，它是几十种计算方法以和谐统一的方式汇总的产物。幺正性方法并不是一次研究一个复杂的费曼图，而是研究一大群费曼图，不断累加它们的贡献，以最大程度地简化计算。如果我们把这些计算过程中的数万张费曼图比作沙子，那么狄克逊及其同事为了处理这些沙子苦心搜寻的工具并不是镊子，而是铲子。

幺正性方法能取得成功的关键之处在于，它采用了一种描述所谓“虚粒子”作用的新方法。空旷的空间中充斥着光子、正反电子对和正反夸克对，但它们只会短暂存在，“借”用真空中的能量创生，但在任何观测者注意到它们之前就会把这些能量“还回去”。这类粒子遵循所有自然定律，只有一项例外：它们的质量并不固定，并且与对应的现实粒子不同。没有任何实验学家直接观测到任何一种虚粒子，但它们造成的影响显而易见：物理学家一直在运用虚粒子的概念研究原子能级。“上帝粒子”这个术语用来表示希格斯粒子有时显得不那么合适，但应用到虚粒子身上就几乎完全贴切，因为虚粒子从不“露面”，却无时无刻不在对现实世界产生影响。

几十年来，虚粒子一直都是量子力学的一大特征，并且也与费曼图的大多数复杂之处直接相关。而狄克逊等人提出的这个幺正性方法巧妙地避开了这种粒子：在费曼式计算开始的时候，代表虚粒子的符号到处都是，但它们在计算结果中却从来都是无影无踪。“我们认为这些虚粒子在计算过程中完全是多余的，”狄克逊回忆说，“这个认识让我们摆脱了一大堆麻烦的数学包袱。”他还说，在他们成功做到这点之后，“许多计算就成了小菜一碟”。[18]

*

狄克逊回忆说，新千年伊始，他和其他研究散射振幅的专家有很多事要做：“我们掌握的工具可以做一些手工活，但我们真正需要的是工业化生产。”由于大型强子对撞机几年后就将正式开机，理论物理学家已经没有太多时间发展实验学家在各类碰撞背景下探测新粒子（比如希格斯粒子）所需的技术了。

没人能预见接下来会发生什么。2003年秋天，爱德华·威滕以罗杰·彭罗斯的扭量概念为基础发现了研究散射振幅的新方法，给这个领域注入了新的活力。当时，彭罗斯仍旧坚信他在20世纪60年代发现的这些数学对象最有希望成为自然世界基础理论的基石。然而，扭量的概念并没有融入主流物理学研究，大多数理论物理学家都只把它们当作新奇的数学概念。[19]我们马上就会看到，威滕的工作把扭量这个概念注入了主流理论物理学研究中，从而产生了新研究分支，并开辟了研究亚原子领域散射过程的新方法。

2003年10月中旬，彭罗斯在普林斯顿第一次听说了他提出的这个概念的最新应用。当时，他正在镇上做一系列主题为“新宇宙物理学的信念、趋势和畅想”的讲座，并计划借此机会批评一些在他看来把这门学科引入歧途的思想。[20]彭罗斯对弦论框架持怀疑态度，主要是因为弦论只在应用于至少十维以上的空间时才有意义，在他眼中，这个必要条件会导致严重的问题。相比建立在寻常四维时空中的理论而言，弦论框架涉及更多维度必然意味着更多的数学“自由度”，而且彭罗斯确信，这类结果很可能会和实验观测相抵触。[21]

彭罗斯反对的这些思想中，有几项的提出者正好在普林斯顿工作，因此，在这座城镇中公开发表这些“几乎完全背道而驰”的反对思想多少也让彭罗斯感到忐忑。等到爱德华·威滕邀请他前往普林斯顿高等研究院的办公室一聚时，这种忐忑就演变成了紧张不安。不过，事实证明，彭罗斯的担心完全没有必要，威滕只是想讨论他正在研究的项目：运用彭罗斯的扭量概念建立一种新的弦论。每一个扭量都会描述一个无质量粒子在时空中的运动历史——这个概念对威滕来说很有挑战性，他苦苦思索了几年，有时也会用在论文中。彭罗斯听说威滕已经通过扭量概念建立了一种应用于寻常四维时空而非更高维时空的弦论后大吃一惊。令彭罗斯感到同样高兴的是，这个理论处理的是那些确定存在的粒子。“这个理论中没有任何假想粒子存在的迹象，我很不喜欢那些东西。”彭罗斯回忆说。威滕当时回应说，他准备就这些成果写一篇“简短的摘要文章”。等到他们告别时，威滕还问彭罗斯：“你有兴趣读一读吗？”

彭罗斯回到牛津家中几周后，就收到了威滕的这篇“简短的摘要文章”——篇幅将近100页。当年12月中旬，西方世界的很多人都在关心抓捕萨达姆·侯赛因的行动，而许多理论物理学家则钻研起了扭量概念——这可是破天荒头一遭。虽然彭罗斯对这个新理论并不“完全买账”，但看到扭量概念进入主流科学研究领域，他也很高兴。威滕阐述这个新理论的论文很快就引来了众多读者，其中就包括哈佛大学理论物理学家尼马·阿尔卡尼-哈米德。“我们熟悉的‘威滕式’论文逻辑性都很强，表达也非常清晰，非常方便我们理解。而这篇阐述扭量与弦论的论文则有些不同，它的表述更加不拘一格，内容中也有很多我们不甚了解的东西。”[22]那种感觉就好像是巴赫写了一首比波普爵士乐一样。

才华横溢的委内瑞拉青年场论物理学家弗雷迪·卡查索（Freddy Cachazo）就是第一批认识到这种方法威力的一位物理学家。他的办公室和威滕在同一条走廊。“我们都知道爱德华肯定在研究一个重大的问题，”卡查索回忆说，“他独自一人埋头苦干，每天都要奋战到深夜，周末也不例外，但我们都不知道他究竟在研究什么。”某个下午，威滕走进了卡查索的办公室，并询问后者“是否可以帮他用Mathematica软件做一些计算”，[23]这时卡查索才明白威滕在忙什么。在此后的一周之内，卡查索的数值运算工作产生了一系列令人眼花缭乱的结果。

在描述胶子间碰撞的扭量弦论中，几十个数学项——有时多达上百个——互相抵消，最终得到了一个简单的结果。在卡查索看来，扭量理论消除了运用费曼方法肯定会碰到的所有繁杂步骤，提供了一个开展这类计算的“奇迹般优雅”的方法。“我们马上就在扭量空间中看到了散射振幅。”卡查索当时这么对我说。后来，他告诉我，在看过了威滕理论的先导，也就是奈尔的思想后，“我多么希望能够早些看到这些想法。它们超前了几十年”。[24]

之后的几个月里，扭量弦论成了一个热门的研究课题。在理论物理学幕后待了几十年后，扭量终于步入了聚光灯下。普林斯顿高等研究院内有一批年轻研究者开始关注扭量方法，其中就包括露丝·布里托（Ruth Britto）和冯波，他们自学生时代起就与卡查索相熟。以威滕理论为基础，卡查索、布里托和冯波三人很快就在扭量弦论的散射振幅之间建立了一套全新的数学关系。这类联系让人们对帕克–泰勒公式有了新的认识：虽然物理学家此前已经用各种传统方法证明了这个公式，但卡查索等人的方法降低了理解的难度——他们的方法只用寥寥几行代数推演就解决了问题。[25]布里托回忆说："我们惊奇地发现，这个诠释帕克–泰勒公式简洁性的另类方法竟然还能应用于其他亚原子散射事件。"罗杰·彭罗斯最爱的数学对象无疑已经证明了自己的价值："扭量让我们找到了一种理解散射振幅的新方法。"[26]

爱德华·威滕觉察到扭量方法还有更多东西可挖，于是加入了这三位青年理论物理学家的研究项目，并且在几周之内就大获成功。他们发现了一种极为简洁的计算复杂散射振幅的方式，也就是运用一系列直白的规则，从简单得多的散射振幅出发，把它们构建出来。与大多数物理学家此前的第一感觉不同，在这个方法的形式体系中，扭量的地位似乎没那么重要。这个方法的核心是巧妙地应用法国数学家奥古斯丁–路易·柯西于近两个世纪前首次证明的一个经典复函数定理。威滕及其同事运用这个定理建立了一套优雅的公式。令人惊喜的是，这些公式不仅适用于夸克和胶子，还能应用于标准模型中的其他所有亚原子粒子，甚至还能描述这些粒子在更高维时空中的运动。研究散射振幅的专家都认为这个公式非比寻常。

卡查索于哈佛大学做了一场生动的报告，报告引起了理论物理学家尼马·阿尔卡尼–哈米德的注意，后者当时正在寻找新研究项目。阿尔卡尼–哈米德后来说："我当时很震惊，我之前完全不知道散射振幅能教给我们这么多场论方面的知识。"几天后，他就决定"从头再来，再当一次研究生"，向卡查索学习这个领域的知识。几个月后，他们开始携手合作，而合作的最终结果是：他们不仅发现了有关亚原子粒子碰撞的新理论，而且还出人意料地发现了一些此前物理学家不怎么感兴趣甚至完全不关注的数学前沿内容。本章剩下的内容就会介绍这段旅程最后如何催生了此前不为人所知的几何对象的发现，这种几何对象让物理学家能够用全新方式计算亚原子粒子的散射过程。通往这项发现的道路“极其曲折”，阿尔卡尼–哈米德后来说：“大多数时候我们都茫然不知所措，只是想努力弄清楚究竟是怎么回事。现在回顾当时的那段历程，是两种完美互补的思考方式把我们拽向了正确答案，它们就是数学和物理学。”[27]

*

尼马·阿尔卡尼–哈米德是当今理论物理学界的一位非凡人物。他是一位活跃多年的理论学家，说话时带着令人印象深刻的方言口音，并且轻松自由、热情洋溢，但他本质上其实是个非常严肃的人。无论是谈论量子场论的精妙之处，还是夸奖前拉斐尔派的油画、丹尼尔·戴–刘易斯（Daniel Day-Lewis）的表演或者石黑一雄的小说，阿尔卡尼–哈米德的说话方式都一模一样。他1972年出生于休斯敦，父亲是一位伊朗物理学家。在阿尔卡尼–哈米德9岁的时候，父亲就带着他和当时2岁的妹妹离开了自己的国家。阿尔卡尼–哈米德说话时的口音听上去像是美国人，但他说自己是“100%的加拿大人”。这大概是因为他性格形成时期的大多数时光都在多伦多度过，在那里，他修完了数学和物理学的本科课程。“我爱数学，”他说，“但我的心永远和物理学在一起。”[28]

2008年年初，阿尔卡尼–哈米德成为普林斯顿高等研究院的职员，并且和弗雷迪·卡查索展开了深度合作。当年年末，也就是巴拉克·奥巴马当选美国总统几周后，他们正在探索牛津大学理论物理学家安德鲁·霍奇斯（Andrew Hodges）提出的一种研究散射振幅的新方法。霍奇斯在散射振幅研究领域的名声并不为很多人所知晓，他最知名的工作是撰写了计算机科学先驱艾伦·图灵的经典传记，这本书后来还被改编成了荣获奥斯卡奖的电影《模仿游戏》。霍奇斯开始写作这本书是在1977年，两年前他在罗杰·彭罗斯的指导下获得博士学位，研究方向为扭量图。粗略地说，扭量图就好比是扭量理论中的费曼图（适用于传统场理论），当然，这又是彭罗斯的创新。[29]

没有粒子物理学家重视霍奇斯的这些扭量图，部分原因可能是其中涉及的复杂数学令他们望而却步。但过了将近20年后，霍奇斯宣称，这些扭量图为理解威滕和他的三位年轻合作者提出的那些散射振幅间的关系提供了最简单的方法。几乎没有人认真对待霍奇斯的这番说法——在此后的近2年时间中，他的这篇论文就静静地躺在阿尔卡尼–哈米德的书桌中，后者想不明白这“究竟是天才还是疯子的作品”。[30]

然而，在阿尔卡尼–哈米德开始认真研究散射振幅之后几个月，他就明白了霍奇斯绝不是个疯子。“在转换了思维方式，适应了这个背景之后，”阿尔卡尼–哈米德说，“弗雷迪和我就发现我们正在理解扭量对散射振幅研究有何帮助的道路上大步前进。”他们仍然不知道最终究竟会得到什么结果，但他们知道自己研究的课题和世界扭量理论研究之都——牛津的几位理论物理学家很相似。戴维·斯金纳（David Skinner）和莱昂内尔·梅森（Lionel Mason）就是其中的两位顶尖专家，他们也同样认可霍奇斯扭量图的价值。这两个研究小组通过电子邮件频繁联系，密切关注对方的研究进展，后来还互相造访对方的研究机构。阿尔卡尼–哈米德和卡查索并非扭量理论专家，因此，他们便向爱德华·威滕寻求帮助，后者当时正准备趁着学术休假前往欧洲核子研究组织。有一次，阿尔卡尼–哈米德实在是太想立即得到威滕在扭量理论方面的指导了，便专程从美国飞往日内瓦，随身只携带了一系列数学问题和一把网球拍（为了和威滕打一局网球以表谢意），他只在日内瓦待了一天便又飞回美国。

虽然普林斯顿和牛津的这两个扭量研究小组之间并不存在竞争关系，但他们密切关注着对方的进展。2009年4月30日早晨，阿尔卡尼–哈米德收到了一个他后来描述为“堪称平地惊雷”的消息。[31]那是戴维·斯金纳发来的一封电子邮件，告知了阿尔卡尼–哈米德他和同事做出的几项重大突破。尤其值得注意的是一项由安德鲁·霍奇斯做出的突破，他提出了一种计算胶子散射振幅的全新方法。此前的通用方法是将所有费曼图产生的因子全部统加起来，而霍奇斯提出，在某些情况下，振幅可以表示为一种叫作多胞形（polytope）的抽象对象的体积。多胞形是一种抽象“三角形”的集合，这些三角形互相嵌合，在高维空间中占据了一定体积。以寻常三维空间中的事物类比，这些对象就像多角星的圣诞装饰一样。[32]这个概念令阿尔卡尼–哈米德印象深刻，且大吃一惊。收到斯金纳的邮件两个半小时后，阿尔卡尼–哈米德就给自己的学生克利福德·张（Clifford Cheung）和贾里德·卡普兰（Jared Kaplan）发电子邮件说：“看来，我们在牛津的朋友取得了惊人的进展。”[33]

由于不知如何继续开展研究，阿尔卡尼–哈米德和卡查索认为他们需要采取一种全新的数学视角。2009年春末，他们查询了一些可能和研究相关的书籍，其中包括30年前数学家菲利普·格里菲斯（Phillip Griffiths）和乔·哈里斯（Joe Harris）的皇皇巨著《代数几何原理》。[34] 6月10日早晨，卡查索取得了突破。在阅读格里菲斯和哈里斯的这本著作时——卡查索总共只有两本数学类书籍，这本书就是其中之一——他发现了一个简单的矩阵（所谓矩阵，就是一些数学变量组成的阵列），最关键的是，这个矩阵看上去与他和阿尔卡尼–哈米德正在研究的几乎一模一样。卡查索还发现，这个矩阵是数学家口中"格拉斯曼流形"（Grassmannian）的一种表达。格拉斯曼流形这个概念在纯数学家中耳熟能详，但在理论物理学家中则鲜有人知。1844年，中学教师、牧师赫尔曼·格拉斯曼（Hermann Grassmann）在他的著作《线性扩张论》（*Ausdehnungslehre*）中第一次写下了这种数学架构。虽然后来的几代数学家都把这本书视作颇有远见的大师之作，但它在当时基本上没有受到关注。

"我当时极度兴奋，想要告诉所有人这个消息。"[35]卡查索后来回忆说。不过，在接下来的几个小时中他还是克制了这种兴奋的情绪，仔细研究了格里菲斯和哈里斯这本著作中的相关内容，并且确信这正是他和阿尔卡尼-哈米德需要的数学内容。"我想让尼马感受到同样的兴奋，便决定给他发一封神秘的电子邮件。"卡查索回忆说，那天下午他发给阿尔卡尼-哈米德的邮件中写道，"快看格里菲斯和哈里斯那本书的第193页！"3小时后，阿尔卡尼-哈米德回了一封电子邮件："哇！这实在是太神奇了……"[36]格拉斯曼流形正适合描述胶子相互散射的事件。[37]在2个胶子碰撞产生5个胶子的情形中，所有粒子的运动都可以用一组数字描述，也就是一个7行（一行描述一个胶子）、4列（一列描述时空的一个维度）的矩阵。有了格拉斯曼的这个数学工具，物理学家就能在矩阵中轻松地处理所有相关量了。更妙之处在于，这个方法完全是通用的：不仅适用于特定数量的胶子，而且适用于任意数量的胶子。正如阿尔卡尼-哈米德所说："这个已经有了160年历史的数学工具就静静地躺在书架上，好像格拉斯曼当时就想用最通用的方法帮我们描述胶子散射事件，只是胶子的概念还要再等大约125年才会出现。"[38]

阿尔卡尼-哈米德、卡查索和同事们兴高采烈。几天后，他们就用数学方法得到了描述胶子散射的散射振幅的所有主要因子。这个数学框架一下子就把所有描述胶子散射的方法统一了起来，其中包括扭量弦论、安德鲁·霍奇斯近来的发现，甚至还有威滕和三位青年合作者发现的方程。

在收到卡查索的电子邮件前几小时，阿尔卡尼–哈米德刚刚给威滕发去了邮件，汇报了研究进展并寻求后者的意见和数学指导，他们经常与威滕交流进展。不过，那天晚上，卡查索在修改汇报邮件以纳入格拉斯曼流形带来的新视角后，他相信他们马上就要收获最后的胜利了。他在给阿尔卡尼–哈米德的电子邮件中这样写道："我们来试试打败威滕吧;–)"。[39]几小时后，威滕给阿尔卡尼–哈米德回信说，他很期待探索这个陌生的数学对象，这是量子场论物理学家和弦论专家对这个数学对象不甚了解的第一个标志。[40]

我还记得在阿尔卡尼–哈米德和卡查索做出这项突破三周后，我同前者有过一番谈话。我从没有见到像他那样兴奋的人。阿尔卡尼–哈米德坐在研究院公共休息室内的沙发上，用了大概10分钟讲述了从"帕克和泰勒的神奇发现"，到"伯恩、狄克逊和科索尔在统一模型上的出色工作"，再到"霍奇斯的奇妙直觉"的散射振幅研究故事。阿尔卡尼–哈米德当时正夜以继日地工作，有一股力量指引着他朝着未知目的地不断前进，他已经迫不及待地想要看看终点究竟是什么了。"相对论和量子力学把我们推向了最为神奇的数学领域之中，"他说，"谁知道它们要把我们引向何方！"[41]两天后，阿尔卡尼–哈米德、卡查索和合作者们在网上发布了一篇论文，展示了格拉斯曼流形这个数学对象如何能让我们统一理解所有霍奇斯扭量图。"看到这篇论文，在牛津研究这个问题的所有人都震惊了。"斯金纳后来这么对我说。[42]

阿尔卡尼–哈米德知道自己和同事们只是触及了这门学科的皮毛。格拉斯曼流形方法的一大严重问题在于它产生的信息过多：它包括了描述胶子散射振幅所需的所有数学成分，却没有提供把这些因子组合成独立振幅的方法。这就像是物理学家掌握了所有拼图碎片，却不知道完成后的整幅拼图应该是什么样子。

再一次迷失的阿尔卡尼–哈米德和他的同事们改变了策略。他们决定通过最简单可行的描述研究胶子的行为，这套方法有时也叫作“超胶模型”（Superglue Model）。[43]运用这个数学框架的目的并不是以高精度描述现实世界中的胶子，而是提供一种运用具有极高对称性的数学形式研究胶子行为重要方面的方法，这会让相关计算变得相对简单一些。这个模型对极高能下散射事件的预测与描述强相互作用的规范理论（已经得到了很好的实验验证）所做的预测完全一致，因此，它与现实世界之间的确存在关联。

阿尔卡尼–哈米德和同事们将格拉斯曼流形应用于超胶模型，希望能得到一些启示。然而，他们最终一无所获，于是决定向外界寻求帮助。他们需要请人来讲讲这些看上去异常复杂的数学内容。阿尔卡尼–哈米德和同事们在一系列会议上同研究院内的部分数学家讨论了这项数学挑战，其中包括皮埃尔·德利涅、鲍勃·麦克弗森（Bob MacPherson），此外还有耶鲁大学的代数几何学专家萨沙·贡恰罗夫（Sasha Goncharov）。为了让这类对话顺利进行下去，爱德华·威滕出席了第一次会议，并且担任了有关散射振幅的物理学语言和相关的数学概念之间的“翻译”。自此之后，这些数学家和理论物理学家就会定期碰面，皮埃尔·德利涅还会定期在阿尔卡尼–哈米德的信箱里放上一大堆阐明问题的数学笔记。

2011年夏初，萦绕在这个问题上的迷雾终于散去。事实证明，要研究胶子相互散射的时候究竟发生了什么，理论物理学家并不需要使用全部格拉斯曼流形，用到其中一部分（也就是所谓的“正格拉斯曼流形”）就已经足够。[44]在研究小组中，率先提出这个观点的是贡恰罗夫。虽然一开始的时候他也有些犹豫，但事实证明，这个洞见非常关键。“正格拉斯曼流形”是一个相当成熟的研究领域。此前几年，数学家就已经将正格拉斯曼流形理论应用到了现实世界的一些现象中，例如电路设计和沙滩表面浅水的水液运动。[45]

接下来的几个月里，阿尔卡尼–哈米德与合作者们都在把霍奇斯的思想整合到正格拉斯曼流形中，即用正格拉斯曼流形中的“体积”计算散射振幅。为了取得进展，他们不懈努力，却举步维艰。阿尔卡尼–哈米德的一名学生雅各布·布杰利（Jacob Bourjaily）回忆说，当时的这些研究工作让人既兴奋又疲惫：“尼马总是通宵达旦地工作，全靠双份浓缩咖啡、无糖可乐和玉米片补充能量……这番连续作战常常到黎明时分才会结束，我们会在附近的一家小餐馆吃早餐，但用餐时我们仍会不停地讨论手头的研究。”[46]

阿尔卡尼–哈米德、布杰利和同事们确信自己还需要更好地理解相关数学内容，于是，2011年秋天，他们与麻省理工学院的一流格拉斯曼流形专家亚历山大·波斯尼科夫（Alexander Postnikov）见了面。[47]事实证明，这次会面的效果出人意料地好。这番紧张激烈的讨论一开始在波斯尼科夫杂乱的办公室中进行，午饭时间又转移到了附近的一家餐厅。随着讨论的深入，双方逐渐明白他们研究的是完全一样的课题。在谈到某一点时，波斯尼科夫拿出了几张图——这类图他之前从未和别人提起，而阿尔卡尼–哈米德等人却惊讶地发现，这与他们近几个月来一直在使用的图一模一样。

波斯尼科夫掌握的数学方法正是阿尔卡尼–哈米德等人需要的，而波斯尼科夫发现，理论物理学家的洞察力也可以对他的研究产生帮助。于是，数学与物理学之间的又一次合作正式拉开序幕。阿尔卡尼–哈米德不断地推进这次合作，虽然与这些数学大师合作常常令他感到不自在："我觉得自己就像是一个刚到纽约的俄克拉何马男孩，然后开始教这些城里人怎么开地铁。"[48]

这些理论物理学家从数学家贡恰罗夫和波斯尼科夫那儿获益匪浅。然而，在霍奇斯方法，即散射振幅是否可以用数学对象的体积来诠释这个问题上，他们仍旧毫无进展。到了2012年1月，阿尔卡尼–哈米德和他的研究生雅罗斯拉夫·特尔恩卡（Jaroslav Trnka）已经研究这个问题几个月了，但似乎没有任何进展。"批评我们的人相当肯定地认为，这类对象并不存在，并且毫不犹豫地对我们说，我们最后必定会一无所获，"阿尔卡尼–哈米德后来回忆说，"而我们自己也开始觉得他们没说错，但研究还在继续。"不过，当年7月4日，他们的确放弃了这个研究，短暂地休息了一会儿。当天，在普林斯顿迎来第一缕阳光前大约一小时，他们和几十位物理学家聚集在研究院演讲厅内，观看一场全球直播：欧洲核子研究组织要公布一项大家期盼已久的发现。负责大型强子对撞机的实验学家发现了一种新粒子，它拥有人们预测希格斯粒子拥有的大部分特性。发布会结束后，研究院内的物理学家们用一支有些年头的香槟，还有蛋糕和草莓庆祝了一番——这些东西都是用阿尔卡尼–哈米德打赌赢来的钱买的，他此前和持怀疑观点的人打赌说大型强子对撞机一定能发现希格斯粒子。[49]这项发现是欧洲核子研究组织工程师和科学家的重大胜利，当然也是散射振幅专家的重大胜利。大型强子对撞机的实验学家卡尔·雅各布斯（Karl Jakobs）后来对我说，散射振幅研究革命的成果"是我们能以高精度锁定希格斯粒子的关键"。[50]

庆祝活动后，阿尔卡尼–哈米德和特尔恩卡又回到了他们的研究项目上——在经过漫长的努力后，这一课题似乎终于要开花结果了。他们花了将近一年才确定胶子散射振幅的这一张张"拼图"的确能构成他们口中的“正空间”。第二年夏天，他们终于明白，自己寻找的实际上是由一个个正格拉斯曼流形碎片构成的一种抽象对象。这些碎片像屋顶瓦片一样完美地嵌合在一起，形成了一个多面几何对象，也就是多胞形。特尔恩卡通过计算机计算得到的多胞形体积与用传统费曼图方法计算得到的散射振幅完全一致：这两种方法得到了一模一样的结果。安德鲁·霍奇斯似乎又对了。在后来回顾这条研究之路时，阿尔卡尼–哈米德说：“现在看看我们当初犯的那些错误，做过的那些错误的决定，实在是太尴尬了。”在他看来，自己从中学到的重要一课是：“量子力学和相对论让我们始终走在正确的道路上。”[51]

2013年夏天的一个周六下午，阿尔卡尼–哈米德和特尔恩卡通过即时通信工具讨论了一番，给这个数学对象确定了一个新名字：振幅多面体（amplituhedron）。[52]当时的大多数物理学家都觉得这个名字读起来有点儿拗口。在其他命名建议中，小说家伊恩·麦克尤恩（Ian McEwan）提出了“阿列夫”（aleph）这个名字，这是他碰巧在豪尔赫·路易斯·博尔赫斯的一篇短篇小说中看到的。[53]不过，振幅多面体这个名字最后还是脱颖而出，尤其是在阿尔卡尼–哈米德和特尔恩卡于2013年12月把它用作论文的标题之后，那篇论文也是这个数学对象在散射振幅这个课题中的第一次正式亮相。[54]

用振幅多面体来预测两个胶子相撞时究竟会发生什么，这种方法很有可能具有革命意义。在费曼的方法中，胶子间的相互作用只发生在时空中的某些点上（也就是具有所谓的“局域性”），并且，这种方法从一开始就假设胶子碰撞事件所有可能结果出现的概率之和必须精确等于1（也就是具有幺正性）。然而，阿尔卡尼–哈米德和特尔恩卡的振幅多面体方法用一种完全不同的方式描述了这种散射事件：局域性和幺正性在计算的最后阶段才从数学公式中演生出来。阿尔卡尼–哈米德和特尔恩卡首次发现了这样一个理论结构：在其中，“时空”和量子力学在其中并不是最基本的东西。阿尔卡尼-哈米德后来对我说：“这个方法就是一个具体的例子，它告诉我们，通常与时空和量子力学联系在一起的物理学定律，其实来源于一些更为基本的东西。”[55]

振幅多面体——有时也被比作量子力学宝石——在理论物理学家圈子里引起了不小的轰动。[56]不过，有些反对者警告说，振幅多面体或许只是脱胎于超胶模型的一种假象，只是一种与现实的近似，或许和真实粒子的散射行为毫无关系。时间会告诉我们究竟谁对谁错。

阿尔卡尼-哈米德则认为，大家还未充分认识到振幅多面体的重要性。一大证据在于，自这个概念在散射振幅理论中被发现以来，它在物理学的其他三个分支中也多有露面：宇宙学、量子引力理论和极普通的场论。[57]阿尔卡尼-哈米德说，没人知道这究竟是为什么。他确信他和同事们正在使用的数学内容——其中很大一部分此前都极少（甚至是完全没有）被应用在基础物理学中——对于探究自然的基本性质具有相当重要的意义。“具体说来，振幅多面体并不是在弦论中表现优异的有关光滑表面的数学内容，”阿尔卡尼-哈米德说，“相比之下，这个数学概念更接近整数。”[58]

对纯数学家来说，振幅多面体是一件极好的礼物。这个概念对他们极具吸引力的一大原因是，他们本可以在很久之前就通过对格拉斯曼流形的逻辑思考发现它，无须借助现实世界。然而，最终却是渴望在量子力学和狭义相对论两大理论的双重制约下探明胶子散射行为的物理学家发现了振幅多面体。数十位顶尖数学家开始把目光投向这个数学概念，想知道它的意义究竟有多重大，以及是否会引出一些全新的研究领域。正格拉斯曼流形专家劳伦·威廉斯（Lauren Williams）就是这样一位数学家，她的整个职业生涯都在“纯数学和应用数学的交叉地带工作……专注于那些可以引出有趣数学内容的科学问题”。[59]

振幅多面体问世两年后，威廉斯对我说：“这个数学对象实在是太美了，一定要深入研究下去。”[60]她的直觉非常准确：自那之后，她已经做出了数项与振幅多面体几何学相关的数学成就。2017年，她在学术休假期间来到普林斯顿高等研究院，院方给她安排了两间办公室，一间在数学楼，另一间则在自然科学楼内阿尔卡尼-哈米德办公室的隔壁，弗里曼·戴森的办公室则在这一楼走廊的另一头。威廉斯对我说，她觉得自己与理论物理学家相处就像同数学同行相处一样轻松自在。“当然，同物理学家一道工作常常会出现一些困难——他们的习惯与标准与我们大为不同，对严谨二字的标准也与我们有极大的差异，”她又补充说，“但这一切都很值得。”她还小声地评论说：“理论物理学家感到有趣的事物往往也会勾起数学家的兴趣，这点很是奇怪。”

威廉斯的这番话无意中呼应了狄拉克1939年斯科特讲座上的那番评论。[61]无独有偶，阿尔卡尼-哈米德也说，散射振幅理论中的整数数学契合了狄拉克在讲座上提出的观点：“现代数学或许能引领当代物理学家实现古希腊人的梦想——‘将大自然的一切都与整数的性质联系起来’。”[62]他还告诉我：“如果狄拉克关于数论的观点将来在数学宇宙学中出现，对我来说也完全没什么好惊讶的。在未来很长一段时间中，物理学家和数学家都会不断挖掘出那场讲座中的内容。”[63]

戴森对我说，在过去的60年里，普林斯顿高等研究院内数学家和理论物理学家之间的关系已经彻底改变了。[64]他回忆说，20世纪50年代，这两拨人马各自活在自己的世界中，但他现在很高兴地看到他们能定期聚在一起互相交谈、交换想法，有时还能在同一问题上携手共进。“如今，纯数学家和理论物理学家很大程度上处于同一世界，”他说，“只是现在我们还不清楚这个世界与现实世界究竟有多么紧密的联系。”

尾声　最好的时代

弦论/M理论已经反复证明了，它能为已有的物理学理论提供新的研究视角，也能产生各种新颖的数学思想。不过，只有在这个理论处于正确轨道的前提下，这一切才真正有意义。

——爱德华·威滕，《物理学与数学的冒险》，2014

爱因斯坦和狄拉克提出的理论物理学的数学宣言起初没有受到普遍重视，甚至颇受嘲笑，这并不奇怪——在当时看来，他们的想法太过怪异了。这两位伟大的科学家督促理论物理学家反思自己的工作方式——用数学的火炬点亮前行的路。正如我们已经看到的那样，爱因斯坦提出，理论物理学家应该寻找潜藏在自然定律背后的数学模式的“自然”延伸。而狄拉克则坚称，这种延伸必须具有数学家眼中的“美”。虽然在当时看来，这类想法听上去有些疯狂，但到此为止我所写的内容表明，他们的确高瞻远瞩。自20世纪70年代中期以来，符合爱因斯坦和狄拉克精神的数学方法持续影响着他们的后继者。我期望这种做物理学研究的方法能越来越受欢迎，并且期望（未来终有一天）能从实验角度证实这种方法的有效性。

其他理论物理学家起初没有认真对待爱因斯坦和狄拉克建议的主要原因在于，在此前的近250年中，由实验数据驱动的传统理论物理学研究模式极其有效。只有最具天赋的理论物理学家才有机会猜测出潜藏在未来理论背后的数学内容——有多少理论物理学家有爱因斯坦或狄拉克那样敏锐的直觉呢？不过，正如我们已经看到的那样，在20世纪70年代中期，理论物理学研究中的数学路线开始初露端倪。这并不是毫无限制的纯思想练习：理论物理学家清楚地知道，所有新思想都必须与量子力学和狭义相对论相一致，从未有实验推翻这两大理论。这项要求实际上极难满足：任何新思想，只要与量子力学或狭义相对论有一丝一毫的偏差，它就肯定不可能是可靠的基础理论。虽然穿上了这件由量子力学与狭义相对论制成的紧身衣，但理论物理学家还是以一种合乎逻辑的方式在物理学坚实的实验基础上取得了极富创造性的成果。

这种方法第一次展现威力是在1927年年末。当时，狄拉克发现了他的神奇方程，也就是第一个关于电子的量子理论的外在表现形式，这个理论完全符合狭义相对论。这个方程解释了电子的自旋和磁场，并且还促使狄拉克在缺乏实验观测证据的情况下预言了反物质的存在。后来，物理学家又发现了一种与量子力学和狭义相对论相一致且整合了规范对称性的场论，它能解释作用于亚原子粒子上的主要作用力。然而，物理学家此时还需要以相对论和量子力学为基础发现一种能解释包括引力在内的所有基本力的统一理论。我在本书后半部分讨论的大部分研究课题正是这项挑战驱动的。

截至目前，最有希望成为这个统一理论的就是弦论。爱德华·威滕告诉我，“弦论是唯一一种超越了标准量子场论框架的有趣思想”，同时也只有它具备了可以解释“引力为什么必须存在”这个问题的特性，这很有吸引力。[1]我们已经看到，弦论物理学家面对的问题是，他们的这个理论框架只有在应用于极高能环境时才最为自然，而在我们目前能创造出来的能量环境下，这个理论还不能做出可以检验的预测。弦论框架尚未与实验建立直接联系，这一点虽然令人失望，但并没有给它宣判死刑，也并不意味着理论物理学家应该放弃对这个理论的研究，放弃寻找在可以创造出来的能量环境下进行检验的方法。目前，绝大多数世界顶尖理论物理学家都相信这个理论非常值得研究。在我看来，相信他们的判断是明智且谨慎的选择。

科学发展的历史告诉我们，物理学家永远不该放弃任何可能在理解自然世界过程中取得革命性突破的机会。他们也不该低估实验学家在下一个世纪甚至更遥远的未来取得的成就。例如，20世纪20年代初，部分物理学家怀疑我们永远也不可能发现解释原子结构的理论。想象一下，如果今天有一位欧洲核子研究组织的工作人员像神秘博士那样穿越到20世纪30年代初，告诉伟大的实验学家欧内斯特·卢瑟福，我们用于探测原子核的能量是他和同行们所能收集到的最大能量的1 000万倍，卢瑟福该是何等的惊奇。20世纪70年代中期，我常常听到天文学家嘲笑实验学家罗恩·德雷弗（Ron Drever）的预言：几十年后，我们就能通过先进技术探测引力波。和其他大多数行业一样，在物理学领域，永远不要说“永远不会”。

在理论物理学领域，许多备受赞誉的进步都没有产生实验学家在不久的将来就能进行检验的预言，但这并不是绝望的理由。关键之处在于，理论物理学家正在运用他们自信未来终有一天能经受彻底实验检验的思想和概念逐渐加深对自然世界的理解。给科学的未来发展下定论这种行为是莽撞的——永远也没人知道未来究竟会发生什么。或许，一场与当初量子力学革命同样深刻的重大变革正在酝酿之中，并且即将引领我们找到思考自然世界的新方法。我认为，我们完全有理由大胆猜测：理论物理学家总体上走在正确的道路上，他们在过去40年中写下的并不是披着科学外衣的童话故事。我相信，有许多最近几十年里出现的新思想、新概念和新预言能延续到遥远未来的基础理论中，就像我们在标准模型方程组中仍能看到麦克斯韦方程组的印迹一样。以下就是6种我觉得能经受时间考验的思想：

1. 时空概念并不基本——它们来源于某种量子。如果这个想法正确，它就推翻了爱因斯坦的信念：爱因斯坦认为量子力学的基础性远不如相对论。
2. 早晚会有实验证明超对称是自然定律的一项基本特征。这个发现将佐证许多理论物理学家的信念：优美的数学就像理论物理学的北极星，指引着理论物理学前进。
3. 磁单极子、膜和其他奇异的亚核概念与构成寻常物质的电子和夸克同样真实。
4. 现代物理学中对偶性的起源问题终将得到解决。所谓对偶性，就是从数学角度看完全不同的两个理论对现实世界的描述却完全一致。
5. 我们终将证明，马尔达塞纳对偶性与现实世界有关。马尔达塞纳对偶性这种思想是指，讨论引力的每一种弦论都完全等价于对应的规范理论。
6. 我们会用更简单的方式建立量子场论（描述亚原子粒子行为的理论）。由此产生的一大影响是，运用这个理论展开的相关计算的难度会大幅下降。

最后三点可能不那么切题，因为它们都是关于特定理论本身的，而不是这些理论针对现实世界做出的可证伪的预言。不过，我认为，无论证明了其中的哪一个，都将是理解自然世界之路上的巨大成功。

理论物理学家的工作最终只能由大自然裁判，也只有它的裁判才具有真正的权威。我相信，当合适的验证实验在未来出现时，我们的后代会赞许20世纪80年代以来这些理论物理学家的集体努力。我还相信，物理学家运用这种接近纯思想实验的方式在研究自然基础理论过程中取得的成就会令后代们印象深刻。我希望，爱因斯坦在1933年斯宾塞讲座上表达的观点——从某种角度上，“纯粹的思想也能掌握现实的本质”——至少能被部分证实。当然，前提是这些思想要与相对论和量子力学相符。[2]

不过，要是自欺欺人地认为所有顶尖理论物理学家都赞同我这种看法，那就大错特错了。部分毋庸置疑的一流思想者——比如赫拉德·特霍夫特、谢尔登·格拉肖和罗杰·彭罗斯——站在各自不同的角度上表示了担忧。他们担心理论物理学已经错误地向着彻底的极致数学方法转变，这些方法中有许多都完全脱离了现实。

例如，有许多批评者指责弦论物理学家正在重蹈爱因斯坦的覆辙。后者在试图建立统一理论时，运用了一些太原始的概念和想法，因而犯下了不少错误。虽然爱因斯坦的大多数同行都认为他的目标确实很有价值，但也觉得他对数学关注过多，对实验观测关注太少。曾有学生问伟大的物理学家恩里科·费米，他怎么看爱因斯坦寻找统一理论的计划，这位意大利大师回答说：“车没错，钥匙不对。”[3]类似地，许多反对弦论框架的人也将这个理论视作目标正确的失败案例，甚至视其为朝着形而上学的可悲退化。不过，如今的绝大多数顶尖理论物理学家都确信他们正在正确的座驾上平稳前进，虽然驾驶的时候还存在一些问题。

而在公共领域，关于弦论框架优劣的争论已经持续多年，在纸质出版物和网络上尤为热烈。其中的某些批评对修正关于这个理论的夸张宣传和部分弦论物理学家的傲慢宣言（不过，在我的印象里，这么大放厥词的几乎都不是顶尖弦论物理学家）颇有助益。弦论物理学家完全有理由为取得的成就感到自豪，但在实验证实这个理论的有效性之前，他们决不能扬扬自得。不过，某些批评者对弦论不屑一顾的态度也让我感到担忧，尤其是那些写下自信十足的文字却只透露出他们对自己攻击的这个理论的认识有多么浅薄的无知批评者。反对许多顶尖理论物理学家的观点或许可以解释成对正统方法的积极批判，然而，这种行为也可能反映了这样一种普遍观点：任何人对任何学科都能随意发表意见，无论他们自身的知识水平和对这个领域的认识水平如何。这不能不令人担忧。而在科学研究中，尤其应该避免这种倾向。

*

无论弦论框架和当代量子场论对现实世界的诠释能达到何种程度，它们的一大重要成就都无可置疑：它们都对现代数学产生了极为深刻的影响。狄拉克不会对此感到意外：正如他经常强调的那样，那些令一线数学家感兴趣的数学内容往往也会勾起寻找自然世界基础定律的物理学家的兴趣。他坚信，理论物理学家应该在纯数学领域的前沿不断探索，时刻注意寻找那些可能与物理学相关的思想。同样，他也敦促纯理论数学家密切关注物理学家描述自然世界的最前沿理论。

事实证明，狄拉克确实深谋远虑。我们已经看到，自20世纪70年代中期以来，现代纯数学和现代纯理论物理学的交叉地带已经产生了大量令人兴奋的新发现，让这两门学科之间的联系日趋紧密。这个领域已经相当活跃，涵盖的内容也十分丰富，最近甚至有了名字——“物理数学”。这个术语最早是物理学家奥利弗·亥维赛在19世纪90年代提出的，但它在当时的含义与现在完全不同。[4]罗格斯大学理论物理学家格雷格·穆尔（Greg Moore）对量子场论和弦论涉及的数学内容有很多创新贡献，他最近倡导将“物理数学”用作数学家和物理学家许多共同兴趣的标签。穆尔将这个术语定义为“数学与理论物理学的融合，旨在激发我们对新的数学内容、自然世界基本定律和两者间关系的新认识”。[5]通俗点儿说，物理数学主要就是物理学家和数学家把量子力学和相对论以与现实世界相关的方式融合在一起后出现的数学内容。

在穆尔看来，物理学激发了物理数学研究的核心问题。“纯数学领域的内容有很多，”他强调说，“究竟哪些才能被定义为物理数学，应该由它和物理学之间的相关性决定。”[6]

从2014年夏天开始，数学家和物理学家越来越喜欢用“物理数学”这个术语。那时距我们第一次观测到希格斯粒子只过去了两年，整个基础物理学圈子都洋溢着乐观的情绪。希格斯粒子的发现标志着20世纪粒子物理学的终结，这段漫长历史始于19世纪90年代末电子的发现。到了2014年，许多物理学家都满怀信心地认为，大型强子对撞机即将带来一场新发现的盛宴。正是在这种乐观积极的氛围中，在当年全球弦论研究圈年度聚会最后一天的下午，穆尔在普林斯顿大学发表了“愿景讲话”。[7]在拥有190个座位、靠近校园中心的罗马式建筑亚历山大大楼内，穆尔发表了主题为“物理数学与未来”的有趣演讲。这个地点再合适不过了：从演讲大厅出来，沿着廊道走5分钟就到了爱因斯坦和狄拉克当初并肩工作过的地方。70年前，两人在那里运用当时还饱受争议的数学方法研究物理学。

穆尔在台上踱着步提出了他的观点：物理数学这门学科是物理学

和数学的孩子，但它“有自己的特性、目标和价值”。他提到，虽然这门学科已经取得了很多成功，但它仍要面对数项巨大挑战，其中有许多还相当基础：“我们仍旧不理解量子场论和弦论。”穆尔提到，这两门理论都产生了大量新数学思想，这意味着我们还需要数十年甚至数百年才能完全掌握这两个领域的知识。他意识到，虽然物理数学取得了很多成功，但它总是因父母的保护而颇受掣肘：它诞生于一场“不稳定的联姻”，而它的价值对很多科学家来说也是“诅咒”。[8]人们期望物理学家深入了解现实世界，期待数学家潜心钻研柏拉图世界。许多权威专家都视“不分轻重地同时研究这两个世界”这种想法为洪水猛兽（至少内心是这么觉得的）。穆尔说得没错，积习的确难改。我曾听到实验物理学家轻声抱怨，他们觉得一部分顶尖理论物理学家很大程度上已经脱离了物理学研究，开始沉溺于所谓的“数学自慰”。[①][9]

在过去几个世纪中，物理学家和他们的哲学前辈始终在思考是否有可能建立一种统一的自然理论。相较之下，数学家对类似的大胆推测—— 一种能联系这门学科所有分支的基础理论——秉持着一种他们特有的谨慎态度。然而，1967年1月，颇有远见的加拿大裔美国籍数学家罗伯特·朗兰兹（Robert Langlands）在普林斯顿大学工作时朝着这个方向迈出了一步。在写给前布尔巴基学派成员安德烈·韦伊（André Weil）的一封17页的手写信中，朗兰兹提出了一组猜想。这些猜想可能包含了一种能将几个数学分支（包括数论、几何和代数）联系在一起的方法。[10]这就是我们现在所说的“朗兰兹纲领”。人们很快就意识到这是一个极有想象力的想法，而它也确实催生了许多新思想。我们甚至可以想象，未来有一天，朗兰兹纲领会引领我们找到一种统一的数学方

① 物理学家费曼曾说：“物理之于数学，好比性爱之于手淫。”——编者注

法。在某种程度上，它也能构成自然基础统一理论的基石。

一些理论物理学家已经开始尝试把朗兰兹纲领的某些部分同描述现实世界的物理理论联系起来。[11]这个领域的研究相当艰深，对思辨性的要求很高，但这些专家们已经取得了宝贵的进展。他们的启发部分来源于深入研究理论物理学中一些对偶性的起源。乐观主义者相信，正如狄拉克在斯科特讲座上大胆提出的那样，在遥远的未来，纯数学和理论物理学“最终会统一起来”。[12]

*

现代基础物理学的另一大趋势是，越来越多的证据表明，弦论和量子场论在亚原子领域之外也大有作用，例如低温环境中的某些固体、黑洞附近物质和辐射的行为、研究早期宇宙的宇宙学等。最近这些年，关于信息流的成熟数学定律在基础物理学领域扮演的角色也越来越重要，尤其是在对黑洞性质和早期宇宙的研究中。相同的概念、思想和数学结构在整个物理学领域大量涌现，这背后显然还有更深邃的事物等待我们挖掘。

尼马·阿尔卡尼–哈米德也是这种看法的忠实支持者，这毫无疑问是受到了振幅多面体研究的影响。他坚信：“我们的知识领域之外存在一个巨大的抽象数学理论框架，它涵盖了所有自然基本定律。”在阿尔卡尼–哈米德看来，物理学家和数学家正用各自的方式一点点揭开这个框架的神秘面纱——物理学家用的是观察大自然得到的信息，而数学家用的则是纯粹的理论推导。他认为，这个框架能帮助我们深入了解纯数学和基础物理学相互交织的原因：

> 这个庞大的理论框架成了物理学家和数学家心中的圣杯，他们都在用自己的方式不断探寻。这个框架引领他们来到了一个自己从没想到的高度，同时还消除了人为的偏见和学科区分。这是科学史上最伟大的故事之一。

对阿尔卡尼-哈米德来说，只要未来的人们能揭开更多关于这个框架的奥秘，对理论物理学家来说，“那就是最好的时代”。[13]

然而，阿尔卡尼-哈米德的一些同行却觉得，他们研究的这门学科在这个时代进展缓慢，这主要是因为可供他们研究的新鲜实验结果实在是太少。虽然理论物理学家自20世纪70年代以来已经取得了如此多的成就，但他们中的大多数现在仍旧热忱地希望——甚至可以说是“极度渴望”——大自然来裁判他们的工作。一直以来，许多物理学家始终希望——甚至可以说是期待——负责大型强子对撞机的实验学家能够发现大量此前从未观测到且能印证超对称的粒子，这样就能彻底改变理论物理学界如今波澜不惊的现状。他们还希望大型强子对撞机能有力地帮助他们研究新科学，最好还能带来一两个此前从没有人预言过的新结果。然而，这些美好的希望如今都没有成真，至少在我于2018年年末写完本书时都仍只是大家的愿望。令理论物理学家惊愕的是，大型强子对撞机目前最主要的成果只是给标准模型镶上了一枚金星。

虽然超对称未来仍有可能以某种形式现身，但大型强子对撞机的研究结果中完全没有它的身影，这点令许多粒子物理学家都相当沮丧，其中就包括亚原子粒子标准模型的奠基人之一、物理学界广受尊敬的人物史蒂文·温伯格。当初正是他为大型粒子加速器项目积极宣传造势。2017年夏天，他对我说，大型强子对撞机没能产生令人激动的实验结果，这个事实让他“极度失望”。他还补充说，他担心“恐怕还要过上许多年，理论物理学家才能从大自然那儿得到他们需要的研究线索”。[14]

温伯格很同情身处困境的年轻一代理论物理学家，他们渴望能有新实验结果出现。“如今的一流理论物理学家中，有一些至今都还没有将自己的理论预言同实验观测结果相比较的经历。”当我提到理论物理学家雅各布·布杰利最近安慰我说“新数学就是新数据”时，温伯格脸上闪过一阵沮丧。[15]“我知道，”他叹了口气，然后停顿了一两秒，“那只是退而求其次，因为我们实在没有更好的东西了。”

虽然温伯格不相信理论物理学家能通过专注研究数学的方式取得许多进展，但他也不会给他们“泼冷水”。“我觉得他们没有犯错。实验给出的线索实在是太少了，他们的确别无选择。”最重要的是，他们没有灰心、没有放弃。温伯格说：“他们采纳了温斯顿·丘吉尔的建议，‘永不放弃，以守为攻’。”[16]他还补充说：“如今，许多顶尖年轻理论物理学家掌握的数学知识越来越深刻。如果将来有实验证明这些数学知识的确与自然世界相关，那他们肯定就领先一步了。到那个时候，我们这些老家伙就只有羡慕他们的份儿了。”

不过，也不是所有顶尖物理学家都对大型强子对撞机没能做出新发现而感到沮丧。欧洲核子研究组织主任、优秀的实验物理学家法比奥拉·贾诺蒂（Fabiola Gianotti）同样拒绝因此而消沉。大型强子对撞机的实验人员花费数年时间苦心准备打开大自然的一个橱柜，结果却发现其中并没有他们想要的新粒子，但即便如此，贾诺蒂还是保持了冷静与乐观。2018年夏天，她对我说：“我们仍有时间收获惊喜，没人知道未来几年究竟会发生什么。”她和同事们已经开始展望未来：“我们的头等大事之一就是研究下一代粒子加速器和探测器。”贾诺蒂还强调，虽然做基础研究有许多颇有价值的方法，例如天文学和桌上实验，“但我们总是需要高能粒子加速器来探测物质的最小组成部分”。她还总结说：

“即便大自然真的没有给我们这代人留下什么惊喜，我们也一定不能丧失信心。必须专注于我们的目标——发现自然世界的基本定律。”[17]

理智上，我站在贾诺蒂这一边；心情上，我站在温伯格这一边。对物理学家来说，数十年的精心准备没有产生任何令人惊喜的实验发现，很难不让人感到失望。然而，大自然没有义务奖励每一代物理学家，没有义务分享自己最值得深入研究的秘密，没有必要让每一代物理学家都有所成就，更别提让他们都获得认可了。

就像贾诺蒂表示的那样，物理学家要好好培养自己的耐心。和所有科学分支一样，物理学也是一个为了接近真理而不断深入研究自然世界的过程。站在人类历史的角度上看，以实验和数学理论共同发挥作用为特征的现代物理学研究，还是一种相对较新的学术活动，它的具体研究方法迟至1687年才在牛顿的《原理》一书中首次清晰建立。自那之后，自然哲学家和科学家取得了举世瞩目的成就，他们运用数学语言发现了无数描述宇宙基本力和基本粒子的定律。如果牛顿能看到他在20世纪的后继者们取得的成就，我猜他会惊异于我们对引力的新认识以及有关其他三种基本力的理论——其中有两种力，他一无所知。

我们能在理解基本力之路上不断取得进展，有赖于持续不断的实验和观测，正是它们让理论物理学家始终处于正确的轨道上。然而，我们无法保证这种进步的速度能够继续保持下去。相反，由于宇宙学和粒子物理学领域的实验和观测项目的技术难度日益提高、成本不断攀升，我们的进步速度很可能会大大放缓。结果就是，这类研究的数据流只会断断续续地进入理论物理学家的视野。这些数据很可能以突然爆发的形式出现，每一次爆发都起始于某个大项目启动之后，并引发理论物理学家的长期深入思考。在数据干涸之后，理论物理学家就不得不做他们中的许多人在过去45年中一直在做的事了：努力运用纯思想手段取得进步，而纯思想手段最重要的补充就是数学。

如果这个图景成真，那我们就必须习惯于基础物理学的慢节奏发展。特别要指出的是，我猜测粒子物理学家未来不会再理所当然地认为，他们能在职业生涯之中见证这门学科朝着最有挑战性的目标快速迈进。相反，我认为物理学取得进步的时间跨度可能会从几十年增加到几百年，就如同数学一直以来的发展状况那样。极少有顶级数学家在自己的职业生涯期间做出真正具有划时代意义的发现——他们能成为国际知名的学术人物，主要是因为在一些（有时甚至只是一个）特别困难的问题上取得了进展。我怀疑，未来的理论物理学家也不得不满足于这样的状况：只能为少数几个物理学最艰深问题的解决做出累积性的贡献，而不能将其彻底解决。从这个意义上说，弦论框架进展缓慢或许预示着基础物理学在未来几个世纪内的发展步伐都会更加平缓。

我预计，物理数学至少还有上千年的路要走，偶尔会因令人惊喜的新实验发现而重新焕发活力。因此，我的直觉告诉我，物理数学的前途仍然是光明的。然而，如今这种“不温不火”的趋势可能会产生一些负面影响。例如，理论物理学家可能会沉溺于纯数学研究带来的快乐并因此忘记物理学的核心目标：理解宇宙中潜藏的秩序。[18]在我看来，物理学家必须时时刻刻竭尽所能地将自己的理论（无论是否优美、精致）交给大自然检验，并做好被事实推翻后继续研究的准备。如果物理学或其他任何一个科学分支的理论都日益演变成纯粹的社会建构，都完全只由人类来评判其价值，那么这个领域注定要回到纯形而上学的黑暗时代。

长期来看，人类物理学家和数学家的日子已经屈指可数了。我预测数学和物理学研究最终会成为人工智能大展拳脚的一大领域——和人类生活中的许多方面一样。如今，超智能机器在许多领域都展现出了创造力。在未来的某个日子，它们很可能也会将创造新理论并设计检验这些理论的新实验也纳入自己的工作范畴。如果这一天真的来了，看着人类和人工智能在数学和物理学领域比拼智慧，倒也是一桩颇有乐趣的事。或许，下一个阿蒂亚、卢瑟福和爱因斯坦会是“哈尔9000”[①]的后代?

我认为，不管是谁（或者何种机器）接过了研究基础自然定律的接力棒，对大自然奥秘的不懈追寻永远不会停歇。理论物理学家应当保持清醒，不能被最近那些具有革命意义的进展蒙蔽了双眼，觉得一系列终极基础定律的发现已经近在眼前了。相反，我们应当时刻记住，一切物理学定律都具有时效性，都注定要受到人类经验和知识进步的修正。我们已经看到，在刚刚过去的这段历史中，人们对下面这个事实有了前所未有的清晰认识。物理学家现在有两种方式提升他们对自然世界运作方式的基本认识：一是从实验中收集数据；二是发现描述宇宙潜藏秩序的最好数学理论。宇宙正对我们轻声耳语，透露自己的秘密，用的还是立体声。

① 哈尔9000是经典科幻作品《2001太空漫游》中的超智能计算机。——译者注

致谢

我觉得我从出生开始就在为写这本书做准备，至少也是从11岁左右就开始了。我最想感谢的就是教导过我的所有老师，以及与我共事过的所有同事——无论是中小学的、大学的，还是后来学术生活中的——正是他们培养了我对狄拉克口中“大自然数学性质”的兴趣。

我同许多物理学家和数学家都有过深入的对话，并且从中获益匪浅。没有他们，就没有今天你面前的这本书。普林斯顿高等研究院院长罗伯特·戴克格拉夫不仅慷慨地给我提供了舒适的办公环境，还大度地让我采访了机构内的数学家、物理学家、其他成员及访客。我要感谢史蒂夫·阿德勒、克莱·科尔多瓦、皮埃尔·德利涅、弗里曼·戴森、彼得·戈达德、罗伯特·朗兰兹、胡安·马尔达塞纳、纳蒂·塞伯格、道格拉斯·斯坦福、卡伦·乌伦贝克、海因里希·冯·施塔登、劳伦·威廉斯、爱德华·威滕和马蒂亚斯·扎达里亚加，同他们的对话对我大有启发。我还要特别感谢尼马·阿尔卡尼–哈米德，他对本书很感兴趣，为整个项目的各个环节提供了帮助，还为我和许多其他物理学家和数学家的会面牵线搭桥。

在高等研究院逗留期间，我大量使用了院内优秀的图书馆资料和档案设备。我要感谢图书管理员卡伦·唐宁、马西娅·塔克、柯斯蒂·韦南齐和朱迪·威尔逊–史密斯，他们都为我提供了诸多帮助。数学和自然科学图书馆馆长埃玛·穆尔同样厥功至伟，他总能找到我认为已经佚失的资料信息，令人印象深刻。我还要特别感谢谢尔比·怀特和利昂·莱维档案中心的埃丽卡·莫斯纳和凯西·韦斯特曼，他们帮我发现了许多历史信息。档案中心的其他许多员工和朋友也帮了很多忙，他们的关照让我如沐春风。他们是：玛丽·博亚吉安、贝思·布雷纳德、琳达·库珀、凯西·库珀、道恩·邓巴、莉萨·弗莱舍、海伦·戈达德、珍妮弗·汉森、纳尔逊·洛佩兹、苏珊·奥尔森、詹姆斯·史蒂芬斯、纳迪娜·汤普森、吉尔·泰特斯、沙伦·托奇、米歇尔·图兰西克和萨拉·赞图亚–托雷斯。

2015年春天，我在加州大学圣巴巴拉分校卡弗里理论物理研究所待了两个月，参加在那里举行的量子引力基础理论项目，这段经历给我提供了巨大帮助。在此期间，我短暂地造访了斯坦福直线加速器中心，与汤姆·阿贝尔、马丁·布雷登巴赫、戴维·格罗斯、拉尔斯·比尔德斯滕、汤姆·班克斯、兰斯·狄克逊、史蒂夫·吉丁斯、特德·雅各布森、埃娃·希尔弗斯坦、戴夫·莫里森和已故的乔·波尔钦斯基的对话对我大有裨益。

我还在以下数个研究机构有过更短暂的停留，这些访问同样给予了我巨大帮助。在欧洲核子研究组织，詹姆斯·吉利斯为我安排了数次与实验人员的会面，其中包括研究中心总负责人法比奥拉·贾诺蒂、米凯兰杰洛·曼加诺、吉安·朱迪切、费德里科·阿尼特诺里、乔尔·巴特勒、迈克尔·多塞、埃克哈德·埃尔森、卡尔·雅各布斯和盖伊·威尔金森。我还有幸受邀前往位于加拿大滑铁卢的圆周理论物理研究所，邀请我的正是该所负责人尼尔·图罗克。为期一周的造访计划大有收获，我同研究所里的数位科学家展开对话，其中包括弗雷迪·卡查索和凯文·科斯特洛。后来，我还和他们的同事佩德罗·维埃拉有过一番交谈。2016年，我在费米实验室参加了一场散射振幅研究会议，同史蒂芬·帕克、托马什·泰勒、帕拉梅斯瓦兰·奈尔、露丝·布里托和其他几位现代散射振幅理论先驱畅谈许久。在加州理工学院有关散射振幅研究的一个研讨会上，我与大栗博司和雅罗斯拉夫·特尔恩卡相谈甚欢。

此外还有许多数学家、物理学家和科学史学家在百忙之中抽出时间与我长谈，并同我分享他们的观点和回忆。他们包括：已故的迈克尔·阿蒂亚爵士、雅各布·布杰利、西蒙·唐纳森爵士、迈克尔·达夫、约翰·埃利斯、霍华德·格奥尔基、谢尔登·李·格拉肖、杰里米·格雷、迈克尔·格林、杰夫·哈维、约翰·海尔布伦、彼得·希格斯、尼格尔·希钦、安德鲁·霍奇斯、赫拉德·特霍夫特、布鲁斯·亨特、罗曼·贾基夫、罗兰·杰克逊爵士、阿瑟·贾菲、克里斯蒂安·乔阿斯、贾里德·卡普兰、克里斯·卢埃林–史密斯爵士、莱昂内尔·梅森、安迪·尼兹克、罗杰·彭罗斯爵士、萨沙·波利亚科夫、皮埃尔·雷蒙德、丽莎·兰道尔、马丁·里斯勋爵、约翰·施瓦茨、萨姆·施韦伯、吉姆·西科德、格雷姆·塞加尔、塔拉·希尔斯、戴维·斯金纳、已故的埃利亚斯·斯特恩、拉曼·桑德拉姆、约翰·汤普森、雅罗斯拉夫·特尔恩卡、加布里埃尔·韦内齐亚诺、史蒂文·温伯格和彼得·沃伊特。我还要特别感谢西蒙·谢弗，他在有关牛顿、拉普拉斯、麦克斯韦及其同时代人的史实方面给出了睿智而有益的建议。

上述专家中有许多（实在是太多，就不一一列举了）都热心地核查了本书中的部分内容，在此我表示由衷的感谢。另外，还有许多科学史学家、科学家和哲学家给本书某章或多章提出了颇有价值的意见，他们包括迈克尔·巴拉尼、戴维·卡汉、菲利普·坎德拉斯、埃莱娜·卡斯泰拉尼、索尼·克里斯蒂、弗兰克·克洛斯、迈克尔·戴恩、耶伦·范东恩、莫迪凯·法因戈尔德、戴维·福尔法、罗伯特·福克斯、亚历山大·贡恰罗夫、尼科洛·圭恰迪尼、哈诺·古特弗罗因德、罗布·艾利夫、豪尔赫·何塞、雷娜特·洛尔、莱昂内尔·梅森、米凯拉·马西米、约翰·诺顿、汤姆·帕什比、尤尔根·雷恩、西沃恩·罗伯茨、安德鲁·鲁滨逊、丹·西尔弗、戴维·萨姆纳和戴维·堂。我要特别感谢我的好友丹·西尔弗和戴维·约翰逊，他们对本书初稿提出了许多细致且颇有助益的建议，提升了书稿质量。当然，本书中仍难免存在事实和判断方面的错误，但责任完全在我身上。

在本书出版的各个阶段，我还得到了许多档案管理员和图书管理员的大力帮助，他们是：阿斯彭物理研究中心的坎达丝·克罗斯，位于塔拉哈西的佛罗里达州立大学狄拉克档案馆的凯蒂·麦考密克、斯图尔特·罗克福德以及他们的前同事朱莉娅·齐默尔曼，耶路撒冷希伯来大学爱因斯坦档案馆的奥里特·奥尔·布拉和她的前同事芭芭拉·伍尔夫，牛津大学纳菲尔德学院的伊丽莎白·马丁，爱丁堡皇家学会的维基·哈蒙德和威廉·邓肯，以及剑桥大学三一学院雷恩图书馆的乔纳森·史密斯。

在我的学术大本营——剑桥大学丘吉尔学院，我很享受和同事及好友展开的许多热烈的对话。在此，我要感谢院长阿西妮·唐纳德爵士以及所有学院同僚的支持。我要特别感谢阿德里安·克里斯普、海伦·安妮·库里、马克·戈尔迪、雷·戈德斯坦、阿奇·豪伊、尼尔·马瑟、艾伦·帕克伍德、理查德·帕丁顿和戴维·华莱士爵士，他们始终热情地关注着我的这部作品。

当然，我还要感谢本书在纽约和伦敦的出版人。基本书局（Basic Books）出版公司的拉拉·海默特在本书整个出版过程中付出了巨大的努力，埃里克·亨尼提出了很多有益的批评和建议。卡丽·沃特森极好地完成了本书的文字编辑工作，一丝不苟地纠正了每一处细节，这才有了书稿最后一气呵成的样子。我要特别感谢伦敦的费伯，正是他在幕后默默支持着这本看上去肯定不怎么畅销的图书。我还要感谢史蒂芬·佩奇、前同事尼尔·贝尔顿和朱利安·卢斯，以及保罗·贝利-雷恩。我与我的编辑劳拉·哈桑的合作非常愉快，她总是鼓励我，并且提出了大量建设性意见，大大提高了文稿质量。

最后，我还要感谢保罗·狄拉克，他在1939年斯科特讲座上的发言深刻影响了我对这个永恒主题的理解。他的这个讲座历久弥新，时至今日仍能让我们获益匪浅。

2019年2月于

英国剑桥

注释

前 言 倾听宇宙的声音

1 Robert Oppenheimer to his brother Frank, 11 January 1935: Smith and Weiner (eds) (1980: 190). For interesting reflections on the meaning of 'fundamental physics', see Anderson (1972) and Weinberg (1993: 40–50)
2 Salaman (1955: 371). Note that the word in brackets, 'properties', is my rendition of the technical term she uses, 'spectrum'.
3 Einstein on 'Principles of Research' 1918: Einstein (1954: 226)
4 Einstein to Solovine, 30 March 1952: Solovine (ed.) (1986: 131) (I have amended Solovine's choice of the word 'world' to 'universe', which I believe is more accurate.) Einstein made a similar remark in 1936: 'The eternal mystery of the world is its comprehensibility': see Einstein on 'Physics and Reality' in Einstein (1954: 292)
5 Pauli to Einstein, 19 December 1929: Pais (2000: 216)
6 Schweber (2008: 282)
7 Farmelo (2009: 188)
8 Farmelo (2009: 300–301)
9 Dirac (1954: 268–269)
10 Atiyah (2005: 1081); interview with Atiyah, 15 April 2016
11 Interview with Burton Richter, 30 April 2015 (he later confirmed his comments in an e-mail). Richter died in July 2018. RIP.
12 'Fairytale physics' is a phrase favoured by the science writer Jim Baggott; *Lost in Math* is the title of a 2018 book by the theorist and prolific blogger Sabine Hossenfelder; 'Not Even Wrong' is the name of the popular blog by the physicist Peter Woit.
13 Iliffe (2007: 98)
14 Feynman (1985: 7)

15 Yang (2005: 74)
16 Interview with Arkani-Hamed, 10 May 2018

第 1 章 数学为我们驱散乌云

1 Einstein (1954: 253)
2 Einstein (1954: 273)
3 Ross (1962: 72)
4 Cohen and Whitman (trans.) (1999: 27–29)
5 Cohen and Whitman (trans.) (1999: 29). For the clearest statements on Newton's way of doing science, see his 'Four Rules of Scientific Reasoning' in his *Principia*: http://apex.ua.edu/uploads/2/8/7/3/28731065/four_rules_of_reasoning_apex_website.pdf
6 Newton's room at this time was E3 Great Court.
7 Iliffe (2017: 14–16)
8 Feingold (2004: 5)
9 See testimony of William Stukeley, following 55r in: http://www.newtonproject.ox.ac.uk/view/texts/diplomatic/OTHE00001
10 Iliffe (2017: 124)
11 Iliffe (2017: 4)
12 Cohen and Whitman (trans.) (1999: 27)
13 Heilbron (2015: 5–9)
14 Gingras (2001: 389)
15 Einstein (1954: 271)
16 Heilbron (2015: 36)
17 Gal and Chen-Morris (2014: 167–168)
18 Einstein (1934: 164); Heilbron (2010: 33, 132, 135)
19 Christie, T., 'The Book of Nature Is Written in the Language of Mathematics': https://thonyc.wordpress.com/2010/07/13/the-book-of-nature-is-written-in-the-language-of-mathematics/ (2010); Heilbron (2010: iv, 34–41, 132–133)
20 Wootton (2015: 163–172)

21 Garber (2013: 46–50); Heilbron (2015: 5–6)
22 Heilbron (1982: 23)
23 Preface of Hooke (1665: 5)
24 Feingold (2004: 10)
25 Whiteside (1982: 113–114)
26 The cost was half as much again if the pages were bound in calves' leather – roughly an hour's wages for workers in London. Halley's review: http://users.clas.ufl.edu/ufhatch/pages/02-teachingresources/HIS-SCI-STUDY-GUIDE/0090_halleysReviewNewton.html
27 Iliffe (2017: 200)
28 Shapin (1998: 123)
29 Feingold (2004: 25)
30 Iliffe (2017: 89)
31 Guicciardini (2018: 162)
32 Feingold (2004: 32). See also Heilbron (1982: 42)
33 Cajori (trans.) (1946: xxxii)
34 Iliffe (2007: 99)
35 Iliffe (2017: 17)
36 Conduitt was the husband of Newton's half-niece Catherine Barton. Iliffe (2016: 111)
37 Arieti and Wilson (2003: 238)
38 Guicciardini (2018: 211)
39 Feingold (2004: 110)
40 Gillispie (1997: 3–6, 67–69)
41 Guicciardini (2018: 217–219)
42 Heaney coined this phrase in his review of *The Annals of Chile*: http://www.drb.ie/essays/language-in-orbit
43 Hahn (2005: 163–164)
44 Newton sets this out in Queries 28 and 31 of his *Opticks*.
45 Hahn (2005: 172)
46 Hahn (2005: 55)
47 Schaffer (2006: 36)

48 Laplace (1820: 12)
49 Cannon (1978: 111–136)
50 Heilbron (1990: 1)
51 Heilbron (1990: 2)
52 Bertucci (2007: 88)
53 Heilbron, J. L., 'Two Previous Standard Models', in Hoddeson, L., et al. (1997: 46–47)
54 This third volume of *Celestial Mechanics* was published in 1802, soon after The Treaty of Amiens.
55 Crosland (1967: 94–95)
56 Crosland (1967: 94–95)
57 See Newton's comments in the 'General Scholium' (1713) on gravity acting on the particles in solid matter: http://www.newtonproject.ox.ac.uk/view/texts/normalized/NATP00056. Also see the final query of his *Opticks* (1704): http://www4.ncsu.edu/~kimler/hi322/Newton_Query31.pdf
58 Fox (1974: 89–90)
59 Heilbron (1997: 47–48)
60 Fox (1974: 109–127)
61 Hahn (2005: 179)
62 Maddy (2008: 25–27)
63 Laplace's funeral was held on 7 March 1827 at the Chapelle des Missions Etrangères de Paris. Beethoven's funeral was held on 29 March 1827.
64 The compliment was paid by Henry Brougham, quoted in Secord (2014: 110).
65 Secord (2014: 137)

第 2 章 电磁理论照亮世界

1 Jungnickel and McCormmach (2017: 51, 388); Iliffe (2016: 111)
2 This was the opinion of Oliver Heaviside, quoted in Hunt (1991: 4)

3 Harman (1998: 35)
4 Iliffe (2007: 113); Campbell and Garnett (1882: 22, 34, 90, 167, 180, 201)
5 Campbell and Garnett (1882: 45, 50, 197)
6 Warwick (2003: 137n)
7 Harman (1998: 72)
8 Harman (ed.) (1990: 237–238)
9 Schaffer (2011: 289–291)
10 Maxwell (1873a: ix)
11 McMullin (2002)
12 The near contemporary was the astronomer George Darwin: Warwick (2003: 137)
13 Arthur, J., and Forfar, D., 'The Changing Notation of Maxwell's Equations' (2012): http://www.clerkmaxwellfoundation.org/newsletter_2012_10_23.pdf
14 Maxwell to one of his cousins, Charles Hope Cay, 5 January 1865: Harman (ed.) (1995: 203)
15 Maxwell to Thomson, 20 February 1854: Harman (ed.) (1990: 237–238)
16 Flood, McCartney, and Whitaker (2008: 118–119)
17 Hunt (2004: 186)
18 Feynman, Leighton, and Sands (1964: 1–11)
19 *The Athenaeum*, No. 2237, pp. 329, 10 September 1870
20 Campbell and Garnett (1882: 161–162)
21 *The Observer*, 2 October 1870, p. 3
22 Maxwell (1870: 419–422)
23 Maxwell (1870: 419)
24 Maxwell (1870: 420)
25 Wood, C., 'The Strange Numbers That Birthed Modern Algebra', *Quanta Magazine*, 6 September 2018, online.
26 Silver (2006: 158–162)
27 Maxwell (1870: 421)
28 Helmholtz to Tyndall, 18 January 1868, quoted in Cahan (2018: 377–378)

29 Sylvester, J. J., 'A Plea of the Mathematician', *Nature*, p. 237, 30 December 1869
30 Huxley, T., Presidential Address to the B.A.A.S, 1870: http://alepho.clarku.edu/huxley/CE8/B-Ab.html. For a report on the talk, see *Nature*, 22 September 1870, p. 416; and *The Observer*, 2 October 1870, p. 3.
31 Silver (2008: 1267)
32 Smith and Wise (1989: 363)
33 Silver (2008: 1266–1267)
34 Campbell and Garnett (1882: 421)
35 Campbell and Garnett (1882: 199)
36 Heilbron (1997: 48–50)
37 Maxwell, J. C., 'Action at a Distance', lecture at the Royal Institution in February 1873: Niven (ed.) (2010: 315)
38 Maxwell to David Peck Todd of the National Almanac Office, Washington, DC, 19 March 1879: Harman (ed.) (2002: 767–769)
39 Hunt (2012: 48–50)
40 Hunt (1991: 202)
41 Heaviside made this remark in March 1895 (private communication from Bruce Hunt); Hunt (1999: 2)
42 The four 'Maxwell equations', as they are known today, appeared in the early instalments of his long series, 'Electromagnetic Induction and Its Propagation' in *The Electrician* in the first half of 1885, now readily accessible here: https://catalog.hathitrust.org/Record/001481346
43 Maxwell (1873b: 398)
44 Cahan (2018: 377–379, 442–444, 500–501, 548, 573–574, 604–605, 607, 609–610, 612, 620, 624–625)
45 Jungnickel and McCormmach (2017: 197–198)
46 Gowers (2011: 3–12)
47 Cahan (1989: 11–15)
48 Jungnickel and McCormmach (2017: x–xii)
49 Cahan (2018: 458)

50 Jungnickel and McCormmach (2017: 283)
51 Sime (1996: 24–26)
52 Cahan (1989: 7, 127, 143, 145, 148, 150–155)
53 Heilbron (1996: 10, 19–21); Pais (1982: 369–371)
54 Planck to R. W. Wood, 7 October 1931, quoted in Hermann (1971: 23–24)
55 Planck (1915: 6); see also Planck (1949: 13)
56 Google image search 'Einstein 1896': https://www.google.co.uk/search?q=bern+wiki&client=firefox-b-ab&biw=1363&bih=1243&source=lnms&tbm=isch&sa=X&sqi=2&ved=0ahUKEwigm5iIxJ7SAhWLAsAKHQcDDyUQ_AUICCgD#tbm=isch&q=Einstein+1896&imgrc=5wvIK_ohjapZqM
57 Cahan, D., 'The Young Einstein's Physics Education', in Howard and Stachel (eds) (2000); Pyenson (1980: 400); McCormmach (1976: xiv, xv, xviii, xix, xx, xxvii)
58 McCormmach (1976: xiv)
59 Schilpp (ed.) (1997: 33)
60 Stachel (ed.) (1998)
61 Einstein to Conrad Habicht, 18 or 25 May 1905: https://einsteinpapers.press.princeton.edu/vol5-trans/41
62 Einstein, A., 'Ether and the Theory of Relativity (1920): http://www-history.mcs.st-andrews.ac.uk/Extras/Einstein_ether.html; Born (1956: 189)
63 Solovine (ed.) (1986: 7–8)
64 Einstein (1954: 270)

第 3 章 简洁的引力理论

1 Pais (1982: 522)
2 Pais (1982: 179)
3 Ono (trans.) (1982: 45–47)
4 Pais (1982: 178–179)

5 Jungnickel and McCormmach (2017: 49)
6 Galison (1979: 97)
7 Pais (1982: 152). John Norton points out that Einstein first adopted the four-dimensional approach to space-time only in his Outline paper of 1913: Norton (2018)
8 von Dongen (2010: 10); Norton (2000: 143)
9 Janssen and Renn (2015: 298)
10 Pais (1982: 212)
11 The word 'tensor' had been introduced by the mathematician William Rowan Hamilton in 1846.
12 Gray (2008: 187); Einstein (1954: 281); 'This Month in Physics History: June 10, 1854: Riemann's Classic Lecture on Curved Space', *APS News*, Vol. 22, No. 6, June 2013: https://www.aps.org/publications/apsnews/201306/physicshistory.cfm
13 Leibniz made his case for this harmony most succinctly in his 1695 essay, 'A New System of Nature': https://plato.stanford.edu/entries/leibniz/#PreEstHar. See Kragh (2015); Einstein (1954: 226); Note 9 in http://einsteinpapers.press.princeton.edu/vol7-doc/107
14 Gutfreund and Renn (2015: 22–23)
15 Einstein to Lorentz, 16 August 1913: http://einsteinpapers.press.princeton.edu/vol5-trans/374?ajax
16 Gutfreund and Renn (2015: 24–25)
17 Einstein to Heinrich Zangger, 10 March 1914: http://einsteinpapers.press.princeton.edu/vol5-trans/402
18 Rowe and Schulman (eds) (2007: 64–67). Text of 'Manifesto to the Europeans': https://einsteinpapers.press.princeton.edu/vol6-trans/40
19 Einstein to Wander and Geertruida de Haas, 16 August 1915: http://einsteinpapers.press.princeton.edu/vol8-trans/149?ajax
20 Howard and Norton (1993: 35–36)
21 Einstein to Paul Hertz, 22 August 1915: http://einsteinpapers.press.princeton.edu/vol8-trans/150
22 Smith (2000: 68–80)

23 Einstein to Arnold Sommerfeld, 9 December 1915: http://einsteinpapers.press.princeton.edu/vol8-trans/187; Einstein to Michele Besso, 17 November 1915: http://einsteinpapers.press.princeton.edu/vol8-trans/176
24 The final stages of Einstein's quest are well described in Isaacson (2007: 214–222, 594n67)
25 Gutfreund and Renn (2015: 32); http://einsteinpapers.press.princeton.edu/vol6-trans/110. The other pioneers of differential calculus that Einstein named were Christoffel, Ricci and Levi-Cevita.
26 Einstein to Sommerfeld, 9 December 1915: http://einsteinpapers.press.princeton.edu/vol8-trans/187
27 Gutfreund and Renn (2015: 32–33)
28 Einstein to Heinrich Zangger, 26 November 1915: http://einsteinpapers.press.princeton.edu/vol8-trans/178
29 Rutherford quoted in *The Manchester Guardian*, p. 20, 1 May 1932
30 The story of Einstein's understanding of gravitational waves is quite amusing: Betz, E. 'Even Einstein Doubted His Gravitational Waves', *Astronomy*, 11 February 2016: http://www.astronomy.com/news/2016/02/even-einstein-had-his-doubts-about-gravitational-waves
31 Kragh and Smith (2003: 141, 156–157); Weinstein, G., 'George Gamow and Albert Einstein: Did Einstein Say the Cosmological Constant Was the "Biggest Blunder" He Ever Made in His Life?', (2013): https://arxiv.org/abs/1310.1033
32 The 'Pied Piper' description is Weyl's: Weyl (2009: 2)
33 Weyl (2009: 168)
34 Weyl (2009: 168)
35 Einstein to Weyl, 6 and 8 April 1918: http://einsteinpapers.press.princeton.edu/vol8-trans/550?ajax; Atiyah (2002: 12)
36 O'Raifeartaigh (1997); Jackson and Okun (2001)
37 Brewer and Smith (eds) (1981: 3, 10–14, 17–18, 25, 29, 37–38)
38 Dick (1981: 121)
39 Weyl (2012: 54)

40 Weyl recommended Noether to the IAS authorities as a possible faculty member, but his suggestion went nowhere: http://cdm.itg.ias.edu/utils/getfile/collection/coll12/id/81193/filename/80764.pdfpage/page/198
41 Dick (1981: 152)
42 Einstein to Felix Klein, 15 December 1917: http://einsteinpapers.press.princeton.edu/vol8-trans/446
43 Hentschel (1992)
44 Earman and Glymour (1980: 81–85)
45 Isaacson (2007: 259–260)
46 Sponsel (2002: 466); Isaacson (2007: 264)
47 Updike (1989: 252)
48 Wigner (1992: 70)
49 Tobenkin, E., 'How Einstein Lives from Day to Day', N*ew York Daily Post*, 26 March 1921; Reiser (1930: 194) (Anton Reiser is a pseudonym for Rudolf Kayser, husband of Einstein's step-daughter.)
50 Salaman (1955: 15)
51 Einstein (1954: 233)
52 van Dongen (2010: 42)
53 Einstein's mathematical approach to theoretical physics took shape from about 1921: van Dongen (2010: 92); Einstein to Lorentz, 30 June 1921: http://einsteinpapers.press.princeton.edu/vol12-trans/142?ajax
54 Fox, R., 'Einstein in Oxford', *Notes and Records*, Royal Society, London, May 2018, pp 1–26
55 Einstein to Lindemann, 7 May 1933, LINDARCHIVE D57/12
56 'Against luxury' comment is in Veblen's letter to Flexner, 7 July 1932: IASARCHIVE, Dirac files. Einstein sent his 'Flame and Fire' comment ('Ich bin Flamme und Feuer dafür') to the IAS authorities from Potsdam in the spring of 1932: p. 118 in Box 8 of https://library.ias.edu/sites/library.ias.edu/files/page/DO.FAC_.html. In 1932, Einstein requested an annual salary of $3,000 but, under pressure from IAS director Abraham Flexner, eventually accepted

$10,000 per annum, though this amount was later increased to $15,000 after a mathematician was hired with that annual compensation: IASARCHIVE Director's Office file, 1932–1934

57 The translators were the philosopher Gilbert Ryle, the classicist Denys Page and the physicist Claude Hurst: LINDARCHIVE D58/4

58 *Oxford Mail*, p. 4, 12 June 1933

59 Viereck (1929: 17)

60 The text of the talk is in Einstein (1954: 270–276) and, in a slightly different translation, in Einstein (1934: 163–169)

61 Gray (2008: 167, 174, 187, 294)

62 Hardy (1992: 84–85)

63 Einstein (1954: 274)

64 Einstein (1954: 270)

65 The team of scholars who studied Einstein's notebooks included Jürgen Renn, John Norton, Tilman Sauer, Michel Janssen and John Stachel. On Einstein's two-pronged strategy: Gutfreund and Renn (2015: 22–23)

66 E-mail from van Dongen, 13 November 2015. See also van Dongen (2010: 119–121)

67 Einstein (1954: 275)

第 4 章 数学之花绽放

1 Wigner (1992: 84–85, 92)

2 Einstein (1954: 246)

3 Goudsmit (1976: 40)

4 Weyl (2009: 225)

5 Miller, A. I., 'Erotica, Aesthetics and Schrödinger's Wave Equation', in Farmelo (2002: 80)

6 Einstein to Born, 4 December 1926. Trans. amended. Born (2005: 88) reads: 'He is not playing at dice.'

7 Farmelo (2009: 452, ref. 49)
8 Wigner (1992: 88–89)
9 Interview with Flo Dirac in *Svenska Dagbladet*, Stockholm, 10 December 1933
10 P. A. M. Dirac – Session 1, Oral History Interviews, American Institute of Physics (AIP), by Thomas S. Kuhn and Eugene Wigner 1 April 1962: https://www.aip.org/history-programs/niels-bohr-library/oral-histories/4575-1; Dirac (1977: 112)
11 Dirac (1977: 112)
12 Farmelo (2009: 35)
13 Farmelo (2009: 72–73)
14 Handwritten text of talk in DARCHIVE S2, B46, F10
15 Quote from the obituary of Baker, *The Times*, p. 14, 19 March 1956
16 Dirac, acceptance speech, J. Robert Oppenheimer Prize, p. 4, DARCHIVE, S2, B48, Fi32
17 Dirac AIP interview, Session 1, 1 April 1962
18 Atiyah (2001: 656)
19 Farmelo (2009: 113)
20 Johnson, S. G., 'When Functions Have No Value(s)': http://math.mit.edu/~stevenj/18.303/delta-notes.pdf
21 Dirac (1977: 142)
22 Momentum is defined classically as mass × velocity.
23 The world 'spinor' was coined by the theoretical physicist Paul Ehrenfest in the 1920s.
24 Van der Waerden, Pasa G., 'Spinor Analysis' (1929): https://arxiv.org/abs/1703.09761. Dirac interpreted the geometric properties of spinors in new ways, as the philosopher of science Tom Pashby discovered recently when he read through hundreds of pages of Dirac's unpublished notes. See Pashby's paper, 'How Dirac Found His Electron Equation' (in preparation).
25 Farmelo (2009: 211–215)
26 AHQP interview with Léon Rosenfeld, 1963; Heisenberg to Dirac,

13 February 1928, DARCHIVE Box 22, Folder 11.

27 Dirac (1931: 61)

28 Mehra (ed.) (1973: 271)

29 Dirac (1982: 604)

30 Dalitz (ed.) (1995: 516); Dirac (1931: 71)

31 't Hooft (ed.) (2005: 272)

32 Richard Feynman – Session 2, Oral History Interviews, American Institute of Physics (AIP), by Charles Weiner, 5 March 1966: https://www.aip.org/history-programs/niels-bohr-library/oral-histories/5020-2

33 Dirac (1977: 111); see also Dirac AIP interview, Session 2, 6 May 1963: https://www.aip.org/history-programs/niels-bohr-library/oral-histories/4575-2.

34 Dirac was invited to give the lecture as the winner of the 1939 Scott Prize. Dirac (1938–1939)

35 I follow Feynman in using the adjective 'horrible': Feynman (1985: 6)

36 Dirac (1936a: 299)

37 Dirac (1931: 60)

38 Einstein was especially interested in Dirac's use of spinors. See van Dongen (2010: 96–109)

39 Farmelo (2009: 300–301); additional information from Vicki Hammond at the RSE

40 Thompson (1917: 778–779)

41 Interview with Atiyah, 15 April 2016

42 Dirac (1938–1939: 122)

43 Dirac (1938–1939: 124)

44 Wilczek (2015: 4, 60–67)

45 Shaw (2014: xvi, 175, 180)

46 Dirac (1938–1939: 124)

47 Dirac (1938–1939: 124)

48 Dirac (1938–1939: 129)

49 Farmelo (2009: 252)

50 Einstein to Infeld, 20 September 1949, EARCHIVE

51 Dirac, P. A. M., 'Basic Beliefs in Theoretical Physics', Miami, 22

January 1973, DARCHIVE S2, B49, F28
52 Dirac, 'Basic Beliefs in Theoretical Physics' *op. cit.*
53 Dirac, Notes on 'Basic Beliefs in Theoretical Physics' *op. cit.*

第 5 章　漫长的离异

1 Interview with Dyson, 25 August 2018
2 Interview with Dyson, 16 August 2013
3 Dirac (1938–1939: 909)
4 Interview with Dyson, 22 August 2017
5 Gray (2008: 1–14)
6 Dyson (2015: 74)
7 Mashaal (2000: 6)
8 Mashaal (2000: 71)
9 Mashaal (2000: 11)
10 The quote is from Jean Dieudonné, 'Bourbaki: The Pre-war Years': http://www-history.mcs.st-andrews.ac.uk/HistTopics/Bourbaki_1.html
11 Beaulieu (1999: 220)
12 Gray (2008: 185); Barany (2018)
13 Pitcher (1988: 159–162). Bourbaki applied for membership of the AMS in 1948 as a nominee of the University of Chicago, and in 1949 under a reciprocity agreement with the French Mathematical Society.
14 G. Dyson (2012: 32–33)
15 Buser, M., Kajari, E., and Schleich, W. P., 'Visualization of the Gödel Universe,' *New Journal of Physics*, 30 January 2013: http://iopscience.iop.org/article/10.1088/1367-2630/15/1/013063
16 Dirac (1936a)
17 E-mail from Dyson, 12 January 2018
18 Johnson, G., 'New Contenders for a Theory of Everything', *New York Times*, 4 December 2001

19 Kevles (1995: 17)

20 Wheeler (1989: 24)

21 These contributions do not add together like positive numbers but interfere with each other like water waves, which combine according to their amplitudes and phases, causing them to interfere constructively or destructively.

22 Feynman (1985: 77–128)

23 Enz (2002: 444)

24 Dyson (2018: 2)

25 Interview with Dyson, 14 August 2015

26 Dyson (1979: 50)

27 Dyson (2018: 56, 59–62)

28 Dyson (2018: 71)

29 Dyson (1972: 647)

30 Dyson (1979: 55–56)

31 Orzel, C., 'The Most Precisely Tested Theory in the History of Science', Uncertain Principles Archive, 5 May 2011: http://chadorzel.steelypips.org/principles/2011/05/05/the-most-precisely-tested-theo/

32 Interview with Dyson, 14 August 2016; Yang (2013: 306)

33 Dyson (2015: 122)

34 Interview with Yang, Simons Foundation (2011): https://www.simonsfoundation.org/2011/12/20/chen-ning-yang/: Sections 2–4

35 Yang (2013: 314); Zhang (1993: 13–14); Yang (2005: 3–5, 305–306)

36 Yang submitted his thesis, 'On the Angular Distribution in Nuclear Reactions and Coincidence Measurements', to the authorities at the University of Chicago in June 1948.

37 Yang (2005: 19–21); Zhang (1993: 14–15)

38 The complicated history of gauge theories is reviewed in O'Raifeartaigh (1997: 3–10)

39 There were at least two forces of nature associated with local symmetries: electromagnetism (as described by Maxwell's equations) and gravity (described by Einstein's equation of general relativity).

40 Yang (2013: 318–319)
41 Yang (2005: 19–20); Pais (2000: 244–245); interview with Dyson, 20 August 2017
42 Peierls, R. E., *Biographical Memoir of Pauli* for the Royal Society: http://rsbm.royalsocietypublishing.org/content/roybiogmem/5/174.full.pdf, pp. 186 (1960)
43 The institute's School of Mathematics unanimously voted to give Yang tenure on 21 December 1954, and he accepted the offer in a letter dated 9 February 1955: IASARCHIVE, Director's Office Faculty Box 40
44 Yang (1986: 19–20)
45 Bernstein (1962: 96)
46 E-mail from Tong, 23 February 2016
47 Dyson to his parents, 4 October 1948: Dyson (2018: 105–108)
48 'Dead end' is the description given by the leading cosmologist Jim Peebles: 'General Relativity at 100: Celebrating Its History, Influence and Enduring Mysteries', *IAS Newsletter*, Fall 2015, p. 4: https://www.ias.edu/sites/default/files/documents/publications/ILfall15__0.pdf
49 Feynman to his wife, 29 July 1962, in M. Feynman (ed.) (2005: 137). Details about the conference are in DARCHIVE, S2, B52, F28
50 On Wheeler's approach to gravity theory: Wheeler and Ford (1998: 250–263); on Dicke and his birds: https://www.nap.edu/read/9681/chapter/7
51 Dicke (1959: 623–624)
52 Dates of Battelle Rencontres: 16 July–31 August 1967. See De Witt and Wheeler (eds) (1968: ix–xiii)
53 Robert Oppenheimer and his student Hartland Snyder published the first paper on the modern theory of black holes on 1 September 1939: Jogalekar, A. 'Oppenheimer's Folly', June 26, 2014: https://blogs.scientificamerican.com/the-curious-wavefunction/oppenheimer-8217-s-folly-on-black-holes-fundamental-laws-and-pure-and-applied-science/

54 E-mail from Penrose, 1 July 2018

55 Chandrasekhar (1992: Prologue)

56 Penrose, R., 'On the Origins of Twistor Theory', in *Gravitation and Geometry, a Volume in Honour of I. Robinson*, Bibliopolis, Naples (1987): http://users.ox.ac.uk/~tweb/00001/

57 Interview with Penrose, 29 May 2014

58 E-mail from Penrose and Lionel Mason, 25 June 2018. Some people find Penrose's physical description of a twistor easier to deal with: 'it describes the history of a massless spinning particle as it moves through space-time'.

59 Interview with Penrose, 29 May 2014

60 Dyson (1972); Pitcher, E., and Ross, K. A., 'The Annual Meeting in Las Vegas', *Bull. Amer. Math. Soc.*, Vol. 78, No. 4, pp. 497–507 (1972): https://projecteuclid.org/euclid.bams/1183533878

61 Dyson (1972: 635)

62 Dyson (1972: 639)

63 Sternberg (1994: xi)

64 Wigner (1992: 116–117). Paul Dirac was one of the few theoreticians who demonstrated an early interest in group theory: he regularly discussed it in the Cambridge club that called itself the Group Group. See DARCHIVE: Invitations & programs, S2, B88, F6: 'Permutations of Matrices and Quantum Mechanics', 27 November 1930

65 Hoddeson et al. (eds) (1997: 200)

第6章 革命启航

1 The leaders of the experimental groups were Burton Richter at the Stanford Linear Accelerator in California (where the particle was known as the ψ) and Samuel Ting at Brookhaven National Laboratory on Long Island (where it was called the J). Eventually, the particle became known as the J/ψ.

2 'New and Surprising Type of Atomic Particle Found', *New York Times*, 17 November 1974, p. 1
3 Heilbron (2013: 8)
4 www.economist.com/blogs/buttonwood/2017/07/1970s-show
5 Hoddeson et al. (eds) (1997: 200)
6 The developments in this paragraph followed insights from Gross and Wilczek and, independently, Weinberg.
7 Close (2013: Chapter 9). As we saw in Chapter 5, Yang and Mills believed that the force-carrying particles in their gauge theory always have zero mass. Englert, Brout and Higgs proposed a mechanism that enabled the force-carrying particles in Yang-Mills field theories to acquire masses.
8 Interview with Peter Higgs, 1 November 2018. For a review of the history of the Standard Model: Higgs, P. W. 'Maxwell's Equations: The Tip of an Iceberg', *Newsletter of the James Clerk Maxwell Foundation*, pp 1–2, No. 7 (Autumn 2016)
9 't Hooft (1971: 168); interview with Weinberg, 30 June 2017
10 Weinberg (1993: 96)
11 Because the strong force falls off at short distances, the particles are less strongly attracted to each other than physicists expected, which explains why the J/ψ lives for such a long time.
12 Gross (1988: 8373)
13 Interview with Dyson, 14 August 2015
14 Jackiw (1996: 28)
15 Interview with 't Hooft, 20 May 2014; 't Hooft (1997: 96–100)
16 E-mail from Polyakov, 11 September 2017. Polyakov points out that the confining force is neutralised in quark-antiquark pairings (when they form particles called mesons) and in combinations of three quarks (when they form particles called baryons).
17 Interview with 't Hooft, 20 May 2014; 't Hooft (1997: 119–126)
18 The particles concerned were the electrically neutral pi meson, the eta meson, and the eta-prime meson.
19 Interview with Polyakov, 30 March 2016; Hoddeson et al. (1997: 247)

20 Interview with Polyakov, 30 March 2016
21 Interview with 't Hooft, 20 May 2014
22 My supervisor was Chris Michael and my merciful examiner was Roger Phillips, who had been a student of Dirac's for a few memorable months.
23 Dyson (2018: 107)
24 Twilley, N., 'How the First Gravitational Waves Were Found', *New Yorker*, 11 February 2016: https://www.newyorker.com/tech/elements/gravitational-waves-exist-heres-how-scientists-finally-found-them
25 Weinberg (1972)
26 Weinberg (1983: 10); Weinberg's recollections about writing the book: http://www.math.chalmers.se/~ulfp/Review/threemin.pdf
27 Weinberg (1983: 128)
28 Hawking (1980)
29 Leibniz made his case for this harmony most succinctly in his 1695 essay, 'A New System of Nature': https://plato.stanford.edu/entries/leibniz/#PreEstHar. See Kragh (2015); Einstein (1954: 226); Note 9 in http://einsteinpapers.press.princeton.edu/vol7-doc/107
30 Recording of Dirac's talk, 'The Evolution of the Physicist's Picture of Nature': http://www.exhibit.xavier.edu/conf_qm_1962/4/, at 17:15; Dirac's annotated manuscript of the talk: DARCHIVE, S2, B48, F14; *Scientific American* published an edited version of the talk in May 1963; see Farmelo (2009: 376)
31 Dyson (2015: 46)

第7章 全新的数学之路

1 Atiyah (2006: 1)
2 Interview with Atiyah, 16 April 2014
3 Atiyah (2009: 63)
4 Atiyah (1984: 9)

5 Interview with Atiyah, 16 April 2014; Atiyah used the same metaphor in Atiyah (2006: 2)
6 Atiyah (1984: 19)
7 Atiyah (1974: 215)
8 Atiyah (2007: 1151)
9 Atiyah (2009: 68)
10 Interview with Uhlenbeck, 29 March 2016
11 Gowers (ed.) (2008: 825)
12 Mashaal (2000: 149)
13 Gleick (1988: 9–32, 45–53)
14 May, R., 'The Best Possible Time to Be Alive', in Farmelo (ed.) (2002: 212–229)
15 Interview with Uhlenbeck, 29 March 2016
16 Whitaker (2016: 240–246); Fine and Fine (1997: 307–323)
17 Jackiw (1996: 29–30). Interview with Jackiw, 17 August 2017. The colleague who tipped Jackiw off was Jeffrey Goldstone.
18 Libraries in the United States and Europe received Atiyah and Singer's first paper on their Index Theorem about two months after the release of the *Please Please Me* LP in the UK, on 22 March 1963. Neither event was, I imagine, noticed by Philip Larkin.
19 Raussen and Skau (2005: 223–225)
20 E-mail from Jackiw, 18 August 2017
21 Interview with Jackiw, 17 August 2017
22 E-mail from Atiyah, 4 July 2017
23 Interview with Atiyah, 16 April 2014
24 Witten (2014)
25 Interview with Atiyah, 16 April 2014
26 Yang (2005: 64)
27 Yang (2005: 460–472)
28 Maxwell (1873a: 399); Yang (1986: 20)
29 Yang noted in 1979 that Simons pointed out that Dirac 'discovered the Chern-Weil theorem first': Woolf (1980: 285); Yang (2013: 340)

30 Interview with Atiyah, 15 April 2016
31 Zhang (1993: 13, 14, 21)
32 Poincaré says something similar in (1902: 516): 'Experiment is the sole source of truth.'
33 Interview with Jackiw, 17 August 2017
34 Atiyah (1988b: 1); interview with Atiyah, 15 April 2016
35 Singer (1988: 200); interview with Atiyah, 15 April 2016
36 Interview with Atiyah, 11 May 2017; Atiyah (1988b: 2)
37 Jackiw (1996: 30)
38 Atiyah (1988b: 23–25)
39 Interview with David Morrison, 23 April 2015
40 Witten (2014)
41 Atiyah (1986)
42 Interview with Atiyah, 11 May 2017
43 Interview with Donaldson, 4 August 2016
44 Yau and Nadis (2010: 65–66)
45 Atiyah (1986: 5)
46 E-mail from Witten, 17 September 2017
47 Dirac (1938–1939: 125)
48 Handwritten text of talk on relativity to one of Baker's tea parties: DARCHIVE S2, B46, F10
49 Interview with Donaldson, 4 August 2016; e-mail from Donaldson, 28 June 2017
50 Woolf (ed.) (1980: 500)
51 Woolf (ed.) (1980: 500)
52 Woolf (ed.) (1980: 500)

第 8 章　弦论，魔法还是玩笑？

1 Crease and Mann (1986: 238)
2 Interview with Veneziano, 9 April 2018
3 Interview with Veneziano, 22 May 2017

4 Veneziano to Rubinstein, 2 July 1968, in Gasperini and Maharana (eds) (2008: 52)
5 Gasperini and Maharana (eds) (2008: 55)
6 Cappelli et al. (2012: 17–33, 346)
7 The Veneziano model applied only to particles with spin 0 or 1 or 2, etc. – a class of particle known as bosons. Theorists wanted to extend the model so that it applied to the other known class of particles, known as fermions, with spin ½ or 3⁄2 or 5⁄2 etc.
8 Goddard (2018). See Table 1
9 Nambu's result was independently discovered in the following year, 1971, by the Japanese theoretician Tetsuo Goto.
10 Goddard (2013: 12–13); Olive, D., 'From Dual Fermion to String Theory', in Cappelli et al. (eds) (2012: 346–360)
11 Klein (1926: 516)
12 Cappelli et al. (2012: 199)
13 Halpern, P., 'The Man Who Invented the 26th Dimension', *Medium*, 5 August 2014: https://medium.com/starts-with-a-bang/the-man-who-invented-the-26th-dimension-4be837ee8ff5#.ll50-1j2wt
14 This term was commonly used in the 1970s. I do not know its origins, though I have heard it attributed to the American theoretical physicist Julian Schwinger.
15 Interview with Goddard, 22 March 2016
16 Interview with Goddard, 19 June 2017. Richard Brower and Charles Thorn had earlier proved that the models did not make sense if the number of space-time dimensions exceeded twenty-six.
17 Interview with Goddard, 14 July 2016
18 Cappelli et al. (eds) (2012: 248)
19 Interview with Goddard, 22 March 2016
20 E-mail from Goddard, 29 July 2018
21 Roberts (2015: 225–228, 234–238, 325–333)
22 Dyson (1983: 53). Dyson's talk took place during a colloquium 24–26 August 1981, according to the IAS *Yearbook* in 1982.

23 Schwarz, J. H., 'The Early History of String Theory and Supersymmetry' (2012): https://arxiv.org/abs/1201.0981
24 Interview with Ramond, 19 September 2017.
25 The Russian theoreticians Gol'fand and Likhtman, Volkov and Akulov also formulated supersymmetry starting in 1971, though the Iron Curtain delayed news of their discovery reaching the West. Neveu and Schwarz's crucial contribution was to write down the first scattering amplitude to have supersymmetry.
26 Gell-Mann, M., 'From Renormalizability to Calculability?', in Jackiw et al. (eds.) (1985: 13)
27 Arkani-Hamed (2012: 61–62)
28 Arkani-Hamed, N., 'Quantum Mechanics and Space-Time in the 21st Century': https://www.youtube.com/watch?v=U47kyV4TMnE, at 19:30 (2014)
29 Interview with Glashow, 28 March 2016
30 Interview with 't Hooft, 20 May 2014
31 Witten (2014)
32 Griffiths (1981: 82–86)
33 Maxwell gave his talk on 17 September, two days after he delivered his address 'On the Relations of Mathematics and Physics'.
34 Atiyah, M., *Biographical Memoir of Raoul Bott* (2013): http://www.nasonline.org/publications/biographical-memoirs/memoir-pdfs/bott-raoul.pdf; see Witten's contribution on p. 11
35 Atiyah (1990: 33–34)
36 Witten (2014)
37 Zichichi (ed.) (1986: 231–246)
38 The physicists who first realised this included Joél Scherk and John Schwarz, as I describe in the text, but also David Olive and Tamiaki Yoneya.
39 Witten (2005)
40 The 'breakdown values' of these quantities can be calculated using formulae first written down in 1900 by Max Planck for the fundamental units of energy, length, time and mass – units that are the

same for all cultures and all observers, including non-human ones: Planck (1900)

41 Cappelli et al. (eds) (2012: 48–49); interview with Schwarz, 9 December 2014

42 Interview with Goddard, 22 March 2016

43 Interview with Green, 11 May 2018; e-mail from Schwarz, 19 June 2018

44 Interview with Harvey, 13 May 2018

45 Interview with Schwarz, 9 December 2014. The great theoretical physicist Murray Gell-Mann was a stalwart supporter of Schwarz in these difficult years; Mlodinow (2011: 296); e-mail from Schwarz, 19 June 2018

46 Rickles (2014: 150)

第 9 章　偶然成为必然

1 Witten uses the phrase 'stunning development' in the paper he wrote shortly after he read Green and Schwarz's article. He used the word 'electrifying' in Witten (2014) and subsequently told me that he was using such language soon after he read the paper.

2 Interviews with Green, 19 October 2016, 11 May 2018

3 Interview with John Schwarz, 9 December 2014; 'String Theory, at 20, Explains It All (or Not)', *New York Times*, 7 December 2004

4 Interview with Witten, 15 August 2013

5 Veneziano, G., 'Fifty Years of Research at CERN, from Past to Future: Theory' (2006): http://cds.cern.ch/record/1058083/files/p27.pdf; see p. 31

6 Interview with Gross, 16 April 2015

7 This was the so-called heterotic string theory.

8 Interview with Harvey, 12 May 2018; e-mail from Harvey, 26 May 2018

9 Interview with Gross, 16 April 2015; e-mail from Gross, 9 July 2018

10 Dirac, P. A. M., 'The Mathematical Foundations of Quantum Theory', text of lecture delivered in New Orleans, 2 June 1977, DARCHIVE, Box 58, File 10
11 Handwritten note by Dirac, dated 27 November 1975, DARCHIVE, Box 50, File 17
12 To my distress, I often heard such condescending remarks after I began my postgraduate work in the autumn of 1974.
13 Dirac, P. A. M., 'Basic Beliefs in Theoretical Physics', Miami, 22 Jan 1973, DARCHIVE S2, B49, F28
14 Guillen (1981: 394)
15 Yau and Nadis (2010: 78)
16 Interview with Morrison, 23 April 2016
17 Galison (2004: 38)
18 Galison (2004: 25)
19 McMullen, T. C., 'The Work of Maryam Mizakhani': http://www.math.harvard.edu/~ctm/papers/home/text/papers/icm14/icm14.pdf
20 Eddington (1930: 211)
21 Huxley, T., presidential address to the B.A.A.S, 1870: http://alepho.clarku.edu/huxley/CE8/B-Ab.html
22 Ginsparg and Glashow (1986: 7, 9)
23 Davies and Brown (1988: 194)
24 I first heard this anecdote around 1980 from the physicist Tom Weiler.
25 E-mail from Witten, 17 September 2018
26 Conlon (2016: 150–151)
27 On Witten's decision to focus: Witten (2014); the quote is from Cole, K. C., 'A Theory of Everything', *New York Times Magazine*, 18 October 1987
28 Conlon (2016: 146–150)
29 Greene (1999: 255–262)
30 Galison (2004: 43)
31 Interview with Morrison, 23 April 2015

32 E-mail from Candelas, 5 August 2018
33 Galison (2004: 47); interview with Dave Morrison, 23 April 2015; I thank Philip Candelas for supplying the text of his 'Allahu akbar!' e-mail, which he sent to his friend Herb Clemens, who had forwarded the 'Physics wins!' e-mail to him.
34 Interview with Atiyah, 16 April 2016
35 Wigner to Friedrichs, K. O., 31 March 1959, WARCHIVE, Box 53, Folder 1
36 Wigner (1960)
37 Schilpp (ed.) (1997: 684)
38 Jaffe and Quinn (1993: 1–13). The authors introduced the term 'theoretical mathematics', but I prefer to use the synonym 'speculative mathematics', which they also used in the abstract of their paper. See also Galison (2004: 53–57)
39 Jaffe and Quinn (1993: 3)
40 Interview with Jaffe, 20 September 2017
41 Atiyah et al. (1994: 178–179, 201–202); e-mail from Atiyah, 25 July 2016
42 Atiyah et al. (1994: 178)
43 Atiyah et al. (1994: 179)
44 Atiyah et al. (1994: 202)
45 Von Klitzing and his colleagues did the experiment in Grenoble: Schwarzschild (1985: 17).
46 Schwarzschild (1985: 17–20); 'Strange Phenomena in Matter's Flatlands', https://www.nobelprize.org/uploads/2018/06/popular-physicsprize2016.pdf (2016)

第 10 章 通往新千年之路

1 Llewellyn Smith (2007: 281); 'Europe 3, US Not-Even Z-Zero', *New York Times*, 6 June 1983, p. A16; Appell (2013)
2 Kevles (1995: 17–21)

3 Appell (2013)
4 Weinberg (1993: x); e-mail from Weinberg, 3 April 2018
5 'Congress Pulls the Plug on Super Collider', *LA Times*, 22 October 1993
6 Kevles (1995: 23, 24)
7 The 'new accelerator' was the LEP – Large Electron-Proton collider.
8 https://kellydanek.wordpress.com/2012/06/22/day-16-tmi/
9 I thank the historian Bruce Hunt for pointing this out. For insights into the earliest glimpses of duality, see Wise (1979)
10 Castellani (2017: 101–102). Note that Dirac developed his 1931 theory in a paper he wrote in 1948.
11 Seiberg (2016: 21)
12 Interview with Seiberg, 13 August 2013
13 Interview with Seiberg, 23 August 2017
14 Interview with Seiberg, 23 August 2017
15 Interview with Seiberg, 23 August 2017
16 The advances in supersymmetry that caught Seiberg's eye were made by Michael Dine and Ann Nelson. Interview with Seiberg, 20 August 2015
17 Seiberg and Witten were looking at what is known as the N = 2 version of supersymmetry, which has more symmetry than the N = 1 version that Seiberg had studied in detail shortly before.
18 E-mail from Witten, 17 September 2018
19 Interview with Seiberg, 23 August 2017
20 Interview with Simon Donaldson, 4 August 2016
21 On Pierre Deligne and his work, Simons Foundation: https://www.simonsfoundation.org/2012/06/19/pierre-deligne/
22 Interview with Deligne, 23 July 2015
23 E-mail from Deligne, 30 July 2018
24 Interview with Deligne, 23 July 2015
25 Manin later told me that he was probably thinking of Feynman's 'sum over histories' version of quantum mechanics: e-mail from Manin, 21 July 2017
26 Interview with Deligne, 23 July 2015

27 Witten, E., and Deligne, P., Draft NSF proposal NSF-DMS 9505939, 16 September 1994; amended proposal submitted November 1994: IASARCHIVE Director's Office: Associate Director for Development and Public Affairs Rachel Gray files: 2005 Transfer (reboxed): Box 9: NSF-multidisciplinary. See Galison (2004: 50–53)
28 Early post on the Quantum Field Theory Program at the IAS, Princeton: http://www.math.ias.edu/QFT/fall/
29 Duff (2016: 83)
30 Program of the Strings '95 meeting: http://physics.usc.edu/Strings95/
31 Polchinski (2017: 91)
32 Rickles (2014: 215)
33 Witten (2014): 'Some colleagues thought that the theory should be understood as a membrane theory. Though I was skeptical, I decided to keep the letter 'm' from 'membrane' and call the theory M-theory, with time to tell whether the M stands for magic, mystery, or membrane.'
34 Seiberg (2016: 23)
35 See also Polchinski (2017: 91)
36 Interview with Polchinski, 8 April 2015
37 Polchinski (2017: 93)
38 Strassler, M., 'In Memory of Joe Polchinski, the Brane Master', Of Particular Significance: Conversations About Science with Theoretical Physicist Matt Strassler: https://profmattstrassler.com/2018/02/05/a-brilliant-light-disappears-over-the-horizon-in-memory-of-joe-polchinski/ (2018)
39 Duff (2016: 83–85); interview with Duff, 29 July 2017; example of an early use of membranes: Duff and Sutton (1988: 67–71)
40 Interview with Morrison, 23 April 2015
41 E-mail from Witten, 17 September 2018
42 In doing this, Maldacena used an approach influenced by the topological mathematics of Shiing-Shen Chern and especially by the ideas of Sasha Polyakov. Maldacena adds that 'another precursor

was the so called "Matrix theory" proposed by Tom Banks, Willy Fischler, Stephen Shenker and Lenny Susskind. According to this theory, an eleven-dimensional gravity theory in flat space could be described in terms of a quantum mechanical model. It is also in the spirit that a quantum field theory is related to quantum gravity.' E-mail from Maldacena, 24 July 2017

43 E-mail from Maldacena, 22 August 2018

44 Although the space-time of Maldacena's string theory is not space-time of the real world, it approximates closely to real-world space on a large scale and is known as anti-de Sitter space, named after Einstein's Dutch friend Willem de Sitter. Unlike our universe, which is expanding, anti-de Sitter space is neither expanding nor contracting – it always looks the same.

45 Maldacena was living at 3 Sumner Road, Cambridge, MA.

46 Interview with Maldacena, 18 July 2007; Maldacena, 'The Large N Limit of Superconformal Field Theories and Supergravity': https://arxiv.org/pdf/hep-th/9711200.pdf

47 E-mail from Maldacena, 14 May 2018

48 Maldacena (2005)

49 Interview with Harvey, 13 May 2018

50 Interview with Maldacena, 26 August 2016

51 Hellwarth, B., 'International Physicists at UCSB', *Santa Barbara News-Press*, 28 June 1998: http://web.physics.ucsb.edu/~giddings/newspress.html

52 Johnson, G., 'Almost in Awe, Physicists Ponder "Ultimate" Theory', *New York Times*, Science section, 22 September 1998

53 E-mail from Maldacena, 4 August 2014. The two papers of Dirac that Maldacena says to some extent foreshadow aspects of the duality are Dirac (1936b: 429–442) and Dirac (1963a: 901) – equation 4 in the latter paper agrees with equation 7 in Maldacena's path-breaking article.

54 Close (2015: 253–274)

55 Straumann, N., The History of the Cosmological Constant Prob-

lem' (2002): https://arxiv.org/abs/gr-qc/0208027
56 Arkani-Hamed (2012: 60)
57 Interview with Llewellyn Smith, 24 September 2014
58 E-mail from Sundrum, 16 October 2018
59 E-mail from Randall, 15 October 2018. Interview with Randall, 17 May 2017. See also Randall (2005: Chapter 20)

第 11 章　璞玉未琢

1 Gillies, J., 'Luminosity? Why Don't We Just Say Collision Rate?': https://home.cern/cern-people/opinion/2011/03/luminosity-why-dont-we-just-say-collision-rate (2013)
2 E-mail from Ellis, 23 September 2017
3 E-mail from Dixon, 7 June 2018
4 Dixon, L., 'Scattering Amplitudes' (2011): https://arxiv.org/pdf/1105.0771.pdf
5 Eichten et al. (1984: 617). The quoted phrase refers to processes in which two fundamental particles collide and produce four particles.
6 Interview with Parke, 16 March 2016
7 Interview with Taylor, 18 March 2016
8 Interview with Parke 24 October 2014; e-mail from Parke, 25 July 2017
9 Interview with Nair, 17 March 2016
10 Interview with Parke, 16 March 2016
11 E-mail from Dixon, 29 July 2017
12 Conlon (2016: 96–99)
13 E-mail from Dixon, 29 July 2017
14 The credo is based on the quote 'a method is more important than a discovery', which is widely – and, apparently, falsely – attributed to the late Russian theoretical physicist Lev Landau.
15 Interview with Dixon, 9 December 2014
16 If the total probability were predicted to be less than 100 per cent, the calculator must have forgotten to include possible outcomes; if it were

to be more, too much weight must have been given to one or more of them.

17 Bern, Dixon and Kosover (2012, 36–41)

18 Interview with Dixon, 9 December 2014

19 Interview with Penrose, 29 May 2014

20 Penrose (2016); Kruglinski, S., and Chanarin, O., 'Discover Interview: Roger Penrose Says Physics Is Wrong, from String Theory to Quantum Mechanics', *Discover*, 6 October 2009: http://discovermagazine.com/2009/sep/06-discover-interview-roger-penrose-says-physics-is-wrong-string-theory-quantum-mechanics

21 Musser, G., 'Twistor Theory Reignites the Latest Superstring Revolution', *Scientific American*, 1 June 2010: https://www.scientificamerican.com/article/simple-twist-of-fate/

22 Interview with Arkani-Hamed, 20 August 2016

23 Interview with Cachazo, 4 April 2016

24 Interview with Arkani-Hamed and Cachazo, 5 April 2016

25 The first proof of the Parke-Taylor formula was published by Berends and Giele in 1989; Witten supplied another proof a few years later using twistor string theory.

26 E-mail from Britto, 21 May 2018

27 Interview with Arkani-Hamed, 14 August 2015

28 Interview with Arkani-Hamed, 9 December 2014

29 E-mail from Hodges, 21 May 2018

30 Interviews with Arkani-Hamed, 14 August 2016, 8 August 2018

31 Interview with Arkani-Hamed, 8 August 2018; e-mail from Skinner to Arkani-Hamed, 30 April 2009, 7:25 A.M.

32 https://www.youtube.com/watch?v=Vs-xpWB_VCE

33 E-mail from Arkani-Hamed to Clifford Cheung and Jared Kaplan, 30 April 2009, 9:50 A.M.

34 Griffiths and Harris (1978)

35 E-mail from Cachazo, 24 August 2018

36 E-mail Cachazo to Arkani-Hamed 10 June, 16:10; Arkani-Hamed replied at 18:50.

37 The reason for this is that the motion of each gluon involved in the scattering depends crucially on the motion of the others: the total energy and momentum of all the gluons is always the same, because both quantities are conserved.
38 Interview with Cachazo, 7 April 2016
39 E-mail from Cachazo to Arkani-Hamed, 10 June 2009, 21:20
40 E-mail from Witten to Arkani-Hamed, 11 June 2009, 02.30
41 Interview with Arkani-Hamed, 29 July 2009
42 E-mail from Skinner, 21 August 2018. The paper was Arkani-Hamed, N., Cachazo, F., Cheung, C., and Kaplan, J., 'A Duality for the S Matrix', https://arxiv.org/abs/0907.5418
43 Physicists refer to this Model as the N=4 super Yang–Mills model.
44 In this part of the object, all the numbers that characterise it – the so-called determinants – are positive.
45 E-mail from Williams, 18 September 2017
46 Interview with Bourjaily, 4 June 2015
47 The meeting took place on 11 October 2011.
48 Interview with Arkani-Hamed, 8 August 2013
49 Farmelo, G., 'Pre-dawn Higgs Celebration at IAS', *IAS Newsletter*, autumn 2012: https://www.ias.edu/ideas/2012/higgs-celebration
50 Interview with Jakobs, 24 May 2017; e-mail from Jakobs, 31 July 2017
51 Interview with Arkani-Hamed, 9 August 2017
52 This exchange took place on 27 July 2013, during which Arkani-Hamed wrote: 'I have a great name for our big general object, since the mathematicians don't have a name for it: the amplitudohedron.' A few minutes later, Trnka suggested the moniker that stuck, 'amplituhedron'. Information from Trnka in an e-mail, 15 October 2016
53 E-mail from McEwan, 16 June 2014. McEwan proposed the name to Arkani-Hamed when they first met, at the Science Museum in London, on 12 November 2013. McEwan told Arkani-Hamed about Jorge Luis Borges' use (in a short story) of the word 'aleph', referring to a point in space that contains all other points. Arkani-

Hamed politely declined the suggestion because 'it was a bit grandiose'.

54 Arkani-Hamed, N., and Trnka, J., 'The Amplituhedron' (2013): https://arxiv.org/abs/1312.2007

55 Interview with Arkani-Hamed, 10 August 2018

56 Wolchover, N., 'A Jewel at the Heat of Quantum Physics', *Quanta Magazine*, 17 September 2013: https://www.quantamagazine.org/physicists-discover-geometry-underlying-particle-physics-20130917/

57 Interview with Arkani-Hamed, 7 June 2018

58 Interview with Arkani-Hamed, 10 August 2018

59 Interview with Williams, 28 June 2017

60 Interview with Williams, 25 September 2014

61 E-mail from Williams, 21 May 2018; Dirac (1938–1939: 124)

62 Dirac (1938–1939: 129)

63 Interview with Arkani-Hamed, 9 August 2017

64 E-mail from Dyson, 12 January 2018

尾声 最好的时代

1 Interview with Witten, 15 August 2013

2 From Einstein's lecture 'On the Method of Theoretical Physics', 10 June 1933: Einstein (1954: 274)

3 I thank the mathematician Elias Stern for this anecdote. He was one of the students who asked Fermi the question in 1950 and received the quoted answer, referring to a previous incident involving Niels Bohr.

4 Heaviside used the term 'physical mathematics' to refer to the sometimes non-rigorous mathematics that works like a charm in physics. Hunt (1991: 76)

5 E-mail from Moore, 20 September 2016

6 E-mail from Moore, 3 July 2018

7 Program of the Strings '14 meeting: https://physics.princeton.edu/strings2014/Scientific_Program.shtml
8 Interview with Moore, 22 June 2015
9 Arkani-Hamed also mentioned this when I interviewed him on 16 August 2015.
10 Letter from Langlands to Weil, January 1967: https://publications.ias.edu/rpl/paper/43
11 Frenkel (2013: 91–93, 95–97)
12 Dirac (1938–1939: 124)
13 Interview with Arkani-Hamed, 26 January 2018
14 Interview with Weinberg, 30 June 2017
15 Interview with Jacob Bourjaily, 5 June 2018
16 Winston Churchill to H. G. Wells, recorded in the diary entry of 24 June 1941 in Young (ed.) (1980: 107)
17 Interview with Gianotti, 17 July 2017; quotes confirmed in an e-mail on 18 June 2018
18 Einstein to Solovine, 30 March 1952: Solovine (ed.) (1986: 131)

参考文献

Anderson, P. W. 'More Is Different', *Science*, Vol. 177, No. 4047, pp. 393–396 (1972)

Appell, D. 'The Supercollider That Never Was', *Scientific American* (2013): https://www.scientificamerican.com/article/the-supercollider-that-never-was/

Arieti, J. A., and Wilson, P. A. *The Scientific and the Divine*, Rowman and Littlefield, Oxford (2003)

Arkani-Hamed, N. 'The Future of Fundamental Physics', *Daedalus*, Vol. 141 (3), pp. 53–66 (2012)

Atiyah, M. 'How Research Is Carried Out', *Bulletin, I.A.M.* Vol. 10, pp 232–234 (1974)

Atiyah, M. 'An Interview with Michael Atiyah', *The Mathematical Intelligencer*, Vol. 6 (1), pp. 9–19 (1984)

Atiyah, M. 'On the Work of Simon Donaldson', P*roceedings of the International Congress of Mathematicians*, Berkeley, CA (1986)

Atiyah, M. *Collected Works*, Vol. 1, Clarendon Press, Oxford (1988a)

Atiyah, M. *Collected Works*, Vol. 5, Clarendon Press, Oxford (1988b)

Atiyah, M. 'On the Work of Edward Witten', *Proceedings of the International Conference of Mathematicians*, Kyoto, Japan, pp. 31–35 (1990)

Atiyah, M. 'Mathematics in the 20th Century', *The American Mathematical Monthly*, Vol. 108, No. 7, pp. 654–666 (August to September, 2001)

Atiyah, M. *Biographical Memoir of Hermann Weyl*, National Academy of Sciences, Vol. 82, pp. 3–17 (2002)

Atiyah, M. 'Pulling the Strings', *Nature*, Vol. 428, pp. 1081–1082 (December, 2005)

Atiyah, M., Etingof, P., Retakh, V., and Singer, I. M. (eds) 'The Interaction Between Geometry and Physics', in *The Unity of Mathematics*, Birkhäuser, Boston, pp. 1–15 (2006)

Atiyah, M. 'Bourbaki, a Secret Society of Mathematicians', review in *Notices of the American Mathematical Society*, pp. 1150–1152 (October, 2007).

Atiyah, M. Text of speech at his eightieth birthday celebration, *Trinity College Annual Record*, 2008–2009, pp. 61–69 (2009)

Atiyah, M., et al. 'Responses to "Theoretical Mathematics"', *Bulletin of the American Mathematical Society*, Vol. 30 (2), pp. 178–207 (April, 1994)

Barany, M. J. 'Making a Name in Mid-Century Mathematics', in preparation (2018)

Beaulieu, L. 'Bourbaki's Art of Memory', Osiris, Vol. 14, pp. 219–251 (1999)

Bern, Z., Dixon, L., and Kosover, D. 'Loops, Trees and the Search for New Physics', *Scientific American*, pp. 36–41 (May, 2012)

Bernstein, J. 'A Question of Parity', *New Yorker*, pp. 49–104 (12 May, 1962)

Bertucci, P. 'Sparks in the Dark', *Endeavour*, Vol. 31, No. 3, pp. 88–93 (2007)

Born, M. P*hysics in My Generation*, Pergamon Press, London (1956)

Born, M. *The Born-Einstein Letters*, Macmillan, London (2005)

Brewer, J. W., and Smith, M. K. (eds) *Emmy Noether*, Marcel Dekker, New York (1981)

Cahan, D. *An Institute for an Empire*, Cambridge University Press, Cambridge (1989)

Cahan, D. *Helmholtz: A Life in Science*, University of Chicago Press, Chicago (2018)

Cajori, F. (trans.) *Newton's 'Principia'*, University of California, Berkeley (1946)

Campbell, L., and Garnett, W. *The Life of James Clerk Maxwell*, Macmillan, London (1882), available online

Cannon, S. F. 'The Invention of Physics', in *Science in Culture: The Early Victorian Period*, Dawson and Science History Publications, New York, pp. 111–136 (1978)

Cappelli, A., Castellani, E., Colomo, F., and Di Vecchia, P. (eds) *The Birth of String Theory*, Cambridge University Press, Cambridge (2012)

Castellani, E. 'Duality and Particle Democracy', History and Philosophy of Modern Physics, Vol. 59, pp. 100–108 (2017)

Chandrasekhar, S. *The Mathematical Theory of Black Holes*, Oxford University Press, Oxford (1992)

Close, F. E. *The Infinity Puzzle*, Basic Books, New York (2013)

Close, F. E. *Half-Life*, Basic Books, New York (2015)

Cohen, I. Bernard, and Whitman, A. (trans.) *Newton's* Principia, University of California Press, Berkeley (1999)

Conlon, J. *Why String Theory?* CRC Press, London (2016)

Crease, R. P., and Mann, C. C. *The Second Creation*, Rutgers University Press, New Brunswick, NJ (1986)

Crosland, M. *The Society of Arcueil*, Harvard University Press, Cambridge, MA (1967)

Dalitz, R. H. (ed.) *The Collected Works of P. A. M. Dirac 1924–1948*, Cambridge University Press, Cambridge (1995)

Davies, P. C. W., and Brown, J. *Superstrings*, Cambridge University Press, Cambridge (1988)

De Witt, C. M., and Wheeler, J. A. (eds) *Battelle Rencontres: 1967 Lectures in Mathematics and Physics*, W. A. Benjamin, New York (1968)

Dear, P. (ed.) *The Literary Structure of Scientific Argument*, University of Pennsylvania Press, Philadelphia (1991)

Dick, A. (trans. Blocher, H. H.) *Emmy Noether*, Birkhäuser, Basel (1981)

Dicke, R. H. 'New Research on Old Gravitation', *Science*, Vol. 129, No. 3349, pp. 621–624 (1959)

Dirac, P. A. M. 'Quantised Singularities in the Electromagnetic Field,' *Proceedings of the Royal Society (London)* A, Vol. 133, pp. 60–72 (1931)

Dirac, P. A. M. 'Does Conservation of Energy Hold in Atomic Processes?', *Nature*, Vol. 137, pp. 298–299 (1936a)

Dirac, P. A. M. 'Wave Equations in Conformal Space', *The Annals of Mathematics*, Vol. 37, No. 2, pp. 429–442 (1936b)

Dirac, P. A. M. 'The Relation Between Mathematics and Physics', *Proceedings of the Royal Society (Edinburgh)*, Vol. 59, Part 2, pp. 122–129 (1938–1939). See http://www.damtp.cam.ac.uk/events/strings02/dirac/speach.html

Dirac, P. A. M. *Scientific Monthly*, Vol. 79, No. 4, pp. 268–269 (1954)

Dirac, P. A. M. 'A Remarkable Representation of the 3+2 de Sitter Group', *Journal of Mathematical Physics*, Vol. 4, No. 7, pp. 901–909 (1963a)

Dirac, P. A. M. 'The Evolution of the Physicist's Picture of Nature', *Scientific American*, Vol. 208, pp. 45–53 (1963b)

Dirac, P. A. M. 'Recollections of an Exciting Era', in *History of Twentieth Century Physics*, pp. 109–146, Academic Press, New York (1977)

Dirac, P. A. M. 'Pretty Mathematics', *International Journal of Theoretical Physics*, Vol. 21, Nos. 8/9, pp. 603–606 (1982)

Duff, M. J. 'M-Theory Without the M', *Contemporary Physics*, Vol. 57, No. 1, pp. 83–85 (2016)

Duff, M., and Sutton, C. 'The Membrane at the End of the Universe', *New Scientist*, pp. 67–71, 30 June 1988

Dyson, F. J. 'Missed Opportunities', *Bulletin of the American Mathematical Society*, Vol. 78, No. 5, pp. 635–652 (September, 1972)

Dyson, F. J. *Disturbing the Universe*, Basic Books, New York (1979)

Dyson, F. J. 'Unfashionable Pursuits', *The Mathematical Intelligencer*, Vol. 5, No. 3, pp. 47–54 (1983)

Dyson, F. J. *Birds and Frogs*, World Scientific Press, Singapore (2015)

Dyson, F. J. *Maker of Patterns*, Liveright, New York (2018)

Dyson, G. *Turing's Cathedral*, Allen Lane, London (2012)

Earman, J., and Glymour, C. 'Lost in the Tensors', *Studies in the History and Philosophy of Science*, Vol. 9, No. 4, pp. 251–278 (1978)

Earman, J., and Glymour, C. 'Relativity and Eclipses', *Historical Studies in the Physical Sciences*, Vol. 11, No. 1, pp. 49–85 (1980)

Earman, J., Janssen, M., and Norton, J. (eds) 'The Attraction of Gravitation: New Studies in the History of General Relativity', *Einstein Studies*, Vol. 5, Birkhäuser, Boston (1993)

Eddington, A. S. *The Nature of the Physical World*, Cambridge University Press, Cambridge (1930)

Eichten, E., Hinchliffe, I., Lane, K., and Quigg, C. 'Supercollider Physics', *Reviews of Modern Physics*, Vol. 56, No. 4, pp. 579–707 (1984)

Einstein, A. 'On the Method of Theoretical Physics', *Philosophy of Science*, Vol. 1, No. 2, pp. 163–169 (1934)

Einstein, A. *Ideas and Opinions*, Three Rivers Press, New York (1954)

Enz, C. P. *No Time to Be Brief*, Oxford University Press, Oxford (2002)

Farmelo, G. (ed.) *It Must Be Beautiful*, Granta, London (2002)

Farmelo, G. *The Strangest Man*, Faber, London (2009)

Feingold, M. *The Newtonian Moment*, Oxford University Press, Oxford (2004)

Feynman, R. P. *QED*, Penguin Books, London (1985)

Feynman, R. P., Leighton, R. B., and Sands, M. *The Feynman Lectures on Physics*, Vol. 2 (1964)

Feynman, M. (ed.) *Perfectly Reasonable Deviations from the Beaten Track*, Basic Books, New York (2005)

Fine, D., and Fine, A. 'Gauge Theory, Anomalies and Global Symmetry', *Studies in the History and Philosophy of Modern Physics*, Vol. 28, No. 3, pp. 307–323 (1997)

Flood, R., McCartney, M., and Whitaker, A., *Kelvin: Life, Labours and Legacy*, Oxford University Press, Oxford (2008)

Frenkel, E. *Love and Math*, Basic Books, New York (2013)

Fox, R. 'The Rise and Fall of Laplacian Physics', *Historical Studies in the Physical Sciences*, Vol. 4, pp. 89–136 (1974)

Gal, O., and Chen-Morris, R. *Baroque Science*, University of Chicago Press, Chicago (2014)

Galison, P. L. 'Minkowski's Space-Time', *Historical Studies in the Physical Sciences*, Vol. 10, pp. 45–121 (1979)

Galison, P. L. and Wise, M. N. (ed.) 'Mirror Symmetry: Persons, Values and Objects', in *Growing Explanations: Historical Perspectives on Recent Science*, Duke University Press, Durham, NC, pp. 23–63 (2004)

Garber, D. and Watkins, E. (ed.) 'God, Laws and the Order of Nature', in *The Divine Order, the Human Order, and the Order of Nature*, Oxford University Press, Oxford pp. 45–66 (2013)

Gasperini, M., and Maharana, J. (eds) *String Theory and Fundamental Interactions*, Springer, Heidelberg (2008)

Gillispie, C. G. *Pierre-Simon Laplace*, Princeton University Press, Princeton, NJ (1997)

Gingras, Y. 'What Did Mathematics Do to Physics?', *History of Science*, Vol. 39, No. 4, pp. 383–416 (2001)

Ginsparg, P., and Glashow, S. 'Desperately Seeking Superstrings?', *Physics Today*, Vol. 39, No. 5, pp. 7, 9 (May, 1986)

Gleick, J. *Chaos*, Heinemann, London (1988)

Goddard, P. 'Algebras, Groups and Strings', 20th Anniversary of the Erwin Schrödinger International Institute for Mathematical Physics, Vienna, pp. 12–15 (2013)

Goddard, P. 'The Emergence of String Theory from the Dual Resonance Model', in preparation (2018)

Goudsmit, S. A. 'It Might as Well Be Spin', *Physics Today*, Vol. 29, No. 6, pp. 40–43, (June, 1976)

Gowers, T. (ed.) *The Princeton Companion to Mathematics*, Princeton University Press, Princeton, NJ (2008)

Gowers, T. 'Is Mathematics Invented or Discovered?' in Polkinghorne, J. (ed.) *Meaning in Mathematics*, Oxford University Press, Oxford, pp. 3–12 (2011)

Gray, J. *Plato's Ghost*, Princeton University Press, Princeton, NJ (2008)

Greene, B. *The Elegant Universe*, Jonathan Cape, London (1999)

Griffiths, H. B. *Surfaces*, Cambridge University Press, Cambridge (1981)

Griffiths, P., and Harris, J. *Principles of Algebraic Geometry*, John Wiley & Sons, New York (1978)

Gross, D. J. 'Physics and Mathematics at the Frontier', Proceedings of the National Academy of Sciences of the USA, Vol. 85, pp. 8371–8375 (1988)

Guicciardini, N. *The Development of Newtonian Calculus in Britain, 1700–1800*, Cambridge University Press, Cambridge (1989)

Guicciardini, N. *Isaac Newton and Natural Philosophy*, Reaktion Books, London (2018)

Guillen, M. A. 'P. A. M. Dirac: An Eye for Beauty', *Science News*, Vol. 119, No. 25, pp. 394–395 (1981)

Gutfreund, H., and Renn, J. *The Road to Relativity*, Princeton University Press, Princeton, NJ (2015)

Hahn, R. *Pierre Simon Laplace*, Harvard University Press, Cambridge, MA (2005)

Hardy, G. H. *A Mathematician's Apology*, reprinted by Cambridge University Press, Cambridge (1992)

Harman, P. (ed.) *The Scientific Letters and Papers of James Clerk Maxwell*, Vol. 1, Cambridge University Press, Cambridge (1990)

Harman, P. (ed.) *The Scientific Letters and Papers of James Clerk Maxwell*, Vol. 2, Cambridge University Press, Cambridge (1995)

Harman, P. *The Natural Philosophy of James Clerk Maxwell*, Cambridge University Press, Cambridge (1998)

Harman, P. *The Scientific Letters and Papers of James Clerk Maxwell*, Vol. 3, Part 2, Cambridge University Press, Cambridge (2002)

Hawking, S. W. *Is the End in Sight for Theoretical Physics?*, Cambridge University Press, Cambridge (1980)

Heilbron, J. L. *Elements of Early Modern Physics*, University of California Press, Berkeley (1982)

Heilbron, J. L., Frängsmyr, T., J. L. Heilbron, and R. E. Rider (eds) Introduction to *The Quantifying Spirit of the 18th Century*, University of California Press, Berkeley (1990)

Heilbron, J. L. *The Dilemmas of an Upright Man*, Harvard University Press, Cambridge, MA (1996)

Heilbron, J. L. 'Two Previous Standard Models', pp. 45–54, in Hoddeson et al. (eds) (1997)

Heilbron, J. L. *Galileo*, Oxford University Press, Oxford (2010)

Heilbron, J. L., Buchwald, J. Z., and Fox, R. (eds) 'Was There a Scientific Revolution?' in *The Oxford Handbook of The History of Physics*, Oxford University Press, Oxford, pp. 7–24 (2013)

Heilbron, J. L. *Physics – a Short History*, Oxford University Press, Oxford (2015)

Hentschel, K. 'Einstein's Attitude Towards Experiments', *Studies in the History and Philosophy of Science,* Vol. 23, No. 4, pp. 593–624 (1992)

Hermann, A. *The Genesis of Quantum Theory (1899–1913)*, MIT Press, Cambridge, MA (1971)

Hoddeson, L., Brown, L., Riordan, M., and Dresden, M. (eds) *The Rise of the Standard Model*, Cambridge University Press, Cambridge (1997)

Holton, G. 'Einstein's Third Paradise', *Daedalus*, Fall edition, pp. 26–34 (2003)

Hooke, R. *Micrographia* (1655): https://archive.org/details/mobot31753000817897

Howard, D., and Norton, J. D. 'Out of the Labyrinth?' pp. 30–62, in Earman, Janssen and Norton (eds) (1993)

Howard, D., and Stachel, J. (eds) *Einstein: The Formative Years*, Birkhäuser, Boston (2000)

Hunt, B. J. 'Rigorous Discipline: Oliver Heaviside Versus the Mathematicians', in Dear (ed.) (1991)

Hunt, B. J. *The Maxwellians*, Cornell University Press, Ithaca, NY (1999)

Hunt, B. J. 'Lord Cable', *Europhysics News*, Vol. 35, pp. 186–188 (November/December, 2004)

Hunt, B. J. 'Oliver Heaviside', *Physics Today*, Vol. 65, No. 11, pp. 48–54 (November, 2012)

Iliffe, R. *Newton – a Very Short Introduction*, Oxford University Press, Oxford (2007)

Iliffe, R. *Priest of Nature*, Oxford University Press, Oxford (2017)

Iliffe, R. 'Saint Isaac', pp. 93–131 in Beretta, M., Conforti, M., and Mazzarello, P. (eds) *Savant Relics: Brains and Remains of Scientists*, Science History Publications, Sagamore Beach, MA (2016)

Isaacson, W. *Einstein – His Life and Universe*, Simon and Schuster, New York (2007)

Jackiw, R. 'My Encounters – as a Physicist – with Mathematics', *Physics Today*, Vol. 49, No. 2, pp. 28–31 (February, 1996)

Jackiw, R., Khuri, N. N., Weinberg, S., and Witten, E. *Shelter Island II: Proceedings of the 1983 Shelter Island Conference on Quantum Field Theory and the Fundamental Problems of Physics*, MIT Press, Cambridge, MA (1985)

Jackson, J. D., and Okun, L. B. 'Historical Roots of Gauge Invariance', *Reviews of Modern Physics*, Vol. 73, pp. 663 (2001): https://arxiv.org/vc/hep-ph/papers/0012/0012061v1.pdf

Jaffe, A., and Quinn, F. '"Theoretical Mathematics": Toward a Cultural Synthesis of Mathematics and Theoretical Physics', *Bulletin of the American Mathematical Society*, Vol. 29, No. 1, pp. 1–13 (July, 1993)

Janssen, M., and Renn, J. 'Einstein Was No Lone Genius', *Nature*, Vol. 527, pp. 298–300 (2015)

Jungnickel, C., and McCormmach, R. *The Second Physicist*, Springer, Berlin (2017)

Kevles, D. J. 'Goodbye to the SSC', *Engineering & Science*, Winter edition, pp. 17–25 (1995)

Klein, O. 'The Atomicity of Electricity as a Quantum Theory Law', *Nature*, Vol. 118, No. 2971, p. 516 (1926)

Kragh, H. 'Mathematics and Physics: The Idea of a Pre-established Harmony', *Science and Education*, Vol. 24, pp. 515–527 (2015)

Kragh, H., and Smith, R. W. 'Who Discovered the Expanding Universe?', *History of Science*, Vol. 4 (2), 41, pp. 141–162 (2003)

Laplace, P. '*Essai philosophique sur les probabilités*' – the Introduction to His '*Théorie analytique des probabilités*', Paris (1820), V. Courcier. Repr. Truscott, F. W., and Emory, F. L. (trans.), *A Philosophical Essay on Probabilities*, Dover, New York (1951)

Llewellyn Smith, C. H. 'How the LHC Came to Be', *Nature*, Vol. 448, pp. 281–284 (2007)

Maddy, P. 'How Applied Mathematics Became Pure', *The Review of*

Symbolic Logic, Vol. 1, No. 1, pp. 16–41 (June, 2008)

Maldacena, J. 'The Illusion of Gravity', *Scientific American*, November edition, pp. 57–63 (2005)

Mashaal, M. *Bourbaki – a Secret Society of Mathematicians*, American Mathematical Society (2000)

Maxwell, J. C. *Nature*, pp. 419–422, (22 September, 1870)

Maxwell, J. C. *A Treatise on Electromagnetism*, Macmillan, London (1873a)

Maxwell, J. C. 'Scientific Worthies', *Nature*, Vol. 8, pp. 397–399 (1873b)

McCormmach, R. Editor's Foreword to *Historical Studies in the Physical Sciences*, Vol. 7, pp. xi–xxxv (1976)

McMullin, E. 'The Origins of the Field Concept in Physics', *Physics in Perspective*, Vol. 4, pp. 13–39 (2002)

Mehra, J. (ed.) *The Physicist's Conception of Nature*, D. Reidel, Boston (1973)

Mlodinow, L. 'Physics: Fundamental Feynman', *Nature*, Vol. 471, pp. 296–297 (2011)

Niven, D. (ed.) *The Scientific Papers of James Clerk Maxwell*, Cambridge University Press, Cambridge (2010)

Norton, J. D. '"Nature Is the Realisation of the Simplest Conceivable Mathematical Laws"', *Studies in the History and Philosophy of Modern Physics*, Vol. 31, No. 2, pp. 135–170 (2000)

Norton, J. D., Beisbart, C., Sauer, T., and Wüthrich, C. (eds) 'Einstein's Conflicting Heuristics: The Discovery of General Relativity', in *Thinking About Space and Time: 100 Years of Applying and Interpreting General Relativity*, Springer (Einstein Studies) (forthcoming).

O'Raifeartaigh, L. *The Dawning of Gauge Theory*, Princeton University Press, Princeton, NJ (1997)

Ono, Y. (trans.) Text of Einstein lecture 'How I Created the Theory of Relativity', delivered in Kyoto, 14 December 1922, *Physics Today*, Vol. 35, No. 8, pp. 45–47 (August, 1982).

Pais, A. *Subtle Is the Lord*, Oxford University Press, Oxford (1982)

Pais, A. *The Genius of Science*, Oxford University Press, Oxford (2000)

Penrose, R. *Fashion, Faith and Fantasy in the New Physics of the Universe*, Princeton University Press, Princeton, NJ (2016)

Pitcher, E. A *History of the Second Fifty Years: American Mathematical Society, 1939–1988*, American Mathematical Society (1988)

Planck, M. 'Ueber irreversible Strahlungsvorgänge,' *Annalen der Physik*, Vol. 4, No. 1, pp. 69–122 (1900)

Planck, M. *Eight Lectures on Theoretical Physics*, Columbia University Press, New York (1915)

Planck, M. *Scientific Autobiography*, Philosophical Library, New York (1949)

Poincaré, H. 'Relations Between Experimental Physics and Mathematical Physics', *The Monist*, Vol. 12, No. 4, pp. 516–543 (1902)

Polchinski, J. 'Memories of a Theoretical Physicist': https://arxiv.org/pdf/1708.09093.pdf (2017)

Pyenson, L. 'Einstein's Education: Mathematics and the Laws of Nature', *Isis*, Vol. 71, No. 3, pp. 399–425 (1980)

Randall, L. *Warped Passages*, Allen Lane, London (2005)

Raussen, M., and Skau, C. 'Interview with Michael Atiyah and Isadore Singer', *Notices of the AMS*, pp. 223–231, February (2005)

Reiser, A. *Albert Einstein: A Biographical Portrait*, A. & C. Boni, New York (1930)

Rickles, D. *A Brief History of String Theory*, Springer, Heidelberg (2014)

Roberts, S. *Genius at Play*, Bloomsbury, London (2015)

Ross, S. 'Scientist: The Story of a Word', *Annals of Science*, Vol. 18, No. 2, pp. 65–85 (1962)

Rowe, D. E., and Schulman, R. (eds) *Einstein on Politics*, Princeton University Press, Princeton, NJ (2007)

Salaman, E. 'A Talk With Einstein', *The Listener*, pp. 14–15 (8 September, 1955)

Schaffer, S. 'Flowery Regions of Algebra', *London Review of Books*, Vol. 28, No. 24, pp. 35–36 (2006)

Schaffer, S. 'The Laird of Physics', *Nature*, Vol. 471, pp. 289–291 (2011)

Schilpp, P. A. (ed.) *Albert Einstein: Philosopher-Scientist*, Open Court, La Salle, IL (1997)

Schwarzschild, B. 'Von Klitzing Wins Nobel Physics Prize for Quantum Hall Effect', Vol. 38, No. 12, *Physics Today*, pp. 17–20 (1985)

Schweber, S. *Einstein and Oppenheimer*, Harvard University Press, Cambridge, MA (2008)

Schweber, S. *Nuclear Forces*, Harvard University Press, Cambridge, MA (2012)

Secord, J. A. *Visions of Science*, Oxford University Press, Oxford (2014)

Seiberg, N. 'Conversation with Nathan Seiberg', *Kavli IPMU News*, No. 34, pp. 14–25 (June, 2016)

Shapin, S. *The Scientific Revolution*, University of Chicago Press, Chicago, IL (1998)

Shaw, P. *Reading Dante*, Liveright, New York (2014)

Silver, D. S. 'Knot Theory's Odd Origins', *American Scientist*, Vol. 94, pp. 158–165 (2006)

Silver, D. S. 'The Last Poem of James Clerk Maxwell', *Notices of the American Mathematical Society*, Vol. 55, No. 10, pp. 1266–1270 (2008)

Sime, R. L. *Lise Meitner*, University of California Press, Berkeley (1996)

Singer, I. M. 'Some Problems in the Quantization of Gauge Theories and String Theories', *Proceedings of Symposia in Pure Mathematics*, Volume 48, pp. 199–216 (1988)

Smith, A. Kimball, and Weiner, C. (eds) *Robert Oppenheimer: Letters and Recollections*, Stanford University Press, Stanford, CA (1980)

Smith, C., and Wise, M. N. 'Energy and Empire', Cambridge University Press, Cambridge (1989)

Smith, J.F. 'The First World War and the Public Sphere in Germany', in *World War I and the Cultures of Modernity*, Mackaman, D., and Mays, M., (eds), University of Mississippi Press, Jackson (2000)

Solovine, M. (ed.) *Albert Einstein: Letters to Solovine*, Philosophical Library, New York (1986)

Sponsel, A. 'Constructing a "Revolution in Science"', *British Journal for the History of Science*, Vol. 35, No. 4, pp. 439–467 (2002)

Stachel, J. (ed.) *Einstein's Miraculous Year*, Princeton University Press, Princeton, NJ (1998)

Sternberg, S. *Group Theory and Physics*, Cambridge University Press, Cambridge (1994)

't Hooft, G. 'Renormalizable Lagrangians for Massive Yang-Mills Fields', *Nuclear Physics*, B35, pp. 167–188 (1971)

't Hooft, G. *In Search of the Ultimate Building Blocks*, Cambridge University Press, Cambridge (1997)

't Hooft, G. (ed.) *50 Years of Yang-Mills Theory*, World Scientific, Singapore (2005)

Thompson, D. W. *On Growth and Form*, Cambridge University Press, Cambridge (1917)

Updike, J. *Self-Consciousness*, Alfred A. Knopf, New York (1989)

van Dongen, J. *Einstein's Unification*, Cambridge University Press, Cambridge (2010)

Viereck, G. S. 'What Life Means to Einstein', *The Saturday Evening Post*, pp. 17, 110, 113 (26 October, 1929)

Warwick, A. *Masters of Theory*, University of Chicago Press, Chicago (2003)

Weinberg, S. *Gravitation and Cosmology*, John Wiley & Sons, London (1972)

Weinberg, S. *The First Three Minutes*, Flamingo, London (1983)

Weinberg, S. *Dreams of a Final Theory*, Hutchinson Radius, London (1993)

Weyl, H. *Mind and Nature* (ed. Pesic, P.), Princeton University Press, Princeton, NJ (2009)

Weyl, H. *Levels of Infinity* (ed. Pesic, P.), Princeton University Press, Princeton, NJ (2012)

Wheeler, J. A. 'The Young Feynman', *Physics Today*, Vol. 42, No. 2, pp. 24–28 (February, 1989)

Wheeler, J. A., and Ford, K. Geons, *Black Holes and Quantum Foam*, W. W. Norton, London (1998)

Whitaker, A. *John Stewart Bell and Twentieth-Century Physics*, Oxford University Press, Oxford (2016)

Whiteside, D. T. and Bechler, Z. (ed.) 'Newton the Mathematician' in *Contemporary Newtonian Research*, , pp. 109–127, Dordrecht, Boston (1982)

Wigner, E. 'The Unreasonable Effectiveness of Mathematics in the Natural Sciences', *Communications on Pure and Applied Mathematics*, Vol. 13, pp. 1–14 (1960)

Wigner, E. *The Recollections of Eugene P. Wigner as Told to Andrew Szanton*, Plenum Press, New York (1992)

Wilczek, F. 'A Piece of Magic', in Farmelo (2002: 132–160)

Wilczek, F. *A Beautiful Question*, Allen Lane, London (2015)

Wise, N. 'The Mutual Embrace of Electricity and Magnetism', *Science*, Vol. 203, pp. 1310–1318 (1979)

Witten, E. 'Unravelling String Theory', *Nature*, Vol. 438, pp. 1085 (2005)

Witten, E. 'Knots and Quantum Theory', *IAS Newsletter* (2011): https://www.ias.edu/ideas/2011/witten-knots-quantum-theory

Witten, E. 'Adventures in Physics and Math', Kyoto Prize Lecture: http://www.kyotoprize.org/wp/wp-content/uploads/2016/02/30kB_lct_EN.pdf (2014)

Woolf, H. (ed.) *Some Strangeness in Proportion*, Addison-Wesley, Reading, MA (1980)

Wootton, D. *The Invention of Science*, Penguin, London (2015)

Yang, C. N. and Chandrasekharan, K. (ed.) *Hermann Weyl's Contributions to Physics*, in 'Hermann Weyl, 1885–1955', Springer Verlag, Zurich, pp. 7–21 (1986)

Yang, C. N. *Selected Papers (1945–1980)*, World Scientific, Singapore (2005)

Yang, C. N. *Selected Papers II*, World Scientific, Singapore (2013)

Yang, C. N. 'The Conceptual Origins of Maxwell's Equations and Gauge Theory', *Physics Today*, Vol. 67, pp. 45–51 (2014)

Yau, S.-T., and Nadis, S. *The Shape of Inner Space*, Basic Books, New York (2010)

Young, K. (ed.) *The Diaries of Sir Robert Bruce Lockhart*, Vol. 2, Macmillan, London (1980)
Zhang, D. Z. 'C. N. Yang and Contemporary Mathematics', *The Mathematical Intelligencer*, Vol. 15, No. 4, pp. 13–21 (1993)
Zichichi, A. (ed.) *The Superworld I*, Plenum Press, New York (1986)

DARCHIVE: Dirac archive, Florida State University, Tallahassee, Florida, USA

EARCHIVE: Albert Einstein Archive, Jerusalem, Israel. All Einstein quotes: © The Hebrew University of Jerusalem

IASARCHIVE: Shelby White and Leon Levy Archives Center, Institute for Advanced Study, Princeton, United States

LINDARCHIVE: Archive of Frederick Lindemann, Lord Cherwell, Nuffield College, University of Oxford, UK

WARCHIVE: Wigner Archive, Princeton University, Princeton, New Jersey, United States